U0260126

理查德·韦瑟利观鸟手绘与历险笔记

PAINTINGS AND STORIES FROM THE WILD

飞鸟奇缘

A BRUSH WITH BIRDS

[澳] 理查德·韦瑟利 — 著

朱磊 —— 译

江苏凤凰科学技术出版社·南京

图书在版编目（CIP）数据

飞鸟奇缘 /（澳）理查德·韦瑟利著；朱磊译．--
南京：江苏凤凰科学技术出版社，2024.9
ISBN 978-7-5713-4342-2

Ⅰ．①飞… Ⅱ．①理… ②朱… Ⅲ．①鸟类—普及读
物 Ⅳ．① Q959.7-49

中国国家版本馆 CIP 数据核字（2024）第 074035 号

Emus on the Western Plains, pp. 154-155, courtesy Hamilton Gallery, Hamilton, Victoria.

Emperors, krill and crabeater seals illustrations, pp. 228, 229 and 236, courtesy Conserving Antarctic Marine Life, Convention for the Conservation of Antarctic Marine Living Resources（CCAMLR）

Copyright text and artwork © Richard Weatherly 2020

Copyright design © Hardie Grant Publishing 2020

The simplified Chinese translation rights arranged through Rightol Media（本书中文简体版权经由锐拓传媒取得 Email:copyright@rightol.com）

江苏省版权局著作权合同登记图字：10-2023-246 号

飞鸟奇缘

著　　者	[澳] 理查德·韦瑟利
译　　者	朱　磊
责任编辑	祝　萍　向晴云
特约编辑	陈梦瑶
责任校对	仲　敏
责任监制	方　晨
责任设计	蒋佳佳
装帧设计	湖浪工作
内文排版	同文设计
出版发行	江苏凤凰科学技术出版社
出版社地址	南京市湖南路1号A楼，邮编：210009
出版社网址	http://www.pspress.cn
印　　刷	雅昌文化（集团）有限公司
开　　本	889mm×1194mm　1/16
印　　张	18.5
插　　页	4
字　　数	373 000
版　　次	2024年9月第1版
印　　次	2024年9月第1次印刷
标准书号	ISBN 978-7-5713-4342-2
定　　价	188.00（精）

图书如有印装质量问题，可随时向我社印务部调换。

目 录 CONTENT

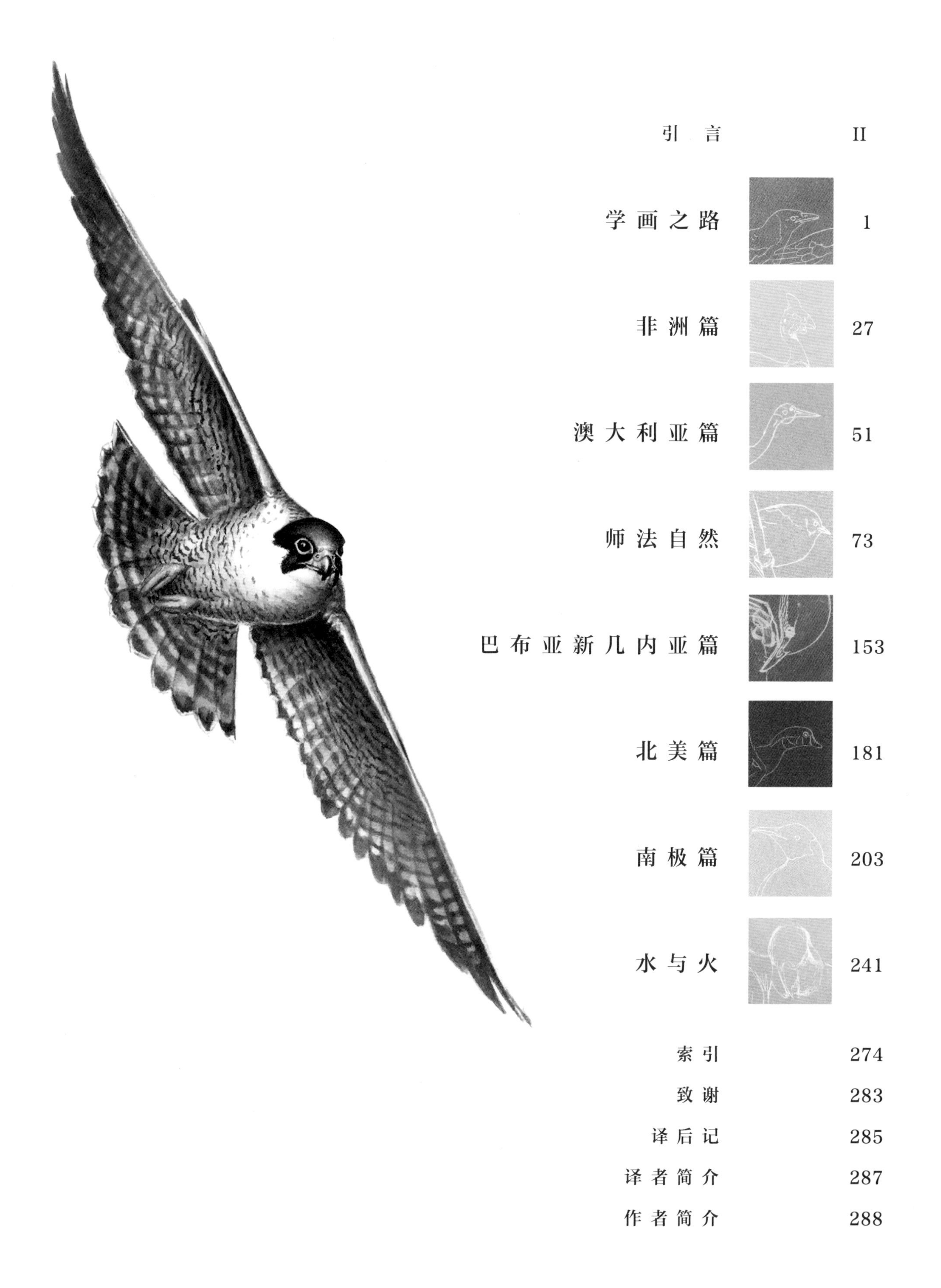

引　言

> *The fault is great, in Man or Woman,*
> *Who steals a Goose from off a Common;*
> *But, who can plead that Man's excuse,*
> *Who steals the Common from the Goose!!!*
> **无论男女，大错已铸，**
> **谁人从公地盗鹅，**
> **但谁又能为人类所辩解，**
> **从鹅那里偷走了公地。**

佚名作者，约于 1800 年发表

电话里有位女士先自我介绍称是一名高级编辑，她接着问道："你是否有兴趣写一本有关澳大利亚鸟类的书？"

我真诚地回答："并没有。"

我不是鸟类学家，也非任何领域的专业人士。在我一生所追求的那些事业里面，没有一项是接受过专门培训的。实际上我母亲认为我连家庭教育都不够。

在大学里我学的是历史专业，这个专业对思维是很好的锻炼，但我却并未以此为职业。我曾在某处读到过这样一句话："雕能在空中翱翔，不过一只鼬却毋须担心会被吸入飞机发动机。"[1] 我没在任何特定的领域内出类拔萃，回避着当代备受追捧的专业训练，始终是个杂家。我是一名兴趣盎然的博物学家。

我对科学和艺术有着同样浓厚的兴趣，这让事情变得更为复杂。科学所遵循的准则会抑制创造力，而艺术的创造力则可能对科学的严谨性造成阻碍。不过，这两者都在寻求答案，追求更深层次的真相。

如果要画野生生物，那就意味着我必须学习一些科学知识。我跟山民和科研人员都合作过，他们都曾让我受益匪浅。孩提时代，我所画的最早一批画里就有只褐色的小鸟，住在附近的一位农夫告诉了我这种鸟的名字。这位邻居只是众多业余博物学家中的一员，他们已经为自然科学做出了卓越的贡献。随着科学逐渐固封于专业的研究机构，我邻居这样的"业余选手"也逐渐被边缘化。但是，好的科学基于细致的观察和敏锐的发问，于是乎"公众科学"也再次在科研领域逐渐占据一席之地。

我曾参与一些优秀的鸟类学家和科研人员在不同的大陆开展的研究项目，主要关注鸟类及其栖息地。这些经历自然而然地引发了我对于保育、可持续发展和生态系统恢复的兴趣。四十年来，我一直从事农业生产，这也跟可持续发展密不可分。在妻子珍妮的全力支持之下，我在我们的农场中营造了自然栖息地，使农场本身成为生态系统的一部分，同时也从生态系统所发挥的功能之中受益。我们经营着一家以直接播种本土植物种子为基础的植被恢复公司，培植来自塔斯马尼亚和昆士兰的树种，助力于开发植被恢复技术。这也是为当地社区建立生态廊道，构建更大景观当中的生态连通性所做出的一部分努力。我们的农场实在太小了，不足以成为一个可以自持的生态系统。但通过与其他业主的合作，我们能够在更广的范围内建立起连接更为紧密的网络，培育新的友谊，以及更广阔、也更具韧性的生态系统。

我很幸运地能从强调绘画必要性的艺术家们那里学到很多，知晓要去了解和领会所描绘的对象及其特征，并将其铭刻于心。这样的训练让人受益无穷，通过在野外的实地观察及学

[1] **译者注：** 原文为"An eagle may soar, but a weasel is seldom sucked into a jet engine"，比喻凡事有利有弊。

INTRODUCTION

习，我很好地锻炼了自己的视觉记忆。如今数码照片和互联网使得创作者有时能以惊人的技法去复刻一张图片。然而，缺乏细微的真实感受或理解，这样的作品终究只是触及了皮毛。

本书中的大多数图画源自 20 世纪 60 年代就开始累积的作品集合，它们是我在野外度过数日，甚至几个月的时间才得以完成的许许多多的绘画成果。我曾得到来自六大洲的良善之人的热心帮助和建议，他们有意或无意地加深了我对于澳大利亚自然环境及其鸟类的理解。

然而，这并非只是一本鸟类书籍。它是关于鸟类、其他野生动物和人类的书。它包含了我观鸟一生当中的观察、经历和冒险。它同时也是一本关于我游历世界学习画鸟、绘制插画和举办展览，以及指引自己的那些导师们的书。这样的一本书当然不能局限在鸟类，作为复杂生态系统的一部分，想要观察和理解鸟类，也要对植物、哺乳动物、昆虫和地质学抱有兴趣。

艺术创作是一种很自我的追求，需要异常专注，偶尔还要忍受困苦，且往往要在孤立的情况下完成。但它能带来巨大的回报、伟大的友谊、非凡的经历和机遇。这些通常都会引发故事，有时还会是充满幽默感的，增加了我们视为“野性”的快乐体验。

我答应写这样一本书，是为讲述那些在意想不到地方的非凡经历。由于已被人为干扰、罪行和自然灾害所永远地改变，其中很多地方我都无法再次重访。若你选择翻开本书，将随着我一道去了解关于某些鸟类个体、某些种类、某些人和地方的故事。我们将徜徉于欧洲、非洲、巴布亚新几内亚、北美洲、南极洲和澳大利亚各地；将与罕见的鸟种相遇，甚至见证一个鸟类新种的发现过程；将在墨西哥偏远的索诺拉山区面对歹徒的枪口，还会遇上一位被画展感动得流泪的老人。

我们将见证一只雌性太平洋黑鸭为保护自己的鸭雏免受一只鹞的轮番攻击，甚至在鹞将进攻目标转向它之后，如何取得最后的胜利；还将看到一只刺嘴莺在收集巢材时没能全身而退，只能沮丧地放弃；还将见识有只隼在某次驯鹰展示里怎样让自己的驯鹰人出丑，令人忍俊不禁。我们将反复领略科学与艺术、恐惧和勇敢、感伤和幽默的魅力。

在上述的整个过程当中，我们还将放眼未来，审视许多严肃的保护议题，在一个愈发不乐观的世界里寻找解决方案。我们需要学会在不劫掠、不伤害大地的前提下生活。

我希望大家能重燃儿时沉浸其间的那种惊奇感觉：“看，一根羽毛！多好看哪！”以及随之而来的一连串发问：“这是来自鸟儿的哪一部分？”“哪种鸟呢？”“它在哪儿，有着怎样的习性？”

01 LEARNING MY CRAFT

学画之路

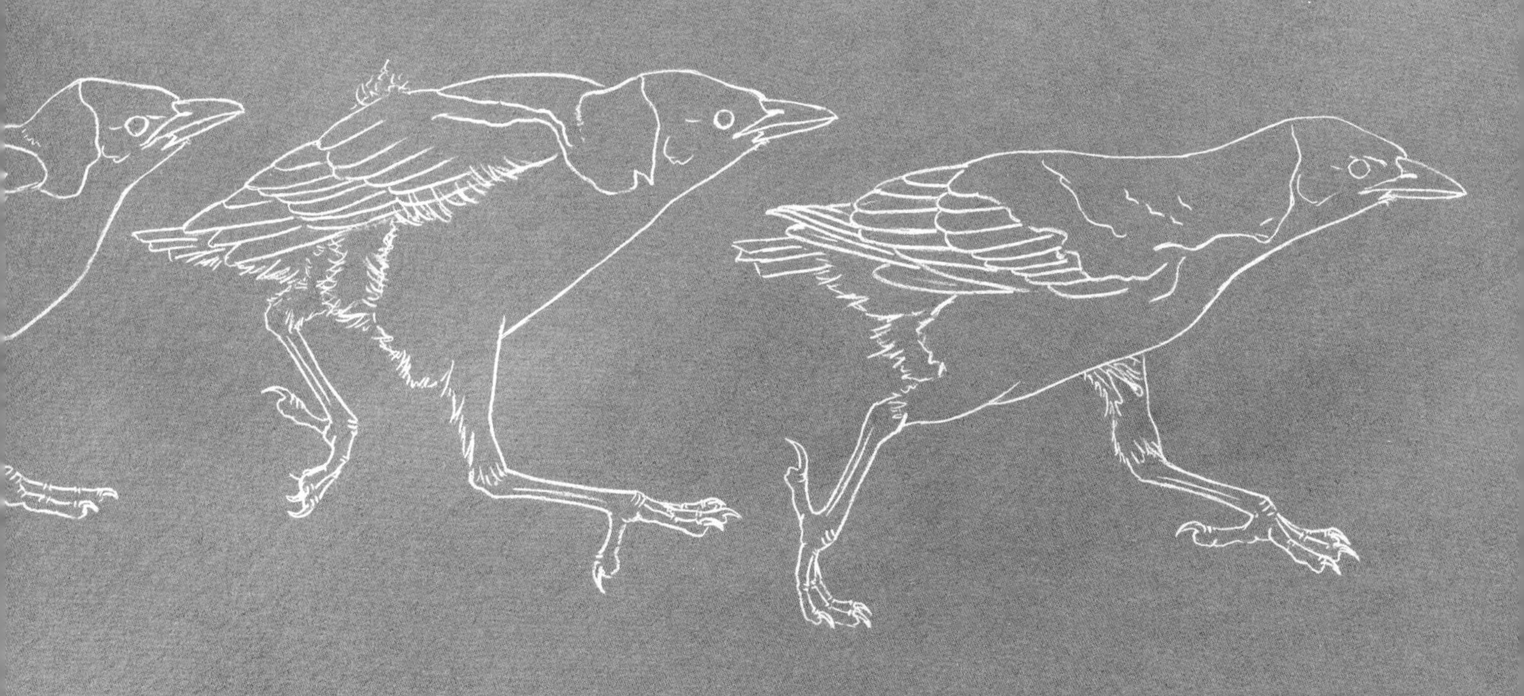

童年

我姐姐宠爱的那些矮脚鸡（bantam）是来自一位可亲的叔伯的礼物。它们毛茸茸的，身形娇小且机敏，每一只都个性十足。

母鸡身上灰色的羽毛柔软而蓬松，枕部那一束束光彩夺目的金色羽毛则有着黑色的羽干纹。它背部的羽毛上有着细密的虫蠹纹样，好似被一位百无聊赖的电话接线员焦躁不安地用灰色铅笔涂画了每一根被羽。跟大多数鸟类水平伸展的尾羽不同，它略显古怪的黑色尾羽总是翘立着。这只母鸡对人友好，充满了自信且无所畏惧。

与母鸡一道而来的还有两只公鸡，它们很显然是源自亚洲野外的红原鸡。这是俩斗鸡，每只都有着华丽如军装礼服般的羽饰，闪耀着金属质感的光泽。周身近乎黑色的羽毛散发出闪亮的紫色和绿色，颈部与背部羽毛的亮青铜色、肩部羽毛的赤褐色，以及金色的两翼更是加强了这一效果。

前页：一只奔跑着的澳洲钟鹊（*Cracticus tibicen*）幼鸟的铅笔素描。

上：鸭雏的素描。

右：《弯流溪》（*Crooked Creek*），水粉画，47 厘米 ×63 厘米。新南威尔士州沃伦市布塔伯恩马场公园弯流溪一处静水场景。

可别以为这两只公鸡对彼此友好。其中一只被冒昧地称为“科克先生”，瘦弱、狡猾而骄纵。它的对头——傲慢的“羌梯克利”（Chanticleer，出现在《伊索寓言》里的一个名字，也见于乔叟笔下）似乎意识到自己有着与生俱来的权威。总而言之，它们俩互相看不上。

除了上面提到的两只公鸡和一只母鸡深受我们喜爱，还有只母鸡给人留下的印象就不那么深刻了。它被平平无奇地叫作“斑点”，而没有依循典籍里“羌梯克利”配偶的名字“珀蒂洛特”（Pertilote）。“斑点”有个癖好，它很能产蛋，但是不在巢里下满 21 枚蛋就绝对不会开始孵化。这让它看起来数数很厉害的样子。如此巨大的一窝蛋导致“斑点”没有办法一次性孵化，只能轮流孵其中的一半，最终使得小鸡的孵化率并不乐观。不过，其他没那么挑剔的母鸡一直在持续稳定地孵出小鸡，使得我们家矮脚鸡的数量也在不断增加。直到某天父母突然下令，饲养费用实在太高了，必须控制家里的矮脚鸡数量。

自然减员或许能解决“鸡口过剩”的问题，但是我们的矮脚鸡安全地生活在一个狐狸钻不进去的大笼子里，顶上还覆盖着拦猪网。这种网的网格够宽，体形适中的鸟能够穿过，但是张开翅膀想要再飞出去就没可能了。

某天，有只褐鹰（*Accipiter fasciatus*）穿过了顶网想要抓矮脚鸡吃，勇敢的“科克先生”为了保护妻儿疯狂攻击这只褐鹰。它无畏地跳到了褐鹰背上，用跗跖上的距狠狠地戳对方。“羌梯克利”则大声地嘶鸣，向所有人宣告着鸡舍里的生死搏斗。在它们决出胜负之前，我冲进鸡舍救出了褐鹰。褐鹰这般肃杀、冷峻的眼神在鸟儿中非常少见，我也从没有如此近距离地观察过它们，深深为之着迷。于是，我便伸直左臂，左手拎着褐鹰的翅膀，急匆匆地跑回屋里想拿给父母看看。

我们的院子被围栏环绕，中间有道五根栅栏的木门，以铁链拴着权当是锁了。平日里即便用左手也很容易打开，但此时我左手抓着一只野鸟。伸长胳膊去够铁链上的插销分散了我的注意力，说时迟那时快，褐鹰的利爪直接就冲我的左眼袭来！万幸的是，它强健的后爪卡在了我的颧骨上，而与之对握的中趾则被我的眉弓挡住，我的左眼才算是保住了。

上：莫特莱克（Mortlake）康尼瓦兰（Connewarran）一只褐鹰的铅笔素描。原作为澳大利亚联邦科学与工业研究组织出版的《大墨尔本地区野地》（*Wild Places of Greater Melbourne*）一书的配图，著者是罗宾·泰勒（Robin Taylor）。

右页：莫特莱克康尼瓦兰的尖羽树鸭（*Dendrocygna eytoni*）的铅笔素描。

可是，该如何摆脱它扑腾着的利爪呢？我又不敢放开它，以免这只褐鹰会反过来用双爪攻击我的头部。我的左手保持着尽量让它远离我的姿势，这一臂的距离可以使我的右眼免受攻击。然而，每次我伸出右手想将它的爪子从脸上移开的时候，它就会用另一只空闲的爪子狠狠地抓挠。最终，我设法将它的后爪从脸颊上拔下，成功解脱之后跑进了房间。全家人见此场景，对我的状况极为关切，根本顾不上去看褐鹰了。

“科克先生”在与褐鹰的斗争中赢了。可悲的是，它被成功冲昏了头脑，接着向“羌梯克利”发起了挑战。两只势均力敌的公鸡陷入了生死相搏，鸡毛与鲜血横飞。结果，它们都死于了争斗，没有赢家。

我想起了一位年长的车站工作人员的话，他试图向一位年轻的荷兰乘客说明蛇的危险。

“汉斯，你知道吗？它们会互相吞噬。”

“不！它们不会的！”

“当然会，我有次把两条蛇放在一个盒子里，等再回来看的时候，它们都不见了。”

从很小的时候，我就已经为鸟儿感到着迷。可能因为自己近视，我喜欢悄悄地接近它们，离得越近，看得越发清晰。回想起有次接近一只太平洋黑鸭（*Anas superciliosa*）的经历。那只黑鸭正停在一大片沼泽地边上专心地理羽，当时我五六岁，深深被它翼镜斑斓的色彩所吸引。我藏在一群走向沼泽地喝水的奶牛中间，直到能借助岸边的芦苇作掩护，以便更为接近黑鸭。最后，我离黑鸭只有不到两米的距离，能看得清清楚楚。我躺在那里，为如此野性又如此美丽的存在而痴迷。由此，我一直很喜欢野鸭。

我有幸在伍伦贡（Woolongoon）长大，这是比邻莫特莱克，位于澳大利亚维多利亚州西区的一大片牛羊牧场。这里有着环境良好的湿地和充足的栖息地，因此吸引来了多种多样的鸟类。我姐姐佩内洛普，小名叫“嘟嘟”（Toot），是我亲密的伙伴。她是一个聪慧、富有创造力和冒险精神的女孩，也是一个小男孩的理想玩伴。在家里我们享有很大的自由，每人都有一匹小马可以骑着去探索周遭。家门口就有一个湖，我们在里面学会了游泳、航船，并最终拖拽在叔叔的船后面滑水。我们家里没有电视，供电依然来自一台老旧的大型柴油发电机。所以，我们的生活充满了活力十足且积极的户外活动。

我家房子附近的一条小溪有着很多螯虾和鱼，其上有一道低矮的水坝，由此吸引了很多水鸟前来栖息。我的父亲威廉认识这些水鸟当中的大多数，他也鼓励我去探知水鸟的行为。他会说："我好奇为什么这些鸟都聚在一起，我们看看它们都吃了些啥吧。"这样的话语常常会激发出更为细致和深入的观察。我母亲帕特里夏对任何陌生的鸟叫声都格外留意，并且热衷于识别出自己所见到的都是什么。所以，在我身边就有着鼓励观察与好奇的榜样。

甚至在很小的时候，我就已经被鸟类相关的书籍所吸引。我很快就读完了爱不释手的《那只是什么鸟？》（*What Bird is That?*），作者是内维尔·凯利（Neville Cayley），这本书也是当时为数不多的澳大利亚鸟类图鉴之一。我喜欢彼得·斯科特爵士（Sir Peter Scott）[2]、乔治·洛奇（George Lodge）和威妮弗里德·奥斯汀（Winifred Austin）这样如雷贯耳的绘者的作品。我依然记得

右：《责任》，水彩画。这是我在商业画廊卖出的第一幅作品（伦敦摩尔画廊1970年售出），1971年美第奇学会（Medici Society）以这幅画为基础制作了明信片。

[2] 译者注： 彼得·斯科特（1909—1989），英国著名自然保育人士、画家、鸟类学家和电视节目主持人，他的父亲是英国海军军官、极地探险家罗伯特·斯科特（Robert Scott，1868—1912）。彼得参与了世界自然基金会（WWF）的创立，并亲自设计了其以大熊猫为原型的标志。1979年，彼得以该基金会主席的身份出访中国，促成了中外合作研究大熊猫项目的开展。被誉为"自然纪录片之父"的大卫·爱登堡爵士（Sir David Attenborough）在回顾自己的职业生涯时，认为彼得对他产生的影响最大。

自己深受西比（A. W. Seaby）为《英国鸟类》（*British Birds*）所作插画的影响，这是一本由柯克曼（F. B. Kirkman）与若尔丹（F. C. R. Jordain）合著的书。我还喜欢反复翻阅《清晨飞翔》（*Morning Flight*）里斯科特爵士绘制的插图，这些作品展示了他对自己笔下雁鸭类的深刻了解。他的画作实在太美了，以至于我都忘了有没有读过书里的文字部分。

当我仔细欣赏斯科特和西比的插图时，一个看似不可能的梦想也开始渐渐萌发。成为一位艺术家，能画出鸟类题材的绘图岂不是件美事吗？我和姐姐都有一小盒水彩颜料。我们很爱画画，每年也能画出一些作品。鸟类总是这些画的主题，当然笔触都很稚嫩啦。

七岁或是八岁的生日时，有半天不用学习的闲暇时光，我就静静地坐在草坪上画周围的鸟。那是几只黄尾刺嘴莺（*Acanthiza chrysorrhoa*），一种娇小好动、对人的靠近总保持着警觉的鸟。谢天谢地，我那天的创作没有保留下来，因为现在回想起来那是我的艺术生涯当中最糟糕的经历之一。那几只刺嘴莺总在周围蹦来蹦去，距离又太远让我看不真切，完全没法画下去。我坐在那儿愈发感到灰心和沮丧。

在家里接受的良好教育使我比正常的教学进度领先了约一年的时间，因此当正式去学校上课之后，我毫不费力地就取得了优异成绩。这让我养成了学习上的惰性，而且持续了好几年。结果，我也为之付出了代价。我的成绩滑落至班级的最后几名，还变成了一个问题儿童。

后来我搬到了廷伯托普（Timbertop），在这之前我生活的环境是维多利亚州西部的大草原，现在则身处灌丛生境。这里距母亲长大成人的地方非常近，而这次搬家也“拯救”了我。

对我们来说，廷伯托普的生活在精神和肉体上都有着挑战性，而这也正是我所需要的。尽管以前也曾到过灌木丛生的地方，但要在这样的环境下生活则是种全新的体验。这里的鸟儿、树木和植被都不一样，地形也崎岖陡峭。我喜欢这里的河流以及在河里飞蝇钓[3]。因为那种独立的感觉和路上的种种挑战，我还喜欢上了远足。

这里生活着我只在书里读到过的鸟儿。搬家后的第一年初，我见到了平生的第一只华丽琴鸟（*Menura novaehollandiae*）。它当时正在八英里小屋外面的霍夸河（Howqua River）边平地的灌木林边缘觅食，而我则正在徒步赶往夜宿地的路上。那年年末，我已有过几次一天中见到七八只琴鸟的经历了。

第二天早上就在八英里小屋外，我遇到了生平见过的第一只缎蓝园丁鸟（*Ptilonorhynchus violaceus*）。我还记得当天吃早饭的时候，一对白眉翡翠（*Todiramphus sanctus*）站在多枝桉树上看着我。渐渐地我开始意识到不同的栖息地里生活着迥异的动物群落，这也使得我对周遭环境越发地感兴趣。

左上：黄尾刺嘴莺的铅笔素描。

右页：《霍夸之春》（*Spirit of Howqua*），亚麻布油画，59 厘米 ×90 厘米。我一边慵懒地待在布勒山（Mt. Buller）的山坡上观察一只楔尾雕（*Aquila audax*），一边试用着海德堡牌的调色盘。

[3] 译者注：飞蝇钓指利用假饵来模仿蚊虫、蜻蜓、飞蝇等昆虫在水面活动，以此吸引肉食性的鱼类主动攻击假饵，从而使其上钩的钓鱼方法。

一天清晨，当我在霍夸河飞蝇钓的时候，有只棕额扇尾鹟（*Rhipidura rufifrons*）停到了渔竿上，把渔竿当作歇脚点，为下次飞捕昆虫蓄势待发。我举着渔竿僵住不动，生怕惊扰了扇尾鹟，结果它又停了回来，还在上面简短地理了下羽才飞回灌丛。

这样的邂逅无疑在我幼小的心灵留下了烙印，能如此接近这般美丽的鸟儿简直令人神魂颠倒。

引路人

比我大六岁的哥哥詹姆斯结婚时，他和新娘收到了约翰·古尔德（John Gould）所著《澳大利亚鸟类》（*Birds of Australia*）一书中的原画，一幅帚尾鹩莺（*Stipiturus malachurus*）的插图作为新婚礼物。该作品出自伊丽莎白·古尔德（Elizabeth Gould）之手，她以细腻的笔触而闻名，这幅画则是其最为精致美丽的插图之一[4]。此后不久，我遭遇了一场糟糕的事故，严重的脑震荡让我

[4] **译者注：**约翰·古尔德（1804—1881），英国著名鸟类学家、博物学家，19世纪最伟大的鸟类博物画出版家之一。伊丽莎白·古尔德（1804—1841），英国著名博物学画家，约翰的妻子。古尔德一家曾于1838—1840年到澳大利亚进行野外采集和考察，这是古尔德唯一一次亲身参与的野外工作，此行也为他日后的研究和出版事业提供了丰富的第一手资料。古尔德一生共描述命名了超过300种在澳大利亚发现的鸟类新种，换言之，澳大利亚有近一半的鸟种都是由他首先发表的，这也为其赢来了“澳大利亚鸟类学奠基人”的美誉。

不得不长期静养。在养病期间，我决定为新人画一幅画，这也是当时的自己唯一负担得起的礼物。

下定决心之后，有一天我碰巧发现了一只小鸟的尸体，看起来并不像帚尾鹩莺。我想机会来了。我非常仔细地构图、绘制，并且还给画上了颜色。但是，古尔德的书中每一幅插画都附有鸟种的名字，我也得知道自己画的究竟是什么呀。

抱着试一试的心态，我给邻居桑福德·贝格斯先生（Mr. Sandford Beggs）打了个电话。他是个身材高大、温文尔雅的农夫，心地善良又富有幽默感，还很熟悉周围的鸟类。贝格斯先生指出我的标本属于是一种“小褐鸟”（Little Brown Bird）[5]，除了专业的鸟类学家，一般人大多不认识。他建议我联系维多利亚国立博物馆的鸟类研究馆员阿兰·麦克维先生（Mr. Allan McEvey BA）。注意，这里的BA是指文学学士（Bachelor of Arts），而非鸟类权威（Bird Authority）。

此时，小鸟的尸体已经开始腐臭。我把这具小小的遗体装到一个不用的眼镜盒里，就赶去了墨尔本。兜里揣着一只死鸟，我挤上了一趟开往博物馆的有轨电车。尽管车厢里很拥挤，但我明显注意到乘客们不大情愿往我这边靠。

博物馆里有一扇玻璃小窗，上面有个门铃可供人求助时使用。我摁响门铃之后，很快就有位热情的年轻女士露面，来者正是麦克维先生的助理。得知我的来意之后，贝琳达用力地嗅了嗅，问道：“先生，你带着那只鸟来了，对吧？”然后，她领着我来到博物馆的地下室，穿行于一排排高大肃穆的储藏柜和一摞摞规规矩矩的收纳盒之间。

办公室的墙上钉着一份希莱尔·布洛克（Hilaire Belloc）[6]关于鸬鹚在纸袋内产卵的诗作的打印本。当一位身材矮小、面带微笑，不时咂几口烟斗的男士从一排书架后面走

左上：《考拉》（*Koala*），水粉画，21厘米×29厘米。以细致的笔触表现其皮毛的质感和动物的姿态。

下：依照儿时在卧室里见过的一只老鼠所做的草图，我为自己在斯拉德摩尔画廊的首次画展创作了这张铅笔素描。伦敦《每日电讯报》关于此次画展的一则报道使我母亲的风评大受影响，所有的英国朋友都因此认为她是一位不称职的家庭主妇！

右页：田刺莺的水粉画习作。

出来，并热情地跟我打招呼时，自己心中的惴惴不安渐渐消散，开始觉得鸟类学是我能够张开双臂拥抱的一门学科了。

麦克维先生很快就鉴定出我的标本是只田刺莺（*Calamanthus fuliginosus*），并且表示有兴趣看看我的画作。等到带着作品第二次来到博物馆时，我才知道他是整个南半球对约翰·古尔德最有研究的人，曾出版过一本关于古尔德对英国艺术贡献的著作，并因此享有了国际声誉。

再次到访时，我受到了阿兰先生和他同事罗宾·希尔（Robin Hill）的热情欢迎。罗宾先生当时正在博物馆鸟类学部的地下室里为自己即将出版的《澳大利亚鸟类》（*Australian Birds*）绘制图版，他脸色苍白，看起来像很长时间都没怎么见过阳光。这其实应该算是出版书籍所需付出的辛劳对我的第一个警示。好在，什么都减损不了罗宾先生那出类拔萃的幽默感。

阿兰·麦克维一直热情地鼓励我，当得知我已被剑桥大学历史系录取并且即将启程前往英国时，他给了我罗伯特·吉尔摩（Robert Gillmor）的详细联系方式。罗伯特先生是一位享有专业盛誉的野生生物画家，负责当时雷丁学校的艺术教育。不过几年之后，当我离开剑桥搬到伦敦时，才真正跟罗伯特先生见了面。

1969 年，即我大学的最后一年，有位熟人打碎了一支旧枪托，由此得到了两块纹路光鲜的陈年胡桃木。我打算将他好意相赠的这两块胡桃木用刻刀雕成两个小木雕。那时我已经在巴布亚新几内亚待过一段时间，当地人用黑棕榈木雕出的作品令人印象深刻。不过，受天然的木质纹理所限，这些作品的线条都比较生硬，缺乏其所刻画生物体的优雅和灵动。我暗下决心要雕刻类似的主题，但要超越自己见识过的那些僵硬、呆板的表现形式。

最终的成品是一只鲨鱼和一只海豚，它们放在了我那辆老款迷你汽车（Mini Minor）的仪表盘上方。那两块胡桃木已经被打磨得非常温润，深栗色的表面很光滑且富有光泽。

[5] **译者注：**英文首字母缩写为 LBB，观鸟者的俚语，指羽色暗淡、特征不甚明显、难于识别的小型鸟类。

[6] **译者注：**希莱尔·布洛克（1870—1953），法国及英国作家、历史学家、演说家、军人及政治活动家，生于法国，1902 年加入英国国籍，1906—1910 年担任英国众议院议员。代表作有《长短诗》《罗伯斯庇尔传》《通往罗马之路》《伊丽莎白女王：时势造英雄》等。

伦敦岁月

临近大学毕业的时候我搬到了伦敦，有机会接触到各种各样高品质的艺术形式。不少人都认为伦敦是世界文化之都，音乐、文学、芭蕾、绘画、雕塑和剧院对我来说都是令人沉迷的新事物。由于自己来自一个偏远的乡村，对这些艺术形式只有个朦胧的认识，所以就抓紧时机从中汲取创意之源。

有次造访位于科克街的穆尔兰画廊（Moorland Gallery）时，我跟画廊经理麦克唐纳·布思少校（Major MacDonald Booth）聊了几句。当时有个澳大利亚匪帮正在伦敦流窜犯案，我想应该是自己的澳大利亚口音引起了少校的注意。他跟着我走出画廊来到车边上，看了看我的木雕作品。

他问：“这些是什么？”

我有些结结巴巴地答道：“木……木雕。”

他又问：“你打算卖了它们吗？”

我眼前仿佛闪过了英镑的影子，这可是一个机会啊！于是我就把木雕留给了少校，不久之后果真卖了出去。他又问能不能给画廊的春季展览准备新的木雕，这让我可以跟多年来启发着自己的名字“济济一堂”，如画家哈里森（J. C. Harrison）、阿奇博尔德·索伯恩（Archibald Thorburn）和雕塑家欧内斯特·迪尔曼（Ernest Dielman）、特雷弗·福克纳（Trevor Faulkner）及“加拿大人”阿妮塔·曼德尔（Anita Mandl），少校自然是得到了肯定的答复。

因为是自己的首场专业展览，当天我穿上了自己最好的西服。这身穿着让我看起来就像个侍应，现场有位打扮时髦的女士可能也是这么想的。她对我的木雕很有兴趣，不仅与我进行了详细的讨论，还明确指出了每一件作品存在的问题。一开始我还想，必须介绍一下这些就是我的作品。但这位女士如此信心满满而又滔滔不绝，以至于我基本没有机会插话。最终，只能陷身于这尴尬的对话之中。

稍后，这位女士走向销售处询问我的一件木雕。销售助理一边说：“嗯，这件作品的雕塑家就在现场。您想见见他吗？”一边就指向了我。女士转过身来一看，用她优雅的腔调喃喃道：“你这家伙！”不过，最后她确实买下了那件木雕。

位于伦敦西区的另一家画廊，布鲁顿广场的斯拉德摩尔画廊（Sladmore Gallery）的老板看到了我为木雕所做的草图，就邀请我到他的画廊做一个画展。我很轻易地就被说服了，要知道完成一件雕塑作品需要花上几周的时间，然后能卖大概 40 英镑，而完成同一件作品的素描则只需约 30 分钟，就可以卖 38 英镑左右。看起来我好像也可以成为一名艺术家。

左上：用伦敦一处建筑工地中取下的橡木雕刻的鲨鱼，后来被穆尔兰画廊里遇到的那位挑剔的女士买走了。

下：用斯托克·博格斯教堂拆下的美丽的深色橡木老料雕刻的一只小海豚，格雷在这个教堂写下了《挽歌》[7]。

右页：一只南鹰鸮（*Ninox boobook*）幼鸟不同姿态的钢笔墨习作，湿画法。一场大风使这只生活在奥特韦山脉（Otway Ranges）的幼鸮从巢里跌落。

---

[7] 译者注：托马斯·格雷（Thomas Gray，1716—1771），英国诗人，一生只发表过 13 首诗歌，却有着极高的声誉。《挽歌》是他 1750 年完成的作品，于次年正式发表。

"Chester":~
Baby Boobook Owl,
Otway Ranges, Victoria,
December, 1985

Studies of Greater Spotted Woodpeckers
seen while staying at Maison Couteigt,
With many thanks to Libby and Harry.

但是还存在一个问题。我该怎样做才能学会按照标准的要求作画呢？我遇到过一些自称是“自学成才”的艺术家，总的来说，这种说法很容易识别，也没什么值得夸耀的。我是时候去寻求些帮助了。

学画就好比学习一门语言，你会受到“词汇表”的限制，对于画画来说这种限制就是技法和经验。此时此刻，我唯一清楚的便是自己对于绘画一无所知。

导师们

我疯狂地在住所搜寻阿兰·麦克维留下的纸条，上面有罗伯特·吉尔摩的联系方式。或许，罗伯特能成为我的救命稻草。

时任伦敦皇家艺术学院副院长的罗伯特·古登教授（Professor Robert Goodden）是一位温和的绅士，他私下里跟我讨论了上艺术学校的利弊。他认为去上学并不会对我有什么收益。我的技法和画作都还不错，而且已经有了参展作品，继续往前发展就行。我好奇他要是得出了相反的结论，自己的生活和艺术创作会发生怎样的改变。很多方面我都是从经验中慢慢学习，但在学校里可能很快就能习得。不过，我几乎是以旧有学徒制的方式在罗伯特·吉尔摩和戴维·里德－亨利这样的大师身边工作，这样的经历可能比去皇家艺术学院读几年书，收获要更大。

古登教授倒是建议我多去看看画展，去寻找那些作品深得我意的艺术家，从他们那里寻求建议或帮助。于是乎，我拨通了罗伯特·吉尔摩的电话。

罗伯特·吉尔摩 [8]

罗伯特是一个非常开朗而可爱的人，总是面带灿烂的笑意，眼中闪着智慧的光芒。作为英国野生生物艺术家协会的创始成员之一，他同时也是一位富有经验且德高望重的野生动物画家，还是雷丁学校里忙碌的艺术教师。他在电话里嘱咐我带着作品去雷丁会面。

罗伯特很善于点拨从事艺术创作的年轻人。他自己成长于一个艺术氛围浓厚的家庭，他的外祖父西比（A. W. Seaby）绘制的鸟类恰是我儿时的灵感来源。西比先生还在罗伯特之前担任了雷丁学校的艺术学监。

罗伯特向我传授了自己开始学画时得到的经验：选择个别有意思且对自己深有启发

左页： 为一对夫妇所作的大斑啄木鸟（*Dendrocopos major*）的水彩画，以表达他们将法国南部的寓所借住给我们一周的感谢。

右下： 戴维·里德－亨利（David Reid-Henry）的一只白额角鸮（*Otus sagittatus*）的钢笔墨画。因为发出的告警叫声像是木匠拉手锯的声音，它的名字被叫作“木匠”（Chippy）。“木匠”从来都被认为是只雄鸟，直到27岁的时候产下了一枚卵才真相大白！

[8] 译者注： 罗伯特·吉尔摩因病于2022年5月8日辞世，享年85岁。他为英国皇家鸟类保护协会设计了基于反嘴鹬形象的标志，为哈珀柯林斯出版社的“新博物学家文库”系列绘制了广受好评的封面，还为大卫·拉克（David Lack）的成名作《欧亚鸲的四季》（*The Life of the Robin*）绘制过封面和内文插图（该书已由读库引进出版）。

的物种，然后只画它们，一直画到对它们身体结构、姿态和行为的方方面面都烂熟于心为止。在罗伯特开始自己职业生涯的最初几年里，他只画过7种动物，其中包括凤头麦鸡（*Vanellus vanellus*）、黑翅长脚鹬（*Himantopus himantopus*）、反嘴鹬（*Recurvirostra avosetta*）、三趾鸥（*Rissa tridactyla*）、欧乌鸫（*Turdus merula*）和北极海鹦（*Fratercula arctica*）这6种鸟。他建议我从伦敦动物园开始练习，一个月后再来雷丁。

我选择了鸮类作为练习对象。它们喜欢长时间保持不动，白天的时候又总是睡眼惺忪的样子，这些常能激发起我对学生时代上课体验的共鸣。同时，它们又有着鲜明的性格和独特的外形，很适合用简单的线条来描绘。

我带着画板和铅笔来到动物园开始写生。自己身边很快就响起了孩童们稚嫩的童声，有问道："先生，你在干什么呀？"有口齿不清地说："我能看看吗？"还有激动的喊声："天哪，快来看看这个！他在画鸟耶！"以及搞怪的"约翰尼，朝他扔块石头，看他会不会动弹"。

静静地，我暗下决心以后一定不会要小孩。渐渐地，我克制住了想要怒捶"熊孩子"的焦躁，专注于绘画的功力也日益提升。

上：《澳洲长脚鹬》（*White-headed Stilts*），水粉画，44厘米×62厘米。在昆士兰州英格尔伍德野外进行的素描，随后上色完成。

下：一只欧乌鸫雄鸟的铅笔画，为格雷厄姆·皮齐（Graham Pizzey）所著《鸟类的庭园》（*A Garden of Birds*）创作的插图。

右页：我在戴维·里德-亨利指导下完成的第一张水粉画，图中是戴维饲养的雄性灰背隼"蒂德利温克斯"（Tiddlywinks）。

罗伯特会跟我愉快地共进午餐，席间总会聊得开怀大笑，然后赶在他回去工作前评点我带去的草图。之后，我常常灰溜溜地返回伦敦，却又拿定主意下次要画得更好。罗伯特的评价总是温和而带有建设性，但我也记得他曾将画里的有些岩石和草形容为“像是炸开了的乌龟”。

有一次，罗伯特带我去参观戴维·里德－亨利在斯拉德摩尔画廊展出的作品。这之前我从没有听说过戴维，但参观后立刻就为他的作品所倾倒。在我有限的经验中，从未见过哪位艺术家能够在鸟类绘画上表现出如此高超的技艺。戴维毫无疑问是这个时代顶尖的鸟类画家。

罗伯特抓住非常难得的机会向戴维介绍了我，戴维说道：“哦，澳大利亚人？如果你想和我谈谈画鸟的事，就改天来见我吧。”

戴维·里德－亨利 [9]

第二天早上七点半我就到了戴维家。有几件事令我印象颇为深刻。戴维居然没有自己的工作室，他就在厨房的餐桌上作画。到了用餐时间，他的妻子就大手一挥，将画作、画笔和颜料之类的东西一股脑清理干净，这样才能腾出吃饭的地方来。戴维的家里四处都摆着使用不同绘画方法已完成的和待完成的画作。

最终，我一直待到第二天凌晨一点才离开。可怜的戴维在为自己的画展忙得不可开交之际，又被一个学生缠住了。当天早上八点半我又去了他家，感觉自己就像一块海绵想要竭尽所能地吸收全部讯息。戴维给我展示了他养的一只雄性灰背隼（*Falco columbarius*），这是英国体形最小的一种隼，它平时就生活在戴维的卧室里，把女主人都挤到其他房间去了。它名叫“蒂德利温克斯”，体形较小又魅力四射。我将它作为自己在戴维指导下首次尝试水粉画的绘画对象。在我快要完成“蒂德利温克斯”的肖像画时，它竟还显示出自己的艺术品位。它从栖架上跳了下来，然后歪着头疑惑地审视了这幅画，最后拉了一泡屎在上面。天下竟有如此残酷的“艺术评论”！这之后我给它戴上了一个鹰帽来限制其行动，而从驯鹰传统上讲，其实是很少给灰背隼戴鹰帽的。

就在我拜访的第一天，戴维展示了如何使用水粉这种不透明的水彩颜料来创作柔和的湿法渲染，以及在画纸仍处于湿润状态时，如何用画笔绘出水面、草丛、云彩，或是其他任意

[9] **译者注：**戴维·里德－亨利（1919—1977），英国著名鸟类画家，以画作中细节丰富且擅长大气磅礴的生境描绘而著称。戴维自己并未受过系统的美术训练，但他对前来寻求帮助的年轻画家总是抱有极大的耐心和热情。戴维尤其喜欢猛禽，本书中就提到了他饲养的白额鹰鹞和灰背隼。他绘制过许多猛禽主题的画作，包括为鸟类学家迪安·阿马登（Dean Amadon）等人的重要著作《世界的雕、鹰和隼类》（*Eagles, Hawks and Falcons of the World*）所作的精美插图。

的效果。他会先将画纸在清水中浸泡 10 分钟，然后将其平铺在一块光滑的画板上，再用画笔小心翼翼地挤掉画纸下面封住的气泡。

紧接着，他就在画纸上均匀地涂上一层厚厚的白色颜料，然后在整幅画纸上再均匀地混入某种颜色，或是挑选出几种颜色进行相互混合。

最后，他演示了如何使用扇形笔刷来消除笔触的痕迹。在画纸干透之前，他向我展示了如何用画笔来表现模糊的树叶、薄雾、远处的灌丛，或是波浪，以此来为画作构成更柔和及微妙的背景。20 年来我用这样的技术完成了几乎每一幅水粉画，人们经常会问是不是用了喷枪，事实上并没有。

戴维还就他极为擅长的铅笔画给我提出了许多建议。他是通过创造纹理来暗示细节的大师，对色调也有着无与伦比的把控。他的画作对我来说就是一种开示，极大地促进了我在艺术方面的提升。

戴维强烈建议用水粉颜料，而不是水彩来画鸟。他认为水粉的柔和质感更适合用来表现鸟类的羽饰，水粉的不透明性使其可以用来进行复绘，从而形成水彩无法达到的效果。自文艺复兴时期开始，水粉就是通过在水彩媒质中研磨颜料制成。水粉依靠颜料中的色素，而非画纸来反射光线，因此其固有的柔和质感适于素描或描绘鸟类。相比而言，水彩则是半透明的，允许光线先透过颜料再从画纸上反射出来，为画作提供了一种内在的光泽。

有时，戴维会演示他在自己作品中所使用的一种技法。有一次，他差不多已经完成了一幅北极景观中以蓝天为背景的矛隼（*Falco rusticolus*）图，但又觉得背景是多云的灰色天空和较为暗淡的光线会更加妥当。于是，他向我演示了如何用一支浸湿的画笔来重新渲染背景，通过不断地涂抹浸润，让画纸吸满水分的同时又不影响已经上好的颜色。随后，他将画纸翻转过来，用另一支画笔的侧面描绘出低垂的云朵和薄雾。

戴维是一个为了画作会认真准备的人，有时他会在铅笔底稿上完成半透明的蛋彩画，这一点有些像后来

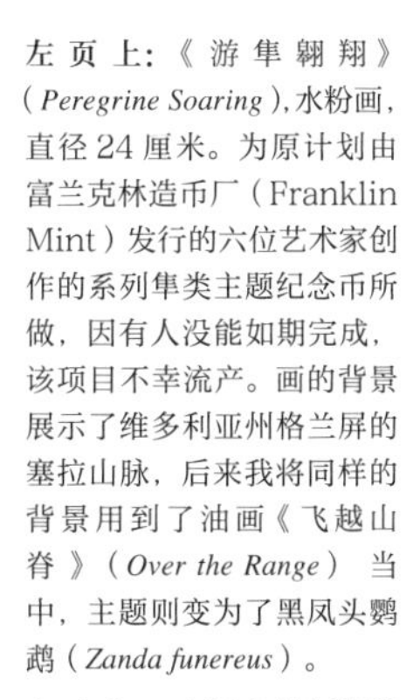

左页上：《游隼翱翔》（*Peregrine Soaring*），水粉画，直径 24 厘米。为原计划由富兰克林造币厂（Franklin Mint）发行的六位艺术家创作的系列隼类主题纪念币所做，因有人没能如期完成，该项目不幸流产。画的背景展示了维多利亚州格兰屏的塞拉山脉，后来我将同样的背景用到了油画《飞越山脊》（*Over the Range*）当中，主题则变为了黑凤头鹦鹉（*Zanda funereus*）。

左页下：一幅精心绘制的游隼（*Falco peregrinus*）铅笔习作，是为油画《荒原猎手》（*High Country Hunter*）做准备时所作。

右上：游隼“坦布蒂”（Tambuti）的一幅铅笔姿态习作。

[10] 译者注：约翰尼斯·维米尔（Johannes Vermeer，1632—1675），也称杨·维米尔或约翰·维米尔，17 世纪荷兰黄金时代的著名画家，以精细地描绘限定空间内物体的光影效果和人物的真实质感而闻名，代表作《戴珍珠耳环的少女》。

雷蒙德·哈里斯·钦（Raymond Harris Ching）使用的技法，其声称是从维米尔的技术衍生而来[10]。戴维会为想表现的物种绘制一系列的速写线描，再从中选出自己最满意的一幅。单是这个步骤他就会一遍又一遍地重画，直到满意为止。许多草图由于下笔比较重，笔触已经力透纸背，这时他会在另一张新的画纸上绘出同一幅画的镜像。此时，在户外练习素描的我还停留在跟被风吹翻的画纸、眼镜、望远镜、苍蝇和汗水淋漓的纷乱做斗争的阶段，与此同时还要令人沮丧地记录下自己的观察对象。我迫切需要发展自己的素描和绘画技能了。

戴维鼓励我采用快速的线条绘图来为每个主题做准备，本质上就是为创作对象画素描。之后，我会从中选取抓住了主题要素的草图，再通过调整明暗来增加表现力，或补充那些我无法通过重新审视绘画主题，以及检视博物馆保存标本来获取的细节，以在此基础上创作出完成度更高的作品。我渐渐地形成了一种可以称之为“舞台感”的工作模式。在野外观察到一只鸟或一次事件的许多方面或者说任何方面都会激发我的灵感，它可能是鸟儿的行为、光线变化的方式、一个动作或是与其他个体间的互动。

首先，我会为画作绘制一个布局设计，寻找色彩与色调、主体与客体空间、设计流畅度之间的平衡。接下来，我会为画作主题绘制许许多多的素描，直到自己开始了解和感知那只鸟，甚至像它那样思考。如果条件允许，我可能会画数百张素描；但若是那种鸟很稀有，或是生活在难以抵达的地方，我也学会了如何利用现有的素材，有时或许只会画寥寥几张素描。

然后，我会选择四五张最具生命力、动感或个性的素描，再根据它们绘制更为细致的图画，描绘出更多的细节、比例和纹路。

从这些草图里面，我可能再选出一两张进一步绘制成彩色或黑白的习作，有时笔触较为粗略，有时则会仔细描绘。作画时，我更愿意事先了解成品能达到的效果。习作就是为了消除那些模棱两可的地方。不过，我也不会拘泥于最初的设定，有时可能会在中途改变已完成的部分，有时甚至会直接更换主题。

偶尔，我会完成一幅较小的画作，它本身就是一个完成品，但若放在更大的成品里可能会有改变，也可能不变。有时，这样较小的前期作品会在我完成最终版本之前就被客户买走了，这种情况下我可能会因为完成的作品已经表达出了自己想表达的意思，就此停手。有时，我甚至会涂抹掉作品中尚未完成的部分。因此，收藏在加拿大某处的一幅画作背后可能隐藏着澳大利亚的某个沙漠场景（事实上确有此事！），或是其他一些完全不相干的图画。

当然，我的这一创作过程的弱点在于素描成了最能反映主题精气神的部分。它们往往包含着运动性和即时性，随着绘画过程中我距离最初的观察越来越远，这些转瞬即逝的特质也会逐渐消散。我尝试着留住这些特质，也尽可能多地身处野外，以保持通过直接观察获取的临场感觉。

通过时间的沉淀，随着经验的累积，人们会开始注意到早年间被忽视的元素。此时，就很容易画出自己"知道"的，而非看到的东西。戴维严格地使用"指示标记"，以提醒自己稍后进一步研究确认其细节，它可能是代表眼的一个点，或是表示喙的一条线。他不断敦促我走出自己的舒适区去尝试新的想法，永远不要"按照菜谱来作画"，不要重复在以前的绘画中业已形成及实践过的技法或理念。

哈利·霍斯韦尔

斯拉德摩尔画廊的哈利·霍斯韦尔（Harry Horswell）注意到我在热切地向戴维·里德－亨利学习，而后者也乐意指导我。于是，哈利邀请戴维和我一起到他在白金汉郡克莱尔山（Cryer's Hill）斯拉德摩尔农场的家中做客。我以为这是哈利看到了控制戴维广泛兴趣的一个机会，可借此让戴维创作出更多的作品，同时他也对我在戴维的指导下会大有长进充满信心。而且，哈利也很快就让我的御马技艺派上了用场，包括钉马掌和修马蹄。毕竟，他的四个孩子都有自己的马匹，并且全是青少年马术俱乐部（pony club）的热心参与者。

作为对鸟类兴趣浓厚且有抱负的艺术家，斯拉德摩尔农场真是个绝好的去处。哈利在自己一系列的鸟舍里面饲养了种类繁多的鸟类，

我和戴维在那里可以随时观察鸟儿们的羽饰或行为。我俩的工作室被安排在了一个有着大落地窗的房间里，这个房间原本是作为画廊展厅用的。我和戴维在各自的工作台上作画，需要的时候他能马上对我进行指导，也会时常给我演示一些新的技法。戴维非常健谈，源源不断地分享着各种故事。戴维说起过自己小时候在斯里兰卡（那时还叫锡兰）成长的经历，他父亲时任科伦坡国立博物馆的昆虫研究馆员。他还提起过自己在非洲和第二次世界大战时期的历险，以及自己跟伟大的画家、驯鹰人乔治·洛奇（George Lodge）[11] 共事的经历。他还讲过许多其他妙趣横生的往事，常常引发哄堂大笑。

我为人工饲养的游隼"假小子"（Tomboy）、草原隼（*Falco mexicanus*）和欧亚鵟（*Buteo buteo*）着迷不已。无论描绘还是饲养猛禽，它们都是我历练技能难得的模特。戴维的猛禽画作早已举世闻名，价值不菲。一次，为了感谢猎场看守送来的一只欧亚鵟，戴维便将自己一幅完成度极高的游隼画作赠予了对方。要知道

上：我以戴维·里德－亨利饲养的地中海游隼"假小子"为原型所作的早期铅笔画。

右页：《史蒂夫的鸟》（*Steve's Bird*），水粉画，26 厘米 × 21 厘米。俄克拉何马州巴特尔斯维尔乔治·米克施·萨顿鸟类研究中心的史蒂夫·谢罗德（Steve Sherrod）驯养的一只美洲游隼。

[11] 译者注：乔治·洛奇（1860—1954），英国著名鸟类画家、版画家、驯鹰人和自然保护活动家。

这样的画作几乎是戴维售价最高的作品。结果，猎场看守在向戴维深表谢意之后，将那幅画小心翼翼地对折再对折揣入衣兜。我惊呆了，脱口而出：“简直太糟了，戴维，糟蹋了一张杰作啊！”

戴维却不以为然道：“一点儿没有。我画那幅游隼就是为了感谢他。显然他也很感激，至于要怎么处理那幅画，那是他自己的事情了。既然人家感受到了开心，那就画有所值。”

霍斯韦尔一家非常热情好客。简·霍斯韦尔（Jane Horswell）是一位害羞、十分敏感且有着金子般心灵的女性。她对动物题材的雕塑作品颇有研究，斯拉德摩尔画廊的主业为跟其他专业人士交流的平台，展出和交易简的雕塑藏品。通过简，我也逐渐积累了一些关于动物雕塑作品的认知，熟悉起梅内（P. J. Mene）、安托万·路易·巴里（Antoine Louis Barye）、罗莎·博诺尔（Rosa Bonheur）和伦勃朗·布加蒂（Rembrandt Bugatti）等人的杰作。有一次，布加蒂极为珍贵的《豹》的一件仿品不见了。等孩子们回家了要是发现这点可就大为不妙了，那天直到在后门附近一堆废弃的橡胶雨鞋和雨衣下面找到仿品时，屋里紧张不安的气氛才算消散。

爱德华是霍斯韦尔家最年轻的成员，已经谈了女朋友却还没有驾照。年方 15 岁的他，正是情窦初开，你侬我侬的时候。有时，我会开车送爱德华去他女朋友家。到了之后，两位年轻人就去谈情说爱了，我则和女孩的父亲罗阿尔德·达尔（Roald Dahl）坐下来聊天。这位先生极为健谈，是那种人们所期望遇见的聊天对象。跟他谈话充满了乐趣和收获，所以

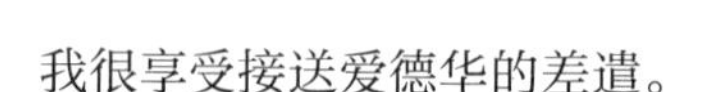

我很享受接送爱德华的差遣。

绘鸟所感

素描这种技法使人必须仔细观察并且了解所描绘的对象，没有比将影像刻在脑海里更好的训练了。画家需要下意识地观察、学习光线、构图和描绘对象姿态上存在的细微差别。每画一幅素描就多一分长进，直至开始感觉到跟描绘对象有了深切的共鸣。在这一点上画家跟演员有些类似，他们“入戏”很深，乃至几乎可以从鸟儿的视角观察周遭。此时，画家就不再是旁观者，而是深度参与其中了。

戴维·里德-亨利的素描功力相当了得，也经常画素描，不过几乎都是凭借记忆作画。他很少在野外画素描，我仅见过一次他对着活生生的鸟作画。那是一只正在睡觉的白脸树鸭（*Dendrocygna viduata*），戴维照着它画了一幅很小的素描。事实上，在我打过交道的所有人当中，戴维

左页：雌性游隼“姆萨萨”（M'sasa）飞行姿态的铅笔素描。

上：《王之游隼》（*A Falcon for a King*），亚麻布油画，65 厘米 ×90 厘米。按照中世纪驯养鹰隼的等级制度：君主养游隼，皇帝养矛隼，无赖养红隼，夫人养灰背隼，自耕农则养苍鹰。

的图像记忆能力最为惊人。他通常会在晚餐后的闲暇时刻，抽出一张纸就开始在上面创作。比如，他会介绍正在画的这只小金背啄木鸟（*Dinopium benghalense*）是 40 年前在斯里兰卡雨林里见过的。戴维一般会先画鸟的头部，然后添加身体。他不会使用橡皮擦，但有时会在同一个身体上从截然不同的角度再画出一个鸟头，以此来改变描绘对象的姿态和神韵。当然，戴维的素描看起来如此轻松写意是长期练习的结果。40 年来，他都在训练自己记住所看到的事物，而这期间有些鸟他画过了无数次，早已烂熟于心。与此同时，他不断地坚持作画也就做到了熟能生巧。我们大多数人可以通过反复练习来达到良好的图像记忆能力，随着时间的推移还会变得更为得心应手。对于没有尝试过的旁人而言，凭借记忆画鸟，就好像无师自通骑自行车或游泳一样令人惊叹。但看似不可能之举，实则都是通过练习而成的。

巴勃罗 · 毕加索（Pablo Picasso）曾说过：“绘画是盲人的职业。他笔下的画并非源于自己所见，而是出于所感，是他从所见当中感受到的那些东西。”可能通过记忆来作画，戴维记录下了那些鸟儿在他意识中留下的烙印，而不仅仅是物理意义上的具象所在。

如今，通过互联网和数码摄影，有抱负的画家很容易就能找到可供参考的图片。在许多领域这都已经成了一种不二之选，能够帮助画家更快、更便捷地创作出可资谋生的产品。除了我自己并不用这种方式获益，几乎所有在我成长过程中产生了影响的人也都反对这样的做法。他们列举出的最重要理由是，画一幅画，就应当考虑想表达的是什么。难道它不应该为所描绘的对象提供某种洞见，陈述某种观点或是讲述某个故事吗?

银器匠人莱斯利·迪尔邦(Leslie Durban）就此观点为我做出了最为精彩的解释。他说：“你并不是尝试着画一只乌鸦，而是在表现‘鸦的气质’。想想洞穴岩画里人奔跑的样子，那

些图画看起来并不像人，但其跑姿又是如此的生动。再想想中国传统绘画中的水，看起来也并不像水，却自有一种深远而流动的韵味。这些效果绝非摄影照片所能企及。”

依据照片来创作会损害一个画家的图像记忆能力。照片隔在画家及其描绘的对象主体之间，会诱发一种视觉上的怠惰。接下来的艺术实践变成了纯粹的技术活，即尽可能忠实地复制出照片的内容。画家的思想渐渐地会变得更为懈怠，既会影响观察时应有的谨慎，也会减损凭借记忆有效作画的能力。同时，这样还会削弱通过不断练习获得的信心，甚至确定性，从而可能限制画家对主体个性的表达和理解，最终折损了对于主题生命力和个性的表现力。

或许是因为源起于书籍的插画，许多鸟类主题绘画都植根于肖像画，可以是单只的，也可能是群像。在人的脸上有各种各样的表情指示物，但在鸟类身上就很有限了。画家通常通过鸟类的眼睛予以表现，其次是脚，再次是两翼。除此之外，姿态也很关键，并且鸟身上不同来源的情绪表达需要相互配合。试想画一只完全处于放松姿势的鸟，眼里却有着惶恐的神情会是多么尴尬，反之亦然。不要去想“这看起来像只乌鸦”，而是要追求在理想状态下，观者由作品启发而思考：“嗯，乌鸦总是以那样的姿态停栖，不是很有意思吗？”

在艺术界，有些出色的艺术家对环境做出反应的方式，从科学的角度看或许有些别扭。而在科学绘画领域，我们有些技艺非凡的从业者越来越痴迷于技术层面，却对艺术本身没什么追求了。这就出现了艺术和科学之间难以调和的二分对立局面。为野生动物绘制插画不被艺术界主流所接受，而科学界对艺术也并不推崇。学习野生动物绘画的一个问题就是需要处理两种互不相容的人类智识共存的局面，本质上是一种精神分裂。一边是艺术家，一边则是

上：《黎明舞者》（*Dancers of the Dawn*），亚麻布油画，105 厘米 ×137 厘米。一次捕捉雾霭黎明时逆光影像的尝试，低升的太阳映照在舞动的澳洲鹤（*Grus rubicunda*）的羽毛上。这幅画既是为了表现这些健硕、优雅的大鸟本身，也是为了反映现场的氛围。

右页：白腹麻鸭（*Radjah radjah*）的钢笔水彩习作，旨在表现它们俊俏的外形。

科学家，大脑负责感性与理性的半球打得难舍难分。然而，无论绘画还是科学，不都是追求拓展人类认识世界的疆域吗？就像一幅好的肖像画能够显示人物的性格，或是科学研究可以揭示出更大的真理一样。

身为野生动物艺术家还要面临的一重困难在于受众愈发远离与野生动物的真实联接，转而从电视节目当中获取与自然有关的二手讯息。

使用相机镜头进行艺术创作的人，跟那些依靠一手的经验、知识、对主题的熟悉程度和绘画技巧来发展自己理念的人之间已有的鸿沟会变得越来越大。画家作画时不仅仅是为了创作出一幅美丽的画，通常还意味着要传递某种信息、讲述某个故事或是发出某个声明。就野生动物画家而言，如果传递的信息依赖于对所表现主题更细致入微的了解，那么如何将这些玄妙之处转化得足以让受众接受，就变得更加困难了。

我在欧洲学习的时候，还有许多卓越的艺术家在创作野生动物题材的画作，并且展现出了惊人的绘画技艺。当时偶尔还能找到威廉·库纳特（Wilhelm Kuhnert）的精美画作，我曾有幸看过他为一只非洲象鼩所画的素描。罗伯特·海纳德（Robert Hainard）的木版画广受赞誉，而像恩里克·恩尼恩（Eric Ennion）和约翰·巴斯比（John Busby）这样的水彩画家则是表现主题个性的大师。

提到了某些艺术家，而没有说到另一些似乎并不公平，因为他们画得都很好。虽说使用照片作为参考的方式到了后来才变得愈发可行，但在有些早期画作里这种现象也确实存在。我曾有些惊讶地发现，布鲁诺·利耶福什（Bruno Liljefors）的某些作品竟然也是这么创作出来的。

02

AFRICA

非洲篇

在野外画素描总是令我焦虑。那些不怎么活动并且易于观察的鸟类，我还算能够应付，但野外自由活动的鸟儿，尤其是身材娇小的那种，就让我感到十分棘手了。我常常不能观察得足够细致，也就没有办法作画，我在摁住素描本上被风吹拂的画纸时，还要手忙脚乱地分开勾在一起的眼镜和望远镜。当得知戴维·里德－亨利要返回南罗德西亚（即今天的津巴布韦）时，我抓住了这次机会跟他一起去野外工作，以便更进一步地锻炼自己的技法。

第二次世界大战期间，我的父亲曾在津巴布韦通过帝国空军训练计划学习驾驶飞机，我为他这一时期的经历和照片着迷不已。我父亲还有他的两位叔伯在那里种植烟草，显然他很喜欢两位长辈的农场。

预见到即将来临的血雨腥风，杰克叔公和格里夫叔公于 1959 年返回了澳大利亚。他俩带回了有关非洲哺乳动物和色彩斑斓的鸟类等充满异国情调的故事，以及收藏的细木柄长矛、角马尾做的蝇拍、大象尾毛做的手环，还有他们旺盛的精力，令我这样一个渴望冒险的小男孩激动不已。

所以，在怀着极大的热忱，却没有任何计划的情况下，我登上前往津巴布韦的一架飞机，降落到了约翰内斯堡。我随身带着颜料，将那些铅管装在运动外套的口袋里。颜料实在太重，把口袋都坠坏了。

从约翰内斯堡再坐整整三天的火车才到索尔兹伯里（今天的哈拉雷，津巴布韦的首都），车速实在是太慢了，我都能跳下车在铁轨边跟着走。一路上，我一边将脸贴在车窗上，努力找寻自己曾无数次读到过的神奇非洲的蛛丝马迹；一边竖起耳朵听其他乘客谈论的各种轶事，比如起居室里的豹、菜园里的象，以及仰起头注视过往车辆的黑曼巴蛇，不一而足。

等到了哈拉雷，我惊讶地发现自己居然没有带任何有关非洲鸟类的书籍。在罗杰·托里·彼得森（Roger Tory Peterson）[12] 按照不同分类群，将相似鸟种以相近的姿态放在一起便于比较的创新之作问世前，国家层面的鸟类图鉴在那个年代并不常见。早期的图鉴使用起来并不方便，还常常令人感到困惑。而看着凯利的《那只是什么鸟？》（*What Bird is*

前　页： 珠　鸡（*Numida meleagris*）的铅笔素描草图。

上： 描绘津巴布韦一个私人野生动物园内的黑马羚（*Hippotragus niger*）和普通斑马（*Equus quagga*）的铅笔素描。

下： 在戈纳雷若（Gonarezhou）被宣布成为国家公园之前，对当地非常具有攻击性的两只非洲象所作的铅笔素描。

右页： 紫胸佛法僧（*Coracias caudatus*）的水粉习作，105 厘米 ×137 厘米。在撒哈拉以南非洲的稀树林地间，常常能见到这种色彩艳丽的鸟儿站在高处的栖枝上，观察四周如昆虫、小型爬行类、蝎子或蜈蚣等猎物，它一般会直接飞到地上享用美餐。

[12] **译者注：** 罗杰·托里·彼得森（1908—1996），美国著名鸟类学家、鸟类画家和教育家，被认为是 20 世纪环境保护运动的奠基人之一，1934 年他出版的开创性鸟类图鉴《鸟类野外手册》（*A Field Guide to the Birds*）确立了现代野外图鉴的标准。

That?）长大的我，倒也不完全依赖于鸟类图鉴的帮助来辨识鸟儿。我在英格兰待了四年，其间从未感到需要借助图鉴来认识英国鸟类，因为小时候读过的那些有关欧洲鸟类的书籍已经让我对英国鸟类有了足够的认识。

可以说，我就是一个毫无准备、身在异乡的外来客。

朋友的朋友把我介绍给了时任津巴布韦首席兽医官——约翰·康迪医生（Dr. John Condy），一位极为优秀的丛林专家和博物学家，从事着野生动物口蹄疫的研究。去野外工作时，约翰有时会慷慨地邀我同行，我从他身上学到了最多的有关追踪和野外生存的知识。

约翰带我去过偏远的位于津巴布韦东南部的戈纳雷若，在绍纳语当中这个词指“象牙”，四年之后这里将成为国家公园。戈纳雷若是一片充满野性的奇妙之地，以到处都是不满人类干扰且富于攻击性的象群而闻名。当地为了建立国家公园所做的准备，包括将生活在萨比河（Sabi River）和伦迪河（Lundi River）两岸的姆卡西尼社区迁走，据称这是为了保护公园的完整性。可悲的是，这一举动却产生了极坏的环境影响。在此之前，象群会在夜幕的掩护下，从 30 千米或是更远的地方潜行到河边饮水和洗澡。天亮之前，象群又会离开河流退回自己的觅食地，也远离了人类的威胁。

居民被迁走之后，象群不再有离开河边的理由，于是留下来吃喝休憩。这大大增加了岸边植被所承受的被啃食压力。非洲象是极具破坏力的植食动物。它们会推倒树木以便取食其上的枝叶；会将长鼻能触碰到的树枝拽断；还会用象牙在猴面包树上挖出大洞，好取食树皮下柔软多汁的部分。

河岸两侧的平原很快就变得千疮百孔，加之黑斑羚和大旋角羚这些食草者的配合，河岸两边一千米范围内的植被荡然无存。我们当年在那里时，破坏的景象已然初现端倪，我不知道后来如何解决这个问题。

在伦迪河和萨比河交汇的地方矗立着壮丽的奇洛霍悬崖（Chilojo Cliffs，当时被称作克拉伦登悬崖），这是一道从洪泛平原陡然升起的百米崖壁，其上粉色和白色的砂岩层交叠出现，在夕阳的映照下熠熠生辉。每天傍晚时分，好几种鸠鸽会飞到崖壁上来，再冲到下方的河边饮水。地中海隼（*Falco*

左上：铅笔习作，15 厘米 × 22 厘米。津巴布韦马佐埃附近一个私人农场内躺卧着一头大羚羊（*Taurotragus oryx*）。

左下：用单块梨木制作的公扭角林羚的小型木雕，正是这个作品本身和它的习作之间的售价差别，说服了我专注于绘画。

右页上：在博兹瓦纳萨蒂野外画的红巧织雀（*Euplectes orix*）的铅笔素描。

右页下：在博兹瓦纳画的非洲野犬（*Lycaon pictus*）的铅笔素描。

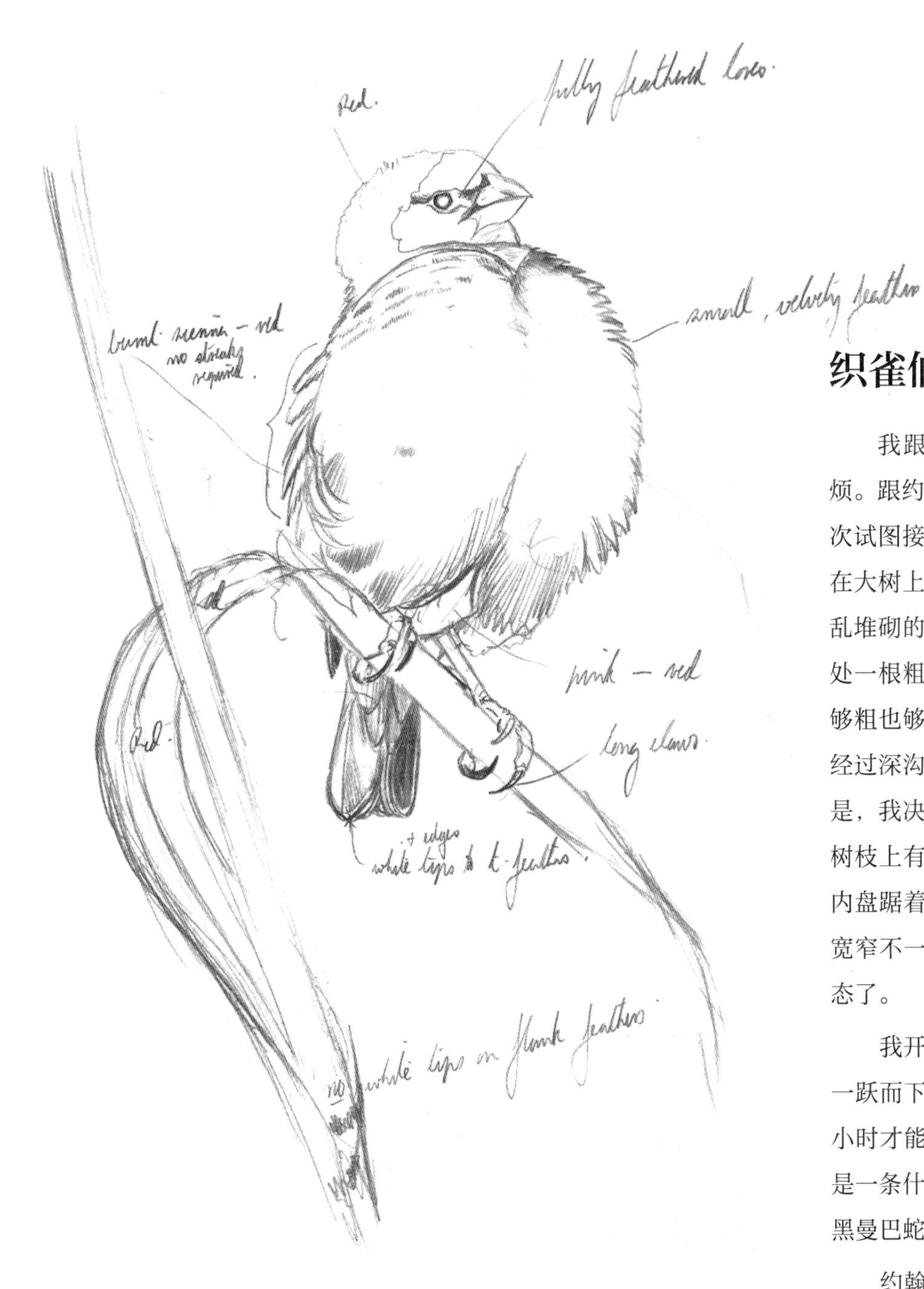

biarmicus）站在崖顶的枯枝上或岩缝间观察，会抓住时机向飞过的鸠鸽发起令人惊叹的俯冲，赶在猎物避入下方的灌丛之前完成击杀。棕斑鸠（*Spilopelia senegalensis*）、环颈斑鸠（*Streptopelia capicola*），包括本地体形最为娇小的小长尾鸠（*Oena capensis*）每个傍晚都要在此经历生死考验。

织雀们

我跟踪动物的兴致总是会给自己带来麻烦。跟约翰·康迪在戈纳雷若的时候，我有一次试图接近牛文鸟的营巢地。这些织雀通常会在大树上建造一个巨大的群巢，看起来就像胡乱堆砌的一堆树枝。我找到的这个群巢位于低处一根粗大树枝的末端，悬于深沟之上。树枝够粗也够结实，我能够自如地走在上面，但在经过深沟之上时，距地面就有 6 米之高了。于是，我决定转身走回去，就在此时，我注意到树枝上有一个腐朽形成的空洞。定睛一看，洞内盘踞着一条大蛇，周身黑亮，从头到尾有着宽窄不一的白色环纹。它明显已经处于警戒状态了。

我开始在心里盘算从 6 米甚至更高的地方一跃而下会怎样，以及要是被蛇咬了需要多少小时才能送医得到救治。我想还是得先知道这是一条什么蛇，于是朝树下喊道："嘿，约翰，黑曼巴蛇的身上有白色环纹吗？"

约翰答曰："没有！长那样的就是条带状眼镜蛇了。"随后，他就意识到了我为什么如此发问，脸色变得非常沉郁。经过一番讨论，我们决定还是如我来时那样，跨过那条眼镜蛇再走回来。我根本不敢往下看，只能大胆地迈步向前。据约翰说就在我跨过去的时候，蛇头一直跟随着我的腿脚移动，还好它没有发起攻击！

犀鸟们

第二天早晨，7只仪态威严的红脸地犀鸟（*Bucorvus leadbeateri*）在道路边低矮茂密的草地上徘徊。这些深黑色的鸟儿眼周和喉囊都是醒目的猩红色，身形大如火鸡（*Meleagris gallopavo*），站姿则更为挺拔，看起来像是葬礼上的主持人。待到它们振翅高飞时，就会露出两翼末端耀眼的白色初级飞羽。它们主要以昆虫为食，也会取食蛙类、鸟类、蛇类，甚至龟类。作为体形最大的犀鸟，红脸地犀鸟在分布区内的许多地方都处境艰难，因此这次是为它们画素描的绝佳机会。

很自然，此时父母对于我的所作所为变得愈发难以忍受。想到我正在成为一名画家，他们深感不安，急切盼望我赶紧回到澳大利亚。而我则每天都在为斯拉德摩尔画廊的画展做准备，并且从一些居住在非洲的高人那里受益匪浅。

上：奥卡万戈（Okavango）的一只雌性南红嘴犀鸟（*Tockus rufirostris*），这是我在带领旅行团过程中画的小幅钢笔画。

左：水粉习作，21 厘米 × 30 厘米。津巴布韦戈纳雷若附近见到的一只红脸地犀鸟。

右页：水粉习作，21 厘米 × 30 厘米。描绘红脸地犀鸟的日常站姿，它看起来像一位葬礼主持人。

驯鹰

八九岁的时候，我找到过一只生病的褐隼（*Falco berigora*），于是想驯服它。但是因为毫无头绪，最终只好将它放生了。

约翰·康迪是一位富有经验的驯鹰人，有一天清晨他离开营地想去诱捕一只隼。让我感到惊奇的是，他真带了一只地中海隼回来，并将这只隼交给我，然后在他的指导下进行训练。这只隼非常漂亮，精神和身体状态都无可挑剔、野性十足。我简直不敢相信自己竟会如此幸运。接下来我们收拾妥当，拔营驶回了哈拉雷。这只头戴鹰帽的隼就站在我戴的手套上面，视线受阻使得它能够安静下来，不再惧怕周遭的事物。

开回哈拉雷的漫长车程正好给了我端详这只隼的良机。它的背部是浅钢蓝色，每片羽毛上都带有深色的纵纹，就像是披挂了一身坚韧战士的锁子甲般。它的尾羽上有着等距的深色横斑，尾部较游隼显得更长且细，羽色同样为浅钢蓝色，朝向尾端则渐变为淡橙红色。它的下体、喉部、胸部、腹部和肛周为较浅的橙红色，有的羽毛上还带有稀疏但明晰的深色箭头状纹。它站在我的手上，在行车途中摇晃着保持平衡，若是驶过路上的坑洼或转弯较急，可明显感觉到它亮黄色的脚会抓紧。就像孩子会在车座上慢慢睡去一样，渐渐地它又会松弛下来。

对于被人类捕获，不同种的隼有着不同的反应。地中海隼通常都很配合，但也存在较大的个体差异。一般在清晨被捕获的隼，会在当天傍晚就进行首次调教。调教通常是在一间安静且昏暗的房间内进行，还需要至少一小时不被打扰的时间。当然了，带着这只地中海隼的时候，我对这些讲究是一无所知的。我们抵达康迪在哈拉雷的住所后，他就去给这只隼找了些食物。由于我在巴布亚新几内亚一个叫阿瓦拉（Awala）的村子有几位朋友，就用这个村名给这只隼取了名。这个名字在当地语言中是个拟声词，用以表达风势和风速，我对此颇为着迷。

上：一只褐隼的铅笔习作。它正在制服一只螳螂。

右页：水粉习作，21 厘米 × 30 厘米。我的地中海隼“阿瓦拉”，由约翰·康迪捕获于戈纳雷若。

坐在康迪家的起居室里，周围簇拥着狗和孩童，我将隼头上的鹰帽摘了下来，希望它能适应周遭的环境并且开始进食。我以为它会先打量四周，然后在我手上扯着脚绊疯狂地上蹿下跳，再蜷缩起来。令人惊讶的是，它扫视房间一周之后，就支棱起周身的羽毛，触碰它的爪子，就引发了它低头观察我手里的食物。其实，它将头放低进食是蛮危险的事，因为这样会使它放松对周围状况的警惕，还会使它失去身体的平衡从而丧失逃生的机会。经过几次不成功的尝试之后，它向前探出身体，迅速地啄食起肉条，接着蹲下来撕扯下一小块肉，贪婪地吃了起来。

由此，我开始训练自己的第一只隼，它也成了我驯养过的最为顺手、表现最好的猛禽之

一。经过种种考验和磨难，它都平安无事地活了下来。当我最终返回伦敦的时候，就将它留给了约翰·康迪，后者则将它带到了苏格兰捕松鸡。在那里它跟由传奇驯鹰人斯蒂芬·弗兰克（Stephen Frank）训练出的精英游隼同场竞技。

悄悄跟踪和画鸟，有助于理解它们的思维。驯鹰则能让我们近距离观察它们，从而学会去理解猛禽，理解它们的自然行为，并最终和它们一起去狩猎。对我而言，接触驯鹰是通向足够了解猛禽，进而去描画它们的重要一步。在作为鹰猎伙伴的亲密关系当中，人们开始真正地熟悉自己的猎鹰，了解它独特的行为和思考的方式。想要找回迷路的猎鹰，就要对它们的行为及偏好躲藏的地方有更加深入的理解。

因此，戴维·里德-亨利对我就有了第二个巨大的吸引力。他是英国鹰猎俱乐部的成员，饲养着好几种猛禽。其中，最为有名的是叫“王冠”（Tiara）的非洲冠雕（*Stephanoaetus coronatus*），一只体重约 6 千克，令人肃然起敬的大家伙，具备在林冠层捕猎猴子的强大攻击力。戴维从津巴布韦获得“王冠”的时候，它还是只雏鸟，但一直保持着十足的野性。通常而言，人们驯养猎鹰是用来打猎的，但我怀疑“王冠”从来没有被自由放飞过。事实上，我怀疑连戴维都有点儿害怕它。他总是谈起“王冠”曾在津巴布韦杀死过一只德国牧羊犬。而我在津巴布韦的时候，听到的却是这次事故发生在伦敦！

戴维在英格兰的收入不菲，但最终他还是搬去了非洲，而将“王冠”留在了斯拉德摩尔农场。它被关在一个很大的笼舍内，这样的做法并不常见，也不大可取。因为猛禽可能会飞撞到围栏上，从而损伤自己的羽毛和头部。好在它比较懒散，也就没出过任何问题。

有意思的是，当“王冠”被放入那个笼舍之后，附近鸟笼里的一只白鹇（*Lophura nycthemera*）竟开始了求偶炫耀。看起来，恐惧带来的刺激与性表现有着某种密切联系。津巴布韦有些年轻人的做法也多少佐证了这一理论。他们带着自己的女朋友在蜿蜒的马佐埃路（Mazoe Road）飙车，让那条路上的行车变得更加危险。

当戴维又从非洲回来的时候，“王冠”已经好几个月没有被人接触过了。我们几个人看着戴维走进笼舍走向它，伸出戴着手套的拳头让它飞过来停栖。“王冠”倒也非常配合。戴维在轻轻抚摸了一阵它胸部的羽毛之后，就将它放回了原来的木质栖架上，然后转身走向笼舍的大门。就在此时，“王冠”突然起飞朝着戴维扑过来。哈里急忙喊道：“小心！”戴维

上： 红肩辉椋鸟（*Lamprotornis nitens*）的铅笔素描。

下： 南非剑羚（*Oryx gazella*）的铅笔素描，出自一本在纳米比亚完成的速写本。

右页上： 鹭鹰（*Sagittarius serpentarius*）的铅笔素描，出自一本在非洲完成的速写本。

右页下：《不自量力》（*One Challenge Too Many*），水彩画，21 厘米 ×30 厘米。根据在博兹瓦纳乔贝国家公园（Chobe National Park）目击的场景，凭借记忆创作的速写，非洲象之间可能会突然爆发类似的打斗，有时会造成严重的伤害。

闻声立刻缩头耸肩，刚好躲过了“王冠”扑向他肩头的利爪。它此时已经接近成年，开始保卫自己的领域了。这对我来说真是一个非常及时的提醒，除非知道以后谁会跟雕近身接触，否则根本就别去驯雕。我还见过其他的动物和鸟类在被驯服之后，对人保持畏惧，可一旦达到性成熟开始保卫领域之时，就变得富有攻击性了。

由于戴维长期不在英国，“王冠”的脚绊日渐磨损，需要更换了。这是一项相当危险的操作，它那对锋利的爪子只需一抓就能造成严重的伤害。更换脚绊时，“王冠”被戴上了鹰帽，由一个人抱着，使它那双利爪朝向前方。我们给了一个垫子让它抓着，期望它情绪越激动，就越紧地抓垫子。遗憾的是，这个计划“先天不足”。当戴维解开旧脚绊的时候，“王冠”的利爪猛然挣脱，一把就抓住了戴维。它强有力的后爪立刻就从戴维手臂的桡骨和尺骨之间穿透了过去。戴维吓得脸色惨白，非洲冠雕利爪的可怕钳制几乎无解。他只能寄希望于“王冠”再次去抓垫子而放开自己。万幸的是，在戴维的手臂上留下一个大洞和一片淤青之后，“王冠”最终将兴趣转移到了垫子上面。我们赶紧将戴维塞进汽车里，急匆匆地驶向海威科姆医院（High Wycombe Hospital）。戴维的伤口看起来挺严重，雕爪上腐肉带有的细菌还可能导致危险的感染，在穿刺性伤口形成的封闭厌氧环境下就更是如此。戴维很讨厌医院，为了防止他悄悄溜出来，我们不得已脱下并带走了他的外裤。谢天谢地，他很快就完全康复了。

复得返自然

隼非常聪明，也能十分的驯服，但绝对不是宠物。跟家猫一样，隼容忍人的存在，但将人视为不能飞行的同类。驯鹰也并不难，但要想让隼学会绝对信任自己的训练者，自律、诚实、耐心和宽容则是训练者必备的品质。隼会时时刻刻注意到训练者的情绪和性格，并做出反应。理想情况下，一只隼是从野外“借来”的，进行过一段时间的鹰猎，在它想要离开的时候，就要放归自然。

除了戴维·里德－亨利和约翰·康迪，我还有幸跟其他一些富有经验的驯鹰人共事过。为了更好地进行观察和素描，我也养过几种其他猛禽。其中，就包括一只非洲鹃隼（*Aviceda cuculoides*），这种鸟跟我们澳大利亚的凤头鹃隼（*A. subcristata*）亲缘关系较近，或许也是世界上最不像会被用于鹰猎的猛禽。

等到我第一次回到澳大利亚的时候，随着自然保护在政治上变得愈发重要，与野生动物相关的法律也变得更加严格。在有人居住的地区由于滴滴涕农药的施用，隼的数量大为减少。氯化烃会使鸟类的卵壳变薄，从而影响它们的繁殖和种群延续。幸运的是，澳大利亚的大部分地区依然保留着荒野，或是作为牧场存在，鸟类也因此有了广阔的免受杀虫剂影响的生活环境。即便如此，人们依然不能对鸟类的长期保护掉以轻心。

那时候，尽管时不时有驯鹰人会操持这项古老的技艺，澳大利亚管理部门当中却没人在意鹰猎。在提出申请，并经过多次商讨之后，我拿到了一个可以诱捕、饲养和进行鹰猎的政府许可。有意思的是，这些跟后来成为鱼类和野生动物管理部门领导的先生之间的沟通，最终促成了在希尔斯维尔保护区（Healesville Sanctuary）进行的猛禽飞行展示。该展示最初由一名来自津巴布韦的驯鹰人负责。

我在澳大利亚训练的第一只猛禽是只年轻的褐隼，它的身上依然带有一些毛茸茸的稚羽。我给它起名叫“信州”（Shinshu），这是一个跟特种飞行员有关的日文单词。我想用这个名字来形容一只年轻褐隼的飞行技能是恰如其分的。

训练褐隼要面对的一大困难在于它们很容易变成“尖叫者”，会不断地发出异常尖厉的乞食叫声。“信州”自然也不例外。直至训练第三只褐隼的时候，我才驾轻就熟，不再培养出“尖叫者”了。

褐隼通常比较慵懒，我作为一名驯鹰人的自尊心也因此很早就遭受了打击。有一天下午，我父亲说想看看我对“信州”的训练。当时，它正在学习短距离地飞向诱饵。我先将它安顿在马场下面的栖架上，然后转身走到 50 米开外，再挥动诱饵试图吸引它的注意力。我想引导它飞过来抓住诱饵，并准备给它一点小小的奖励。

结果，它先是探身向前，发出了几声乞食的鸣叫，接着从栖架上轻轻地降落到地面，再一边蹿向我，一边向着诱饵鸣叫。这次是彻底演砸了！

我们很容易觉得所有的鸟儿看起来长得都一样，事实上却并非如此，每只鸟都有自己的特点。通常情况下，它们有着肉眼可见的特质，

右页：《“信州”》（*Shinshu*），水彩画，21 厘米 ×30 厘米。描绘了我的第一只褐隼走向诱饵的场景，我父亲目睹了这场灾难性的驯鹰展示。

足以与其他同类个体相区分。“信州”就是一只很讨人喜欢的鸟，有着三大特点：忠诚、幽默感（它会故意捉弄我）和出色的协调能力。

在训练“信州”的同时，我还有一只叫作“辛布”（Shimbu）的雌性褐隼。它的性格就完全不一样了：沉闷、懒散和缺乏吸引力。本来“信州”和“辛布”相处融洽，然而在南澳大利亚洛克斯顿以北的一条公路边捡到的第三只褐隼，让这一切突生变故。当时，我发现一只褐隼躺在路边，它显然被车撞得有些晕头转向。于是，我停下车，将它捡起来放在后座上带回家。尽管它能活下来的希望并不大，但我还是想把它带到一个温暖且安全的环境中加以照料，给它个机会。

仿佛是突然之间，“信州”就开始攻击“辛布”，并显示出想要致后者于死地的苗头。我设法将它们分开，但它们很快又扭打到一起。我只好给它们都戴上了鹰帽，这样它们彼此看不到对方，才算暂且休了战。这段插曲也使得我给第三只褐隼取名“三角斜边”（Hypotenuse）顺理成章，因为这个词正是指三角恋爱中的第三方。不过，令人费解的是一只雄褐隼为什么会在同性面前攻击另一只雌性。

这些都是我驯鹰早期的经历。我还从野外捕获了自己的第一只游隼，它是只成年个体。在小时候玩耍过的湿地附近，我目睹了它猎捕野鸭的英姿。于是，就仿照约翰·康迪在津巴布韦的“套路”设下了一个陷阱。效果相当好，

上：《“三角斜边”》（*Hypotenuse*），水彩画。描绘了我从洛克斯顿附近的公路边救下的这只褐隼，背景则是展现南澳大利亚通基略（Tungkillo）附近的景观。

我一下子就抓到了它。

它在网里仰面躺着，用一连串急促的尖叫表达着自己的愤怒。从它张开的嘴里发出不忿的嘶嘶声，还用尖利的爪又踢又抓。这是一只非常漂亮的游隼，眼圈、蜡膜和双脚都是鲜黄色，胸部羽毛雪白，腹部则带有细密的杏色条纹。它灰蓝色的背部跟我的地中海隼“阿瓦拉”有着一样的纹路。

我镇定地把它从网里慢慢地解出来，然后将它塞进一个事先剪好开口的长袜里。被束缚着的游隼对我怒目而视，胸前沾有斑斑血迹。不过别担心，血来自我手上被它抓开的伤口。面对如此野性的凶猛生灵，怎样才能让它平和地接受我的存在呢？

接下来的几天，我按照从“阿瓦拉”那里学到的方法对待“三角斜边”，它也渐渐稳定了下来，开始接受我的陪伴，并且意识到诱饵和食物之间的联系。它学会了在短距离内飞向我，然后放下叼走的诱饵，再跳上我的拳头接受喂食。对周围诸如马、狗、拖拉机、汽车或是陌生人之类的干扰，它也变得越来越适应且表现平静。该让它试试自由飞翔了。

第一次放飞驯养的隼总是让人神经紧张。它就蹲在那儿，身体向前探，好奇地打量着四周，迫不及待地想要飞走。它会被周围飞过的鹦鹉吸引并追过去吗？突然出现的车辆会不会吓到它呢？它会跟前不久一样，再次将这个呼唤自己的人类视为威胁吗？然而一切担忧都是多余。它像一支利箭般在空中径直地抓住了诱饵，然后翻滚着将其带落到地面。接下来，它抬头看了看我伸出的拳头，就默默地走过来站上去开始享用自己的奖励食物。

当然，这些都只是过渡环节，是实现最终目标需要经历的过程。很快，召唤它扑向诱饵成了一种游戏，可以锻炼它的体能。每次在它伸爪要抓到诱饵时，我就故意把诱饵拨开，使它扑空。这时它会回头瞥一眼，然后快速地向空中爬升，为自己的下一次俯冲做准备。通过延长这种游戏的时间，它渐渐地强壮到可以很快恢复攻击状态。通常我心里会有一个概念，为保持隼的捕猎状态，它需要重复多少次俯冲才行。对于游隼来说，它每天要完成大约50次消耗很大的垂直俯冲。

训练隼飞向诱饵也是一种游戏，是巩固驯鹰人与隼之间作为鹰猎搭档密切关系的不二之法。隼已经习惯了在靠近猎物时用爪击打对方，希望以此让猎物受伤从而束手就擒。它在训练过程中也会如此来对待诱饵。有时，它会抓住诱饵并随之一起坠落到地面；有时，它已抓到诱饵，但会由于速度过快而又丢失目标；有时，它则只是蹭到诱饵的皮毛罢了。如果这些状况发生在训练的早期，有的驯鹰人可能会忽略矫正继续训练。然而，鹰猎搭档之间伙伴关系的建立有赖于完全诚实的态度。要是隼触碰到了诱饵，那它就期望能够获得奖励，至少是一点食物的回馈。驯鹰人绝对不能装作隼没有碰到诱饵而不给出奖励，并且必须让它在下一次俯冲的时候抓住诱饵。驯鹰场上没有裁判，隼对人的信任完全取决于自己是否被公平对待。若是驯鹰人假装隼没有碰到诱饵，将会损害隼对于驯鹰人的信任，并给未来的相处留下阴影。

驯鹰人往往会先让猎鹰做出一系列的俯冲，来衡量它的表现是否够好和能否得到奖励。

当然，猎鹰自己也会做出类似的决策，以更加努力地一搏，来抓住诱饵挫败驯鹰人。大多数情况下，驯鹰人能够通过蛛丝马迹注意到猎鹰已经下定了决心。由此一来，只要驯鹰人多加小心，就能让一只游隼错失诱饵。但是，我的把戏在一只黑隼（*Falco subniger*）面前统统失算，它总是能抓到诱饵。

我曾驯过一只雄性黑隼，并与它合作狩猎了大约两年的时间。最初，它因为受伤被送到我这里，康复之后被放归自然。右边翅膀上的伤，让它飞行起来稍显别扭，但也无伤大雅。

有一次，它从我手上猛地将诱饵抓起，然后直接飞到一棵高高的树上。居高临下的它，好像在质问："这下你没辙了吧？"我迅速拿出了另一个诱饵，它果然又飞了过来。不过，我那个很好用的诱饵被不偏不倚地留在了30米高的树枝上。

在我抓到那只游隼三周之后，我的朋友戴维·霍兰德斯博士（Dr. David Hollands）前来拜访。他正在写《澳大利亚猛禽》（*Eagles Hawks and Falcons of Australia*）一书，很想给我的游隼"姆萨萨"拍些照片，最好还是它在运动的照片。我们带着"姆萨萨"回到了最初抓到它的沼泽湿地，在将脚绊等装具卸下之后，我就让它在这片熟悉的领地上空自由飞翔。很快，它的配偶赶来一起比翼双飞。湿地中有很多的野鸭，大部分是爪哇灰鸭（*Anas gibberifrons*），"姆萨萨"开始了它的狩猎尝试。出于谨慎，我想将"姆萨萨"唤回。起初，我以为它会忽略我的召唤，但令人欣慰的是，它从自己的捕猎当中回转过身来，像颗飞驰的子弹一般，扑向并抓住了诱饵。我给它再次戴上

脚绊时，它的配偶就在我们头顶盘旋。我和“姆萨萨”之间并没有进行太多建立伙伴联系的训练，所以这次放飞原本挺令人担心的。不过，“姆萨萨”的表现实在让人喜出望外。

从一只驯过的叫“坦布蒂”的雄性游隼那里，我见识到了（可能算是）最为壮观的飞行展示。一个阳光灿烂、风平浪静的夏日，在巨大的蓝色天穹下，我将“坦布蒂”放飞。它几乎立刻就开始盘旋升高，想必是捕捉到了一个绝佳的上升热气流，它越升越高，视觉上也变得越来越小。最终，它从我的视线当中消失，于是我拿出了 10×40 徕卡双筒望远镜[13]，继续追踪它的身影，直至它完全消失不见。

我正不确定接下来该做些什么，就听到了“坦布蒂”自由落体般俯冲下来发出的“嗖嗖”声。只见它两翼并拢，像砖块一般急速下坠。就像高山滑雪运动员在下降过程中会稍作变向来减速一样，“坦布蒂”在犹豫要不要修正航向时，只用了两次调整就完成了三次极为壮观的俯冲。果真是世界上飞行速度最快的鸟啊！

此时，有只粉红凤头鹦鹉（*Eolophus roseicapilla*）在40米开外的地方独自飞翔，“坦布蒂”像一列疾驶的蒸汽机车般击中了粉红凤头鹦鹉的背部。不过，粉红凤头鹦鹉身体很结实，背部有种坚硬的，可以起到保护作用的骨质结构。“坦布蒂”举着两翼，像喷气式战斗机一样转了个弯，向后掠过一棵枯死的巨大赤桉，身后腾起一片鹦鹉的羽毛。那只粉红凤头鹦鹉艰难地飞走了，虽说还活着，但可能已经伤痕累累且震惊不已。毫无疑问，它的自尊心遭受到了严重打击。

就在“坦布蒂”伸出双爪准备抓住树枝停栖时，一只娇小的蝙蝠从树缝间钻出飞了起来。它不停地振翅，飞行的轨迹飘忽不定。“坦布蒂”用强健的脚爪紧紧地抓着树枝，然后身体向前一跃，飞入空中开始追击蝙蝠。最终，它在空中用左爪擒获了蝙蝠，随即飞回原来的栖枝上开始大快朵颐。这一切都是对它飞行速度与力量的绝佳展示。

通常，我们笃信游隼是飞行速度最快的鸟类，“坦布蒂”的酷炫动作正好支持了这一观点。我曾见识过一只年幼的野鸭，看起来飞行能力尚不足以维持太长的滞空时间，但当它面对一只因缺乏高度优势而无法通过俯冲来获取高速的游隼时，依然能够在平飞过程中逃过追击。同样，我也目睹过一只雄性游隼捕猎爪哇灰鸭时，先在鸭群中自如地飞进飞出，然后像突然打开了加力飞行功能一般，径直从鸭群中捕获猎物，如探囊取物。它用利爪抓住猎物的两翼基部，就像是骑在猎物的背上，随后控制着后者滑向海边，最终将猎物摁在了地面。

我认为黑隼的飞行速度可能超过了游隼。黑隼相当具有攻击性，常常劫掠其他猛禽的猎物。雄性游隼害怕黑隼，如果它们发现附近的空中有一只黑隼，就会找地方隐蔽起来。

某天傍晚我放飞“坦布蒂”的经历，为黑

左页：黑隼飞行姿态的水彩草图。

上：游隼“姆萨萨”的肖像画。

[13] 译者注：望远镜规格的标识方式，10 指放大倍数，40 指物镜的口径（单位为毫米）。

左： 丝网版画《水仙》（*Narcissus*）的水粉草图，描绘了一群到南澳大利亚某蓄水坝喝水的粉红凤头鹦鹉。

右页： 游隼“佩德拉”（Pedra）的水粉草图。

隼比游隼具有更强的飞行能力提供了例证。那天白天我非常忙碌，完全没有时间带“坦布蒂”一起出去狩猎。出于偷懒，我犯了个错误，我在将“坦布蒂”放飞让它飞向诱饵的时候，没有把它脚上的艾氏脚绊取下来。这对驯鹰人来说是一个非常糟糕的操作，会让猎鹰在运动过程中挂在树枝上，结果它在试图起飞时就给倒悬了起来。

几乎与此同时，一只雌性黑隼发现了“坦布蒂”，并且误以为它抓获了猎物。黑隼径直俯冲了下来，就在它伸出双爪攻击的一刹那，“坦布蒂”突然翻身闪避开，并用自己的利爪接住了黑隼的双爪。扭打在一起的两只隼，形成一个不断扑腾的大球滚落到了地面。我赶忙跑上前去小心翼翼地松开“坦布蒂”的爪子，同时控制好黑隼的双爪，直到将它俩完全分开。我以为“坦布蒂”可能受到了惊吓，就将它留在地面，然后站起身来把黑隼举过头顶。这样它们之间就相隔2.5米了，完全是个安全距离。哪知“坦布蒂”猛地从地上跃起，试图接近黑隼重燃战火。它绝不会因为遭受攻击而退缩！

“坦布蒂”极其厌恶澳洲钟鹊。它还在小小年纪之时，就已经被澳洲钟鹊们上过一课。它曾从一群在围场上觅食的澳洲钟鹊当中抓到了一只。要知道澳洲钟鹊是一种社会性很强的动物，于是其余的澳洲钟鹊开始群起而攻之，想从“坦布蒂”的利爪下救回自己的同伴。混战当中，“坦布蒂”的一只眼睛受了重伤，几近失明。从那之后，它的下眼睑上就留下了永久的伤疤，它对澳洲钟鹊也就敬而远之了。不过，有一天傍晚它发现了一只落单的澳洲钟鹊，就抓住机会发动了攻击。我介入了这场杀戮，将“坦布蒂”和猎物分开，然后让它站在我的拳头上，再给了它一些食物作为奖励。

就在这时，一只姬隼（*Falco longipennis*）落到了我身边，并且开始向“坦布蒂”乞食。我实在好奇这只姬隼是怎么活到成年阶段的！[14]

[14] **译者注：** 在野外，猛禽之间时常会发生争斗，有时这些争斗是致命的。姬隼的体形远小于游隼，若在野外交手，大概率不是后者的对手。因此，作者才发出了这样的感慨。

[15] **译者注：** 拟游隼的分类存有争议，它曾被视为一个独立种，但如今更多被视为游隼的一个亚种。

放隼归天

“坦布蒂”是在笼舍内被养大的，系墨尔本动物园里一对圈养游隼繁殖的一窝三只雏鸟之一。澳大利亚政府曾将这些人工圈养条件下成功繁育的游隼后代作为礼物，送给阿拉伯世界的酋长们。不过现在人们已经意识到，将这些游隼放归自然，补充野生种群更为明智。

“坦布蒂”和它的两个胞亲差别非常大。人们用三种非洲树种的名字来给这三只游隼命名，分别是“姆苏苏”（M'susu）、“莫帕内”（Mopane）和“坦布蒂”。它们仨不仅长得不一样，性格也迥异。“姆苏苏”身形壮实，标准澳大利亚游隼的长相，像刚从鸟类图鉴里蹦出来的一样。“莫帕内”身形苗条，羽色较淡，看起来像生活在北非的拟游隼（*Falco pelegrinoides*）[15]。“坦布蒂”得名自津巴布韦低海拔地区生长的一种深色硬木，身形如摔跤选手般结实粗壮，羽色也很深。它更接近分类学家马修斯（G. M. Matthews）描述的澳大利亚西南部的游隼亚种，该亚种曾被他命名为 *F. p. submelagonys*。类似形态的游隼其实见于澳大利亚各处，但是根据博物馆内收藏的标本来看，在新南威尔士州科巴（Cobar）一带出现的频率较高。有趣的是，在圈养条件下，“坦布蒂”这样的个体似乎是随机出现的。

由于同时要训练三只游隼，我向一位年轻的英国朋友寻求了帮助。他父亲在英国陆军特种空勤团（SAS）服过役，于是将儿子送到澳大利亚来锻炼，想让他变得足够硬朗以便也能加入特种空勤团。然而，费格斯是个敏感的年轻人，并不适合上阵杀敌。他回到英国后进入杜伦大学（Durham University）学习人类学。他曾与专业驯鹰人菲利普· 格莱齐尔（Philip Glazier）共事，并且怀有训练游隼的秘密愿望。一则短讯就将费格斯以出人意料的速度带到了我家门前，一个美妙的夏天也就此开始。

当时，我正在全身心为专著《细尾鹩莺科》（*The Fairy Wrens - a Monograph of the Maluridae*）绘制插画，因此就跟费格斯达成了一个简单的协议。他每天上午在我们的康尼瓦兰牧场照料牛羊，下午则可以自由地训练“姆苏苏”，后者也就成了“他的”游隼。

见证三只游隼逐渐掌握技能，有着很大的乐趣。不久，一只叫作“姆福蒂”（M'futi）的雄性游隼也加入了受训的行列。这四只游隼每天傍晚都需要被放飞。与此同时，我正在驯

服一匹纯种的枣红色骟马。考虑到驯鹰源自马背上游牧民族的历史，让游隼和枣红马彼此熟悉看起来也是顺理成章。游隼将会愿意穿过马腿之间扑向诱饵，马也会对带着诱饵从地面飞到骑手拳头上的游隼习以为常。

1977 年，一位名叫史蒂夫·谢罗德（Steve Sherrod）的年轻美国鸟类学家对游隼幼鸟的行为进行了一项深入且引人入胜的研究。他和妻子琳达（Linda）一起在普伦贝特湖（Lake Purrumbete）湖畔扎营，在极为简陋的生活条件下，观察游隼幼鸟对飞行和捕猎的早期学习。他记录下了幼年游隼在飞行能力和捕猎成功率方面的成长和进步，并在游隼基金会（Peregrine Fund）[16] 的支持下出版了《游隼幼鸟行为》（*Behaviour of Fledging Peregrines*）一书。从某些方面来看，费格斯和我正好有幸能够跟所驯的游隼一起分享它们的成长阶段。

起初，四只幼隼都以大同小异的方式狩猎，但它们在气质和技能上的差异很早就开始显现出来。最开始，它们都会将飞行高度上的优势转化为速度，从上方攻击猎物。我们观察到，很少有超越这种技法的雄性游隼，它们只是在如何获得和利用高度上不断精进。然而，雌性游隼则会演练出一种最为有效的捕猎技巧，它们会俯冲到较大猎物的下方，利用俯冲带来的速度，从下方迂回发起攻击。这样一来，它更不容易被猎物发现，然后翻转着仰天朝上，用利爪从下方发起致命一击。这种方法对于体形较大的猎物尤为有效，连鹮这般大小的猎物都可以拿下。

通常，我会跟猎鹰一起狩猎 2 ~ 3 年，随后就会有条不紊地将它们放归野外。其间，我还会提供额外的食物，直到确定它们能够完全独立生存为止。有只游隼在我将其放归后的整整一年内，都会飞回来吃白食。另一只黑隼在被放归三天之后，就跟一只野生同类喜结连理，并且很快就被观察到在一个巢内交配了。如今，猎鹰们可以被戴上无线电发射器，从而可以被追踪，哪怕走失了也能够被找回来。我没有用过无线电追踪，因为更喜欢观察它们无所束缚的表现，不希望它们受到那些冗余设备的影响。

多年以来我驯过不少猛禽，通常都是因受伤而需要照料，待康复之后才能放归野外的个体。在别的地方，类似的情况下有许多猛禽也会被其他救助者照料，但在被确认可以放归之前往往会被限制于笼舍内。环志标记研究显示，这样处置的个体很少能够在野外幸存，但在放归前由经验丰富的驯鹰人训练和放飞的猛禽通常能够存活下来，并且最终茁壮成长。

关在笼舍里的猛禽会变得消沉，不再活跃，而愈发地不健康。为了能在充满竞争的野外环境中生

左：《凶狠的澳洲钟鹊》（*The Malevolent Magpie*），水粉习作，21 厘米 ×39 厘米。春天繁殖季节里的常见景象：如果像“坦布蒂”这样的游隼试图攻击澳洲钟鹊群体的某一成员，其他澳洲钟鹊就会一拥而上，联合起来进行集体防卫。

下：幼年雌性游隼“姆苏苏”的铅笔素描。

右页：尝试运用水粉画来表现游隼攻击猎物时的速度、力量和专注程度的早期作品。在我和珍妮搬到康尼瓦兰生活不久之后，我就目睹了这次游隼攻击三色麦鸡（*Vanellus tricolor*）的精彩场景。

[16] 译者注：游隼基金会由美国康奈尔大学的鸟类学教授汤姆·凯德（Tom Cade，1928—2019）于 1970 年创立，最初旨在利用圈养繁殖技术恢复北美游隼的野外种群，该项目取得了巨大的成功。如今游隼基金会已经成为推动全世界濒危猛禽保护工作的重要机构。

存，猛禽需要保持非常健康的状态。若放归时，身体状况不佳，或是缺乏捕猎技能的练习，它们会被更为强健的对手在领域之间驱逐，直至在又累又饿之中精疲力竭而亡，或在打斗当中殒命。

随着在津巴布韦的时间接近尾声，我面临着必须为返回伦敦后的画展准备更多作品的局面。我已经有了在非洲完成的23幅画，还需要一些不同题材的作品来丰富与完善该系列。就在离开津巴布韦之前，有一位律师邀请我带着画作到他在哈拉雷的办公室会面。我们坐着聊天的时候，他一边翻看我的画，一边将它们松散地分作了两堆。最后，他指着其中一堆说："我想买下这些画，谢谢啦。"我解释道这些画作需要送到伦敦参加画展，他则坚持可以让画廊做好他的购买记录，待画展结束之后再将它们送回哈拉雷。这一单交易极大地增强了我的信心，而对于一名艺术家来说信心是不可或缺的。

1971年11月24日，我的画展在斯拉德摩尔画廊正式开幕（当天凌晨1点半我都还在为最后一幅画装裱加框！），并且一直持续到当年的圣诞前夜。根据展览目录的记载，我是在斯拉德摩尔画廊举办个人画展最为年轻的艺术家。开展后的第一周周末，画廊就在报纸上刊登了一则广告，宣布尽管参展的61幅画作均已售出，我的个展仍将持续到圣诞前夜。

画展开展那天早晨，我就有了一次感动至深的经历。在一个阴冷天我来到了画廊，当天的天气说是雾，显得过浓，说是雨，又显得太轻。有位身着浅灰色塑料雨衣，戴着塑料雨帽遮住了耳朵的绅士站在门外，寒冷使他不由地蜷缩着身子。我忙问他要不要进室内取暖，他欣然接受了邀请。我在画廊内开始忙上忙下，这位老先生则自顾自地开始看起画来。不久，我注意到他在默默流泪，泪水顺着脸颊不断滑落。我有些惊讶，上前询问他是否安好。这时他转过来对我说："嗯，没事的，我很好！"接着他又说道，"你认不出我了，但我是你小学时的美术老师。退休后我一直住在爱丁堡，这次是连夜坐火车赶来看你的画展。你是我第一个在伦敦举办个展的学生。"我顿时想起了最初接受美术教育时，彼得·爱德华兹先生（Peter Edwards）所给予的悉心鼓励与指导，并意识到他曾对我产生了如此重要的影响。

1971 年圣诞节之后不久，我回到了澳大利亚，并承诺一年后再在伦敦举办一场个展。我很快意识到随着经验的增加，作画变得越来越复杂，完成一幅画的时间也变得越来越长。我画了一些熟悉的澳大利亚鸟类，再加上一些欧洲鸟类，但是到了 1972 年 11 月也只完成了 18 幅画，还不到第一次个展画作的三分之一。为了更好地利用画廊的空间，我觉得跟另一位志趣相投的画家布莱恩·里

左：游隼的水粉画，起初是在威尔士完成的素描，后来被用来描绘一只澳大利亚的游隼，它们身体的比例存在差异，所以必须加以调整。

右页：白脸树鸭的铅笔速写，用来捕捉它们的气质和动作。

---

[17] 译者注：格雷厄姆·皮齐（1930—2001），澳大利亚著名自然作家、摄影师及鸟类学家，他于 1980 年推出的《澳大利亚鸟类图鉴》（*A Field Guide to the Birds of Australia*）是认识澳大利亚鸟类的重要工具书，至 2013 年已修订更新至第 9 版。

[18] 译者注：海德堡画派是 19 世纪末期在澳大利亚兴起的一场艺术运动，被后世描述为澳大利亚印象派。弗雷德里克·麦卡宾（1855—1917）是该画派的代表人物之一，他于 1893 年完成的《林间生活》（*Bush Idyll*）被认为是澳大利亚艺术史上最为杰出的画作之一。

德（Bryan Reed）做一场联合画展是明智选择。

在伦敦的第二次画展之前，我在妹妹位于南墨尔本的家中展示了新画作。有些前来参观的客人也就此成了一生的挚友，其中包括著名的博物学家格雷厄姆·皮齐（Graham Pizzey）[17] 及其家人，以及海德堡画派 [18] 的画家弗雷德里克·麦卡宾（Frederick McCubbin）的孙子、博物学家兼画家查尔斯·麦卡宾（Charles McCubbin）。

当时，查尔斯的《澳大利亚蝴蝶志》（*Australian Butterflies*）才出版面世不久，他为该书绘制了精美的水彩插图。我们成了亲密的朋友，经常在一起画画。他曾师从默里·格里芬（Murray Griffin）学习油画，也由此教会了我很多东西。

我在斯拉德摩尔画廊的第二次画展从1972年11月17日持续到12月9日，这次我所有的参展画作同样基本销售一空。至展览结束时，仅剩一幅描绘凤头麦鸡在暴雨中飞过一片农耕地的画还未售出。我曾以为评论某件作品“一直保留在艺术家自己的收藏当中”，是指艺术家本人对该作品非常地满意，以至于舍不得割爱给其他人。现在，我不再这么想了！

是时候回到澳大利亚家中，去描绘自己度过童年时光的农场周围，那些我所熟悉的本土动物了。

03

AUSTRALIA

澳大利亚篇

当我刚回到澳大利亚的时候，为画家的野生动物题材作品在画廊里举办展览并不常见。这里只有少数的画家会画野生动物，他们的作品有时会出现在装帧精美、限量发行的大部头学术出版物当中。虽说这些作品有时也会在画廊展出，但它们被创作出来的目的还是作为科学插图使用。这里几乎看不到欧洲或北美那些著名画家富于创造力的作品，如瑞典的布鲁诺·利耶福什、德国的威廉·库纳特，或者瑞士的莱奥 - 保罗·罗伯特（Léo-Paul Robert）。

利耶福什是一位博物学家和林务员，他以野生动物为主题的不朽作品用一种亲密的、几乎直观的方式来表现，显示出对于光线和所描绘对象动作、形态及行为的烂熟于心。他可能算是史上最伟大的野生动物画家，从他笔下流淌出的是史诗般的画卷，而非干瘪的插图。

库纳特的作品有时相当富有戏剧性，这些作品受到了白人猎手在非洲狩猎大型动物活动的影响，并且预示了北半球大部分野生动物主题艺术中所蕴含的狩猎文化遗产。

我则是在伦敦的画廊里受到了狩猎的影响，洛奇和索伯恩以皇家艺术学院大师的身份展出他们的作品，而兰西尔（Landseer）仍被视为英国野生动物艺术的标杆[19]。他们最受追捧的作品都源自枪猎：比如索伯恩画的雉鸡、松鸡、山鹑和其他猎禽；洛奇画的猎鹰、雁鸭类，以及像雷鸟和松鸡这样生活在高地的狩猎对象。

前页：澳洲鹤起飞的铅笔素描。

上：依据在康尼瓦兰水坝附近觅食的红耳鸭（*Malacorhynchus membranaceus*）所绘的水彩草图，是为计划中的某幅油画做的准备。

右页：水彩习作，16 厘米 × 23 厘米。记录康尼瓦兰的红耳鸭的羽色和羽饰。

[19] 译者注：埃德温·兰西尔（Edwin Landseer，1802—1873），英国维多利亚时代的画家和雕塑家，以动物主题的画作而闻名。

在美国，大多数的传统野生动物绘画也涉及狩猎，如驼鹿（*Alces alces*）、棕熊（*Ursus arctos horribilis*）、美洲野牛和鹿类。但是在1972年伦敦特赖恩画廊（Tryon Gallery）举办的“世界鸟类画家主题展”（*Bird Artists of the World*）当中，罗伯特·贝特曼（Robert Bateman）的作品已经预示着改变的发生。他的作品不再描绘人类对于自然界的统治，而是开始着力表现我们在自然世界所处的位置。

1975年，渥太华皇家博物馆在多伦多举办了一场名为“艺术中的动物：野生动物艺术国际展览”（*Animal in Art - an International Exhibition of Wildlife Art*）的画展。戴维·兰克（David Lank）在展览目录的说明中声称，本次画展旨在让野生动物艺术作为一种既定类型，获得应有的承认。

在澳大利亚，人们对于描绘狩猎的画作兴趣非常有限。我们有一些著名的画家从事野生动物主题的创作，诸如西德尼·朗（Sidney Long）、亚瑟·博伊德（Arthur Boyd）、拉塞尔·德赖斯代尔（Russell Drysdale）、约翰·奥尔森（John Olsen）、艾伯特·塔克（Albert Tucker）和克利夫顿·皮尤（Clifton Pugh）等人。然而，引述墨尔本画家彼得·特拉斯勒（Peter Trusler）的话来说：“当时主流艺术和科学绘画的生产及欣赏模式并不相同。”我们澳大利亚人对野生动物的兴趣更多源自参与土地开拓的历史，以及该过程中对生活在同一片土地上的非凡生物的认识。而自然保护意识的觉醒，可能也是我们对于野生动物艺术的兴趣与日俱增的动力。

上：水彩画，38 厘米 ×52 厘米。飞过西澳大利亚威卢纳（Wiluna）附近的韦湖（Lake Way）的彩虹蜂虎（*Merops ornatus*）。

辛普森沙漠

1973年，查尔斯·麦卡宾和沃伦·博奈森（Warren Bonython）一道徒步穿越了辛普森沙漠（Simpson Desert），他为旅程中见到的野生动物着迷不已。在查尔斯的众多才能之中，他还是一位非常优秀的昆虫学家，曾因出类拔萃的著作《澳大利亚蝴蝶志》获得过惠特利奖（Whitley Award），以表彰他为澳大利亚动物区系研究所贡献的新知。查尔斯决心回到辛普森沙漠，以便更为详细也更加闲适地研究当地复杂的生态系统。他问我是否愿意同去，自然得到了我热烈的响应。

我们计划在较为凉爽的5月前往辛普森沙漠。维多利亚博物馆调研部的负责人约翰·布莱斯(John Blyth)也与我们结伴同行，因为这一次旅行还兼有为博物馆收集标本的任务。在我们的探险过程中，还有其他人加入进来。

我们为旅程所做的准备包括制作两辆拖车，用来装运穿越沙漠所需的食物和饮水；还收集了很多适用的地图（澳大利亚1：25万系列）；并称量和包装好每日所需的口粮（墨尔本徒步俱乐部认为在类似的环境下，每人每日需要180克食物来维生，我们只准备了130克，不足的部分打算就地解决）。三个月中所需的每一餐都经过了仔细称量后再包装好，然后将三餐组成全天的口粮放入一个口袋。七个这样的口袋就组成一周的口粮，四个一周的口粮再聚合成整月的配给。我们计划每天只喝三升水，事实则证明在辛普森沙漠的干旱条件下，这是远远不够的。

上：《伯兹维尔以北》（*North of Birdsville*），亚麻布油画，66 厘米 ×92 厘米。在辛普森沙漠伯兹维尔简易跑道北边沙丘中行走的鸸鹋（*Dromaius novaehollandiae*），随着太阳照射高度的变化，沙漠碎石滩的颜色从深紫红色渐渐变为亮锈红色。

最终，我们的车队包括一辆1958年款的霍尔登牌轿车——查尔斯从他岳母那里买来的二手货，专为这趟旅程购买的一辆迷你默克（Mini Moke）吉普，以及摄影师约翰·布朗利（John Brownlie）驾驶的一辆大众面包车。在我们完成考察目标之前，就不得不对默克吉普修修补补。起初，约翰·布莱斯在伯兹维尔大道（Birdsville Track）渡过深水区域时开得太快了，导致默克吉普中途突然熄火。接着，他取下分电器盖检查，结果失手把电刷掉进了一米多深的泥水里再也找不回来了。我们用一枚一号电池的碳芯做了个替代品，把默克吉普顺利地开回了墨尔本。

我们以尽可能快的速度向着伯兹维尔进发。1973年的大雨带来的丰饶迹象依然随处可见，也对当地的动物区系产生了有趣的影响。我在维多利亚州家附近能见到的常见鸟类也轻松侵入了这片扩张了的栖息地，习惯干旱环境的当地鸟类却显然遇上了坏年头。

右：鸸鹋的铅笔素描。

鼠患

繁茂生长的补骨脂属（*Psoralea*）植物覆盖了地面，也为长毛鼠（*Rattus villosissimus*）提供了丰富的食物来源，眼下在迪亚曼蒂纳河（Diamantina River）流域，这种啮齿动物正处于周期性种群“爆发”的状态之中。它们简直是无处不在。宿营的第一晚我们还能忍受，到了第二晚、第三晚，愈发大胆的它们就让人难以入眠了。除了残羹冷炙，汽车的风挡雨刮、背包带等都成了它们啃食的对象。

有天晚上，为弥补没有电视可看的遗憾，我们给自己安排了个娱乐节目。我们将一个矮胖的啤酒瓶挂在一根木棍上，然后将瓶身伸出岸边，使其悬在迪亚曼蒂纳河的水面之上，啤酒瓶里放了些奶酪，这样就形成了一条由老鼠构成的动线。它们想要够到瓶里的奶酪，纷至沓来地爬上木棍，然后踩在光滑的瓶身上跌落进河里，再锲而不舍地游回岸上，重新加入队列。这招数确实挺损，但的确激发起了鼠群近乎无尽的骚动。

毫无疑问，数量如此众多的鼠类自然也就为各种日行性和夜行性的猛禽提供了充足的食物来源。截至目前，我们见到的最多的猛禽是黑鸢（*Milvus migrans*），它们持续不断地在空中盘旋，数量令人难以置信，从就在我们头顶，到用高倍双筒望远镜观察也若隐若现，乃至更高处都有。在黑鸢中间还时不时掠过些其他种类，如啸鸢（*Haliastur sphenurus*）和褐隼，有时甚至在白天还能见到像纹翅鸢（*Elanus scriptus*）和仓鸮（*Tyto alba*）这样的夜行性猛禽。有天下午，查

尔斯·麦卡宾躺在地上用相机里的高分辨率彩色胶卷拍摄了一张天空的全景图，后来在维多利亚博物馆里冲洗投影出来，对其中出现的鸟类进行了分析和计数。结果令人惊讶，从拍摄的照片里，查尔斯估算出当时在他头顶的天空中有多达3 000只黑鸢，还有30只啸鸢、6只褐隼、1只黑隼和一些纹翅鸢。所有的这些猛禽，连同更多在夜间出没的纹翅鸢和仓鸮，肯定都会捕食夜行性的长毛鼠。尽管，长毛鼠偏好在夜间活动，但也总有在白天出没的个体，而且它们还同时供养起数量与日俱增的野化家猫种群。这些捕食者所捕获的鼠类数量一定是相当巨大的。

野化家猫跟莫德姨妈家里蜷缩在炉火边取暖的宠物虎斑猫可大为不同。它们的体形大得多，四肢也大多比宠物猫的修长，而且是非常高效的猎手。作为博物馆调查工作的一部分，我们也曾努力想用陷阱捕捉一些生活在沙漠里的野化家猫，但是收效甚微。长毛鼠会赶在任何其他动物之前光顾陷阱，触发机关。

最终我们在绝望之中还是抓到了一些野化家猫，之后进行解剖，检查它们的胃内容物。那时我们才意识到对于澳大利亚本土动物而言，野化家猫是极具破坏力的杀手。随处可见的长毛鼠只占到它们捕食量的不到50%，而像脂尾袋鼬（*Sminthopsis crassicaudata*）、澳洲小跳鼠（*Notomys mitchellii*），以及其他很多澳大利亚特有动物成了经常被野化家猫捕食的牺牲品。同时，它们还携带了大量的体内及肠道寄生虫，在居住人口更多的农业区域可能

左页：描绘伯兹维尔潟湖的铅笔和钢笔素描。

上：从戴维·霍兰德斯搭建的掩体观察纹翅鸢巢所做的铅笔素描，位置较低的那只鸢正同时伸展着翼和尾，从娇小的蜂鸟到巨大的鸵鸟，所有的鸟儿都喜欢做这样的动作。

右：水粉习作，21厘米×30厘米。展示澳洲鸢（*Elanus axillaris*）与纹翅鸢的区别。

左页：水粉习作，21 厘米 × 30 厘米。展示一只雌性纹翅鸢看守自己巢的姿态，该巢筑在昆士兰州十英里水坑（Ten Mile Waterhole）附近。

右：水粉习作，21 厘米 × 30 厘米。展示一只雄性纹翅鸢，它正处于白天的休息状态，显得极为放松。

通过肉孢子虫病（sarcocystosis）对人畜带来健康方面的威胁[20]。这是一种经由生活在食草动物周围的猫狗传播的疾病。

鼠患的爆发促进了许多猛禽的成功繁殖。我们有个扎营地位于伯兹维尔以西十英里水坑附近的澳地肤灌丛蓄水池（Bluebush Tank），紧靠着一个突出于碎石荒漠上的红色沙丘。靠近沙丘顶部的位置松散地长着一圈矮小的小套桉（*Eucalyptus microtheca*），在更为湿润的季节这里或许也有一个水坑。尽管在辛普森沙漠腹地黑鸢已较为少见，但由于鼠类的存在，我们头顶上空总有几只在盘旋。而当接近十英里水坑的时候，黑鸢的数量似乎明显多了起来，它们或是盘旋，或是俯冲，四处翻飞，从我们头顶上方到数百米的高空都有。这里还有跟黑鸢外形相近的啸鸢，后者的飞行姿态更为沉稳。啸鸢尾羽浅色，尾端凸出略呈楔形，不像黑鸢那样常展开成扇形。不同于黑鸢总在某处徘徊，啸鸢通常径直地飞过。黑鸢则会在我们的头顶上一遍又一遍地盘旋。

突然，在黑鸢和啸鸢之中出现了一个迥异的魅影，纹翅鸢如新娘婚纱般的羽色在深蓝色天空的映衬下显得闪闪发光。从它的腋部中央开始向腕关节延伸出一道明显的黑色纹路，在两翼下方形成了犹如小写字母“m”或“w”的图案。第二只纹翅鸢很快也出现了，它振翅的幅度较大且显得慵懒，就像燕鸥那样做着“划桨”般的鼓翼动作。接着，又来了第三只。我们眼看着这些纹翅鸢在不知不觉中越飞越高，直到其身影消失在深蓝色的苍穹之中。

长在干涸水坑边的树大约有 20 米高，其上有一些由枝条搭建的黑鸢巢，仅有的一个啸鸢巢里住着一只看起来很沮丧的雏鸟。在距离水坑更远处则稀疏零散地长着一些更矮的树。我们在当中找到了纹翅鸢的巢。能在纹翅鸢繁殖的巢区附近扎营是不可多得的机会，借此我们可以对它的行为有更多的了解。在当时纹翅鸢是澳大利亚猛禽中最缺乏研究的一种，人们对它知之甚少。

我们最早观察到的现象之一便是纹翅鸢在条件适应的情况下，能表现出巨大的数量增长潜力。它们的巢区给人一种欣欣向荣的感觉，7 个巢都呈现出了刚产卵、育雏早期和雏鸟临近出飞的状态，其中部分巢有着相似的繁殖进程。雌鸟看起来会持续产卵。有一个巢内本来有 4 枚卵，4 天后再检查则变成了 3 只雏鸟和 2 枚卵。另一个巢先是有 1 只雏鸟和 3 枚卵，不久后变成了 2 只新孵出的雏鸟和 3 枚卵，最初的雏鸟则不见了。当然，我们没法确定每个巢里的卵都来自同一只雌鸟，但不能否认当处于有利季节时，纹翅鸢绝不浪费繁殖的机会。

有意思的是，我们在一个巢里还发现了一

[20] 译者注：肉孢子虫病由广泛寄生于哺乳动物、鸟类及爬行动物体内的肉孢子虫（sarcocystis）引发，这种病原微生物以猫、狗等食肉动物为终宿主，中间宿主则是牛羊等食草动物及部分杂食动物。

只野化家猫，这只又大又长的花猫舒舒服服地蜷缩在里面。显然，有些因素正在限制着纹翅鸢的繁殖增长。

查尔斯的弟弟约翰也曾短暂加入我们的行程，他是一位来自墨尔本的出色的全科医生。戴维·霍兰德斯也参与进来，他不仅是一名富有经验的鸟类学家，同时也是来自奥尔博斯特的全科医生。戴维出生在英国，一直对猛禽有着极大的热情，当他1961年来到澳大利亚时，欣喜地发现这里的许多猛禽种类很少甚至没有被拍摄记录过。于是，他接受了这一挑战，开始为自己的著作《澳大利亚猛禽》做准备。这本书也成了戴维之后出版的许多有关澳大利亚不同类群鸟类经典著作的第一部。

纹翅鸢和澳洲鸢

戴维很快在一个纹翅鸢巢附近搭建了掩体，并且慷慨地与我们分享。于是，我们也有了机会能够在不打扰纹翅鸢繁殖的前提下，对这种通常很害羞的猛禽进行仔细观察。

乍一看，纹翅鸢跟近亲澳洲鸢长得很像。然而，近距离观察会发现，与其极为修长轻盈的身体相比，纹翅鸢的头部显得更大且更圆，头冠的灰色也更重。上述特点跟有些观察者所声称的恰恰相反。澳洲鸢头部羽色发白，头较窄且扁似蛇头，眼睛的颜色像上佳的黑皮诺葡萄酒。反之，纹翅鸢的头较圆且更接近鸮类，深红的双眼也显得更大，它的眼睛就像碎石荒漠在阳光下所呈现出来的颜色。纹翅鸢眼睛前方有一小块黑色的区域，而澳洲鸢的这个部位还向眼后方延伸出了一道黑色的眉纹，这也让澳洲鸢看起来显得有些生气而严肃。

行为是这两种鸟之间的另一个主要区别。通常能见到澳洲鸢停在小树顶醒目的栖枝上面，在阳光照耀下周身泛白，或是在开阔原野上见到正在捕猎的它们低着头悬停于空中。澳洲鸢主要以鼠类为食，悬停时它们将白色尾羽完全展开，伴随着快速但幅度不大的振翅。当它们锁定目标之后，往往会急切地将头探向前方，似乎在以这样的动作来打破悬停时的平衡姿态。这时，它们就进入了头冲下、两翼向后高高举起的俯冲状态，只有在接近猎物的最后时刻才会伸出利爪致命一击。有时，它们则会将伸直的两翼高举过背部，两翼几乎就要挨在一起，同时向下伸展出双爪，像石块般从空中高速坠落。我曾观察到不同的个体每间隔几分

左上：水粉习作，21 厘米 × 30 厘米。展示一只纹翅鸢的下降姿态。它将两翼高举，使空气从翼面溢流而过。

右页：水粉习作。展示一只澳洲鸢从悬停搜索猎物切换至俯冲捕猎的情形，它只在最后时刻才会向猎物伸出利爪。

钟就用上述两种方式俯冲。纹翅鸢在空中下降高度时，经常将两翼伸直高举，哪怕是降落到枯枝上也是如此。

澳洲鸢是典型的日间猎手，停在枝头的它们频繁地环顾四周，以提防其他种类的猛禽袭扰。它们对黑隼尤其在意，后者也时常将澳洲鸢作为攻击目标。我曾见过一只澳洲鸢落在围栏的柱子上开始享用老鼠美餐。这时一只黑隼从一千米之外开始俯冲，以迅雷不及掩耳之势逼近。最终，澳洲鸢有所察觉，放弃了口中的美食开始逃离现场，无奈为时已晚。黑隼的确会杀死和吃掉澳洲鸢，面对这样的敌手可就别再贪恋自己的猎物，保命要紧。或许，这也正是澳洲鸢有时会在傍晚的暗光里捕猎的原因，此时隼类可能不那么活跃了。但澳洲燕隼在晨昏时分依旧在空中飞捕昆虫。有一次，在维多利亚州我家附近的霍普金斯河（Hopkins River）平原上空，一只澳洲鸢借助我的头灯发出的光亮，在漆黑的夜里依然能够完成悬停和狩猎。

纹翅鸢白天停栖在巢区附近的小树较高处的枯枝上，或是留在巢中照料卵及雏鸟。待到夕阳西下，东方的地平线上出现迷人的淡紫色阴影时，纹翅鸢还是按兵不动。直到大地完全陷入黑暗一小时之后，巢区才开始热闹起来。遗憾的是由于缺乏足够的月光，限制了我们对此时巢区状况的观察。

人们曾认为纹翅鸢是在晨昏活动，事实并非如此。从前面提到的掩体里，我们得以窥探入夜后一个纹翅鸢巢的活动，想必这也代表了巢区里其他纹翅鸢巢的情况。日落之后又过了一小时，这个巢的雄鸟在四周漆黑一片的情况下飞离了栖枝，并在大约半小时后给巢中的雌鸟和雏鸟带回了食物。又过了大概半小时，它又回了一次巢，然后就回到栖枝上重拾警戒姿态。看起来雌鸟和雏鸟对晚餐都很满意。

这时能听到巢区里其他的纹翅鸢巢还有活动的声响，大约在午夜时分一切重归沉寂，并持续了几小时。旅途的疲乏让我们打起了瞌睡，所以错过了纹翅鸢再次开始捕猎的时刻，但模模糊糊中还是感觉到它们在拂晓之前的几小时里又活跃了起来。

1976 年，也就是一年之后，我又重访了这个巢区。但繁忙的盛况已不复存在，鼠类的

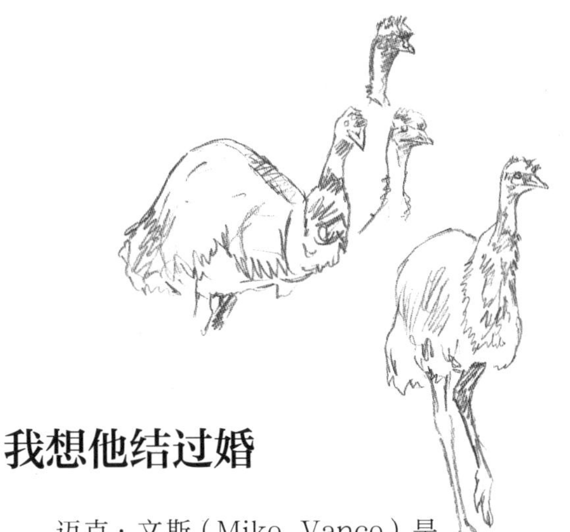

爆发结束，意味着这里曾多达20只纹翅鸢的群体也已四散而去。

很遗憾，经历了三个半月在荒无人烟的澳大利亚内陆旅行之后，我们这支小探险队也要离开了，开始向南和向东进发。别了，纹翅鸢。

查尔斯从他岳母那里弄来的1958年款霍尔登牌轿车开始展露出不堪重负的迹象。有一天，我们行驶在一段崎岖不平的路段，车子的引擎竟然直接从底盘上脱落掉在了地上。我们设法将引擎装回了基座，再用一根晾衣绳将其捆在底盘上面。其间我们所展示出的绳索使用技能，肯定能让童子军领队洋洋得意。这之后，每次驾驶员踩刹车时，引擎都会依照惯性向前滑动从而抻长油门拉索，使得汽车开始加速。随之，引擎又向后滑动，松开了油门，最终导致熄火，并给人一种胃部不适的沉坠感。整个过程让我们感觉像是乘坐在一部驶向底层的高速电梯里。

在驶过伯兹维尔大道的一段水淹路段时，约翰·布朗利的大众面包车因油泵故障而发生侧滑出了事故，他也不幸身亡。洪水没过了汽车的底盘，而车的油泵就在底盘下面。最终，我们设法在水淹不到的位置做了一个替代的油泵。我们将两根注射器粘在一个塑料橙汁桶上，再用氯丁橡胶管作油管。我们安排了一位绝对不吸烟的人坐在它后面，定时往里面添加汽油。在南澳北部的马里（Marree），我们连人带车都上了开往奥古斯塔港（Port Augusta）的火车，在那里修好车之后，才又开回了墨尔本。

我想他结过婚

迈克·文斯（Mike Vance）是澳大利亚广播公司野生动物栏目组的一位制片人，他曾请查尔斯·麦卡宾为一部计划拍摄澳大利亚内陆的片子选择外景地。就在我们探险归来后不久，迈克便邀约我们共进晚餐，聊聊途中的见闻。他有个名叫珍妮·霍布森（Jenny Hobson）的助手，是很招人喜爱的一位女士。她最近被派往南澳的库龙（Coorong）为一部准备拍摄的片子做调研。为了凑一桌四人局，她也受邀出席。其实，最开始并没有她。迈克跟她说："我想理查德已经结婚了，你最好离他远点儿。"（在伦敦的时候，我曾跟一位英国女孩结过婚，但这段婚姻并不成功，五年之后我们就离了婚。眼下我已经单身有一阵子了。）随后，他又说："我想他可能已经分居了。你赶紧来吧！"

就这样机缘巧合，我结识了珍妮。晚饭的时候，这样一位迷人的年轻女士就坐在我旁边，我们聊得很愉快。饭后，迈克问查尔斯有没有拍一些荒野的照片。查尔斯一下子来了精神，他翻出一台幻灯片投影仪和满满一鞋盒2 500张幻灯片。

撑到凌晨4点半，我们终于成功地将还在兴头上的查尔斯拖走了。珍妮和我约定了要再次见面。

几周之后，珍妮和我如约共进晚餐。她对我车里的几只猛禽表现得相当镇定。当中有一

左页：水粉习作。描绘了一只澳洲鸢幼鸟，这是一幅水粉习作里的三只幼鸟之一，展示了它们独特的幼鸟羽饰。

右上：鸸鹋的铅笔素描。

上:《渔人营地》(*Fisherman's Camp*),水粉画,38 厘米 ×56 厘米。在库龙的警员海角(Policeman's Point)所做,用以反映当地正在发生的环境问题。随着墨累河(Murray River)下游水量的减少,河口的自洁能力变弱,库龙潟湖里水的盐分日益增高,对生活在其中的水生动物产生不利影响。前景里有 3 只栗胸鸭(*Anas castanea*)飞过,该种比大多数雁鸭类更适应于咸水环境,偏好咸水河口和潟湖。背景里则是带有压迫感的风暴云、褪色的潟湖水、耐盐的海蓬子、被侵蚀的海岸和废弃的渔具。

左: 水彩习作,21 厘米 ×30 厘米。黑头鸻(*Thinornis cucullatus*)是一种生活在海滨的鸟类,它们的生存深受人类干扰。

只是我在伯兹维尔附近找到的啸鸢，它的兄弟姐妹都成功出飞了，剩下弱小的它被遗弃在巢里；还有从拉腊（Lara）附近救助的一只情况类似的澳洲鸢；以及在南澳被车撞了的一只褐隼，后来我将它照料至完全康复，并最终放归野外。这三只猛禽都很适应乘车旅行了，自得地站在我安装于后座的栖架上面。珍妮很想给它们拍一组肖像、眼睛和脚爪的特写镜头，作为她参与制作的节目的补充镜头，因此就邀请我一道去库龙协助拍摄。

右上：红膝麦鸡 （*Erythrogonys cinctus*）的铅笔线描，根据康尼瓦兰湿地里一对打架的麦鸡描绘。

右：铅笔素描，21 厘米 ×30 厘米。展示鹬鹬留在扬哈斯本半岛沙丘上的足迹。

库龙国家公园

我对库龙知之甚少，必须承认珍妮才是吸引自己前往那里的主要原因，因此这也成了一次很好的学习机会。我们有几台旧的三轮摩托，作为调查其他地点的交通工具。有时珍妮和我会借用这些摩托去参观扬哈斯本半岛（Younghusband Peninsula）的一些地方，这里狭长的沙洲和生长在其上的植被将库龙跟南大洋区隔开来。

珍妮的调研工作完成得非常出色，她总能带我去有意思的地方。例如在一个沙丘背后大片风蚀地貌里的一处墓穴，这里发现过两具因沙地侵蚀而暴露出来的古尸。另一处埋葬点发现了两具骸骨，被另外八具呈松散的椭

圆形环绕着。此处看起来如此神秘，使得我们悄然离开时心里满怀崇敬。可悲的是，几年后当我们故地重访时，发现这里已经被闯入者所亵渎。这令人震惊的现象倒也真实反映了某些抱着打发闲暇时光心态的人，在进入我们澳大利亚的国家公园时所持有的态度。

库龙的沙丘上满是各种生物活动后留下的踪迹。鸸鹋穿过沙丘，留下长长的呈对角线般倾斜的足迹链，它的中趾会拖在中间形成一条拉长的痕迹。狐狸的足迹也很常见，其所显示出的运动模式有助于我们理解该环境中的生态关系。

沿着库龙南部边缘的海滩，珍妮指给我看20多只啸鸢玩海神草球的奇景。海浪将海神草不断卷起形成了致密的球形纤维团，这些纤维团被冲上岸后成了啸鸢的“玩具”。

动物会玩耍吗？啸鸢们先从空中俯冲下来把海神草球抓在爪子里，然后升到空中再放开，接着赶在海神草球落地之前争先恐后地去抓住。它们周而复始地重复这项“竞技”，都希望成为第一只抓住或叼起海神草球的“胜者”。这些啸鸢或许有着充足的野兔可供捕食，从而有着额外的热量供消耗。不管怎样，它们在海风中盘旋都是一个壮观的景象，其深浅分明的两翼在阳光下熠熠生辉。

澳洲鹈鹕

澳洲鹈鹕（*Pelecanus conspicillatus*）是库龙最具代表性的鸟类，科林·蒂勒（Colin Thiele）的小说《风暴男孩》（*Storm Boy*）更是让它们的形象家喻户晓。若是环境适宜，鱼类食物供给充足，澳洲鹈鹕就会在库龙繁殖。

左页：钢笔素描，21 厘米 × 30 厘米。展示在库龙海边闲逛的澳洲鹈鹕。

下：水粉习作，21 厘米 × 30 厘米。展示澳洲鹈鹕的“冲压式滑翔”。

[21] 译者注：原文为“putting its head under its wing”。

它们在杰克海角（Jack Point）的集群营巢地是全澳大利亚已知规模最大的一个。长相如此奇特的一种鸟类却能以如此威严的姿态飞翔或游动，实在是神奇。翱翔在同一个热气流里的鹈鹕群会形成“鹈鹕柱”，借助气流轻松地爬升，然后从高处滑翔着飞向觅食地。作为似乎从鸟类演化历史早期就分化出来的一员，澳洲鹈鹕与其亲缘关系较近的信天翁和鹱类看来很早就成了御风而行的大师。

我一直对鹈鹕能在水面上空远距离滑翔感到着迷，它们看起来仅通过改变两翼的“攻角”就做到了这点。这种现象被称作“冲压式滑翔”。由于需要窄而长的两翼和足够大的体重来保持动力，并非所有鸟类都能做到这点。当鹈鹕与水面的距离远小于其翼展时，处于两翼之间和水面的空气垫层会受到压缩，从而起到支撑作用。此时，即便它的速度已减慢到理论上的失速状态，依然能够保持在空中飞行。有时鹈鹕也会振翅以恢复空速，从而继续进行“冲压式滑翔”。该现象也被称作“地效飞行”，可以达到节省能量的效果。就像一只鸻仅用单腿站立，可以使另一只腿减少热量散失或省力。正如谚语“埋头于翼”，善待自己的一语双关[21]，当鸟儿将喙埋在背部的羽毛下方时，也能减少热量或能量的损失。鸟儿还能通过躲在有遮蔽的地方休息来节能。像鹈鹕这样经常飞越水面的一类鸟演化出了窄而长的两翼，能够实现高效的“冲压式滑翔”，从而节省飞行中的耗能。

自然，鹈鹕也可以在地面、泥滩或沙地等较平整的基底上空实现“冲压式滑翔”，但是地上的灌丛、草丛或其他障碍物则会影响它们的发挥。

我喜欢观察成群的鹈鹕组成队形捕鱼，它们在浅水区默契地将鱼群驱赶在一起，然后同时将它们巨大的喙伸入水中兜鱼，再向后仰头吞下口中的渔获。

鸻鹬类

库龙还生活着许多没有迁徙习性的物种。这里的咸水环境非常适合丰年虾和其他偏好咸水的无脊椎动物繁衍，由此也为红颈反嘴鹬（*Recurvirostra novaehollandiae*）和斑长脚鹬（*Cladorhynchus leucocephalus*）提供了理想的生活条件。这两种鸻鹬类通常会混群活动，也都在相似的咸水环境里觅食。

大群的反嘴鹬总是会引人注目，在铅灰色的天空被明媚阳光点亮的时刻就更是如此。它们周身整洁的白色羽饰与翼上的黑色相映成趣，外加巧克力色的头部，应该算得上是全世界最漂亮的反嘴鹬了。它们羽饰的配色跟斑长脚鹬一样鲜亮动人。在阳光的照耀下，集群的红颈反嘴鹬会变得更加光彩夺目，聚在一起夜栖的反嘴鹬组成的庞大鸟群令人印象尤为深刻。

库龙的浅水区域同样也为东亚—澳大利西亚候鸟迁飞区的迁徙候鸟提供了一处重要的觅食场所。根据1971年2月在伊朗拉姆萨尔签署的《拉姆萨尔公约》，这里已被列为国际重要湿地。该公约通常也被称为《国际湿地公约》，签署了公约的各国代表每三年就会聚到一起商

左上：水粉习作，21厘米×30厘米。展示了一只斑长脚鹬，它们会在较深的水域走动，甚至还会游泳，觅食的时候将整个头都扎入水中，搜寻水生无脊椎动物为食。

左：为在韦里比大都会污水处理厂观察到的一只飞翔的红颈反嘴鹬画的铅笔素描。

上:《海岸守卫》(*Coast Guards*),木板油画,29 厘米 ×44 厘米。展示巴望头(Barwon Heads)第十三海滩边被惊飞的黑头鸻,混入的沙粒改变了海滩上泛着泡沫的波浪的颜色,这种情况下建议在木板上作画,以利用木质固有的纹理与色调。

右:简单的水彩习作,21 厘米 ×30 厘米。展示第十三海滩边一只繁殖羽的栗胸鸻(*Charadrius bicinctus*),以记录其姿态和羽饰。

讨政策,为湿地的保护和可持续利用做出决议。澳大利亚南部的湿地、海滨和滩涂有一个关键的共性——为来到东亚—澳大利西亚候鸟迁飞区南端的鸻鹬类提供了至关重要的觅食地和庇护所,而该迁飞区则是全球最为重要的候鸟迁徙路径之一。

库龙的浅水区域为候鸟提供了一个丰饶的觅食场所。在经过从阿拉斯加或西伯利亚启程的长途跋涉之后,来到这里的鸟儿早已精疲力竭,必须依靠大量的进食来弥补征途中的身体消耗。库龙作为候鸟庇护所,其重要性无可替代。

04 LEARNING ON THE LAND

师法自然

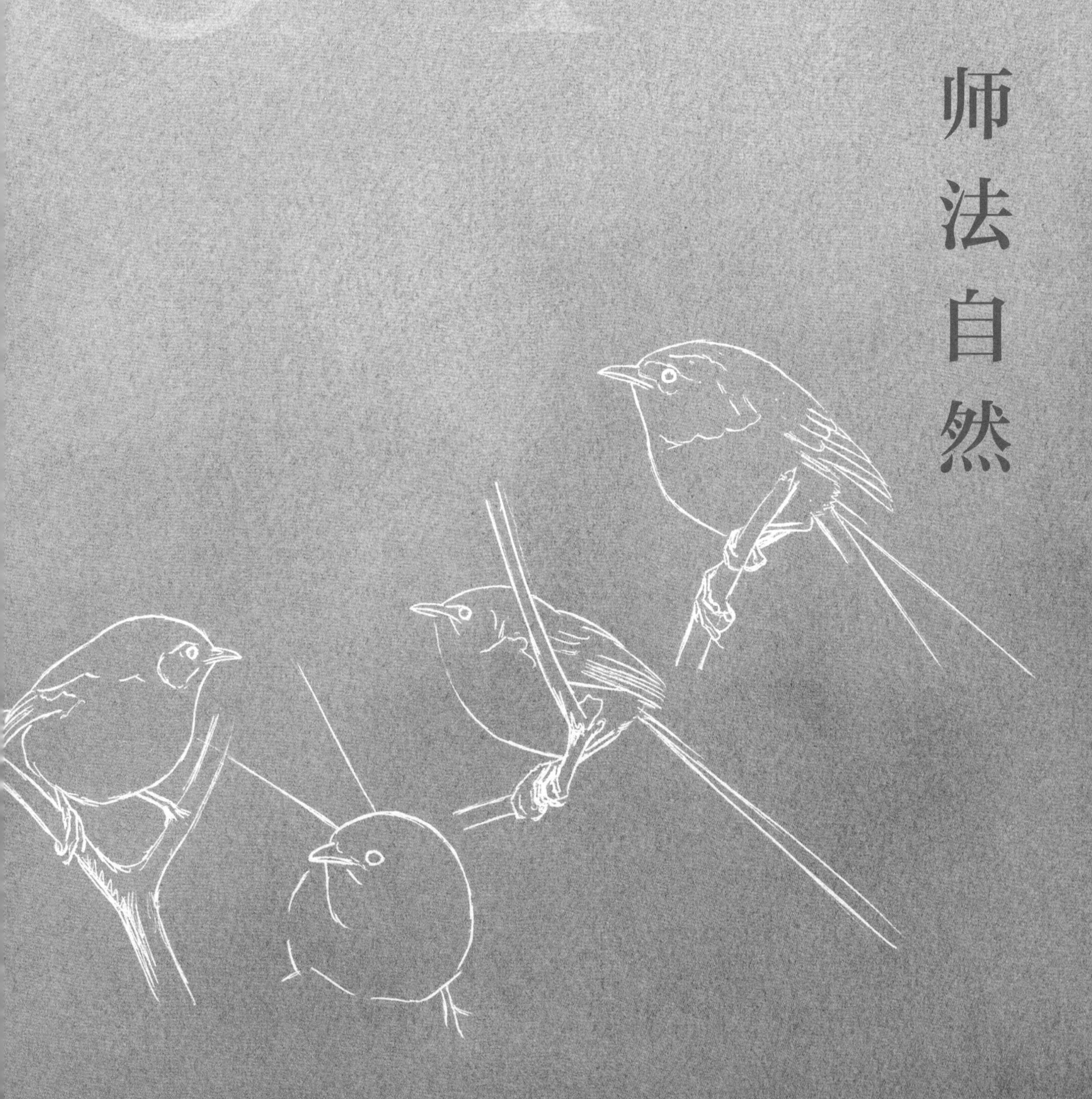

我的曾祖父威廉·韦瑟利（William Weatherly）于1839年出生在苏格兰，从他来到澳大利亚维多利亚州西部地区的康尼瓦兰算起，我的家族已经在这里生活了四代。1860年8月威廉抵达墨尔本，在维多利亚州和新南威尔士州西部的地产业工作一段时间之后，他于1895年买下了由霍普金斯河及盲溪（Blind Creek）所滋养的两片相邻地块。这就是康尼瓦兰和伍伦贡——我度过童年时光的地方。

康尼瓦兰的部分地区长有茂密的灌丛林，这些灌丛林密到骑着马或许可以勉强穿过，但若驾着马车就绝无可能了。曾有位墨尔本女孩来拜访威廉的女儿（我的伯祖母），直到最后被人寻回之前，她在有个叫古姆灌丛（Gum Scrub）的围场里走失了整整12小时。我的先辈意识到了灌丛林的独特价值——这在当时可并不多见——于是将有些灌丛林围起来加以保护。这样做既是出于保护赤桉（red gums），也是为了给子孙后代保留些未被开发的地方。遗憾的是，在1920年康尼瓦兰一片被保护起来的灌丛林遭大火焚毁。更糟的是，人们觉得这片区域不会再恢复，所以也没重新用围栏围起来。这点让我十分沮丧，因为地球上再没有任何地方能让我见识到白人定居前康尼瓦兰的原初景观和植被了。

我的祖父莱昂内尔·韦瑟利（Lionel Weatherly）于1909年接手了康尼瓦兰和伍伦贡。当时，房屋下方的盲溪上有座宽大但不算深的水坝，在20世纪初我祖母患上肺结核的时候，这座水坝就被废弃排空了。直至1937年水坝都没有再启用，而当它重新开始蓄水时，里面被淹没的草场为野鸭们提供了丰富的食物。各种各样的野鸭摩肩接踵地赶来水库边大快朵颐，占据了大部分的水面。

印象中我祖父严厉而不失温和，他对野生动物抱有浓厚的兴趣。我记得有一次他花了好几个小时趴在地上试图获取一只白颈麦鸡（*Vanellus miles*）的信任。我们在家里还养着一只笑翠鸟（*Dacelo novaeguineae*）作为宠物，另外养了十几只太平洋黑鸭，也是作为宠物。其中有只黑鸭还从野外给自己找了个伴侣。这只野生黑鸭跟我们一起生活了好几年，最后它从房子附近一棵赤桉树洞内的巢里出来时，被一只游隼抓走了。

祖父莱昂内尔掌管家业期间经历了“大萧条”和第一次世界大战，他将名下一半多的土地捐给了“老兵安置计划”，慷慨地拿出了355公顷肥沃的土地帮助从战场上归来的老兵们。尽管事务繁多，我祖父对自然的兴趣，还是让他在自己的牧场范围内记录到了114种鸟类。我至今仍保存着他的这份鸟类名录。这里的景观想必发生了巨大的变化，如佛塔树和互叶白千层这样的林下灌丛已荡然无存，林间的老树也发生了枯梢病。除此之外，为了预防肝吸虫病，许多季节性的沼泽也被排干了。

第二次世界大战结束之后，管理康尼瓦兰

和伍伦贡的重任就交给了我父亲。在我儿时的记忆当中，这里是一片开阔且空旷的原野，有些地方尤其是河滩里还长着壮观的赤桉林。四下还有不少因枯梢病或被环剥树皮而死去的大树形成的枯立木。跟祖父之前所做的一样，我父亲也记录下生活在这里的鸟类。他的名录比祖父的多出27种，达到了141种。在这些新记录的鸟种里面，可能有一半都跟盲溪上的水坝在1937年后开始重新蓄水有关。我父亲非常了解水坝及其周围环境发生着的变化，很喜欢花时间在那里观察鸟类。我也一样。

20世纪60年代中期，我父亲开始越来越多地将牧场的日常管理工作移交给我哥哥。1966年，他将土地所有权转给了我，牧场就由我们兄弟二人合伙经营，哥哥詹姆斯作为实际的管理者。这种模式一直持续到1975年，我在那时卖掉了牲畜，并且将土地出租。

1976年8月，在相识一年之后，珍妮和我喜结连理。查尔斯·麦卡宾作为伴郎出席了我们的婚礼。珍妮在婚后离开了澳大利亚广播公司，告别了她所热爱的拍摄自然纪录片的工作，跟我一起搬到了维多利亚州的偏远乡村。我当时正在为一本鹡莺主题的书进行野外考察及绘画工作，在此后的8年中，这本书成了我们生活的主角。

珍妮和我决定就住在自家的牧场，但继续将土地出租，而不是自己经营。这样一来我们既有了观察周围野生动物的便利，又能享受牧场生活的自由，还全无日常操持农牧业的负担。

也是在1976年8月，珍妮和我搬进了康尼瓦兰一座带有外墙隔板的木屋。这里位于霍普金斯河的一处河湾，紧挨着19世纪40年代牧场最早的牲畜圈所在的位置。我们的新家距离家族老宅仅有400米，如今这里已经是一片废墟。老宅坐落在一段陡峭河岸的坡顶，俯瞰着河谷。这里就是我小时候经常流连忘返的地方。刮西风的时候，风遇上陡峭的河岸会产生强烈的上升气流，有时会因此吸引隼来御风而戏。

某天下午，我骑着一匹性情温良的棕色母马，矗立在霍普金斯河这处陡峭的河岸之上待了一个多小时。我头顶的强力上升气流里面，有只澳洲燕隼正在上下翻飞。它在风中稍作俯冲之后，就利用获取的速度进行一个急速爬升。

前页：帚尾鹩莺的铅笔素描。

左页：水粉习作。展示在霍普金斯河畔的大风中上下翻飞的澳洲燕隼。

上：彩铅习作。展示在我家花园一侧围场的上空捕猎雄性红腰鹦鹉（*Psephotus haematonotus*）的澳洲燕隼，它利用我作为掩护，低飞着迅速接近目标，在几近我头顶处迅疾爬升高度，赶在鹦鹉从地面起飞之前成功得手。

上：《王桉林里的红玫瑰鹦鹉》（*Mountain Ash and Crimson Rosellas*），水粉画，36 厘米 ×48 厘米。最初受《世纪报》（*The Age*）所托而创作的六幅以树木为主题的画作之一，很遗憾，画中的“烟雾”实际源自 1983 年发生在维多利亚州阿克龙（Acheron）的林区大火。

随着飞行速度的逐渐降低，它又翻身一跃开始新一轮的俯冲，并重现上一次的飞行姿态。它完全不扇动两翼，就能不断重复这一系列的动作，在俯冲和爬升之间乐此不疲。

就在下方的河里，鸭嘴兽常在阳光明媚的日子或是午后游出来觅食。它们会无视河边静止不动的观察者，有时会游到距离仅 1 米甚至更近的地方来，有时大方地爬上河里的树桩休息或是挠痒痒，有时则只是抖落皮毛上的水滴。鸭嘴兽每次潜水大约会持续 70 秒，我先预估它会从哪里浮出水面，然后悄然移动过去，这样就经常有机会近距离地观察它们。任何响动都会触发它们的警觉，它们一下子就潜到水里躲避起来，当天的观察也就到此为止了。

1982—1983 年遭遇了严重干旱，至 1983 年 2 月下旬，康尼瓦兰过度放牧的事实一览无遗。高空中盘旋着的两只楔尾雕，冷峻地审视着下方干涸的大地。西边一棵枯死的赤桉树顶停着一只小渡鸦（*Corvus mellori*），它发出的哀悼般的嘶哑叫声在死寂之中显得格外刺耳。一片荒芜的大地毫无生机，放眼望去皆是裸露的土地和飞扬的尘土。我们在绝望之中等待着下一个不可避免的可怕阶段——表层土壤的流失。

墨尔本西边的空中涌现出一道由尘土组成的浓郁的烟墙，这般景象实在令人过目难忘。我们国家宝贵的表层土壤降到了城市当中，覆盖了暴露在空气中的一切，而未来数年土地的肥力都将大受影响。

我们下定决心，是时候自己打理土地了。

鸟类、植物和昆虫

当珍妮和我刚搬到康尼瓦兰的时候，这片平坦的土地颇显荒凉，草场凋败、土壤贫瘠。牧场里没有畜棚，位置偏远的畜栏则需要翻修。要知道维多利亚州西部地区有时被称作“胸膜炎平原”，牲畜缺乏遮风避雨的地方，对新生的羊羔来说可就太糟了。水源方面，我们有5个小型的蓄水坝。流经我们牧场两侧的霍普金斯河会出现季节性地含盐度过高，无法供牲畜饮用。绵羊幼崽还时常会陷入河边的泥潭。

我们从营造湿地和种树开始牧场的改造，这样不仅能给牲畜提供庇护场所，还能保护土壤。种树是为了营造更好的环境，为牲畜创造遮风避雨的条件。我们不期望能够从林业上获取回报，提升土壤肥力和生态系统服务才是目的。起初，我们直接种植树苗，这是一个耗时费力、让人腰酸背痛的过程。结果却并不理想，许多看起来很健康的树木会突然死亡，像是集体商量好不想活了似的。苍老的赤桉树皮粗糙，病恹恹的样子，要么得砍掉重新种，要么需要恢复林下植被，以此招引昆虫和鸟类，从而帮助控制赤桉上肆虐的食叶害虫。

于是，我们决定通过直接播种的方式来种树。这本是一种传统的植被恢复操作，但如今已经没人再用了。这种方式先得用板犁翻动表层土壤，同时将杂草掩埋，然后直接把树种撒在地上。

直到20世纪50年代初，农业部门仍在推广使用磷肥和地三叶来提高草场的生产力。我们首次施肥之后，直接播撒的树种成功萌发了一半，但到了第二次施肥，效果就很差了。

上：铅笔画，19厘米×19厘米。斑翅食蜜鸟（*Pardalotus punctatus*），最初是为澳大利亚联邦科学与工业研究组织出版的《大墨尔本地区的野性之地》所做，书的作者是罗宾·泰勒（Robin Taylor）。

右页：小幅水粉习作，20厘米×16厘米。华丽细尾鹩莺（*Malurus cyaneus*），为圣诞贺卡所做。

本土树种其实大多偏好磷含量较低的土壤，而在肥料的作用下，杂草占尽了优势。我们通过施用一系列的除草剂来控制杂草的生长，才能继续直接播撒树种。

我们还需要一台可靠的播种机来替代手工劳作，提高效率。在顾问戴维·德贝纳姆（David Debenham）的大力帮助之下，加上8家同样对此感兴趣的农户的投资，经由一位来自吉普斯兰郡利昂加萨富于创造力且乐于助人的工程师的巧手，播种机造好了。

播种机前端有一个开沟器，后方则装有三个盛装种子的圆碟。树种放在一个带有齿轮的箱子里，每次一定数量的种子会被分配到圆碟上面，然后被镇压轮埋到土里。很快我们就用板犁替换了开沟器。

在18个月之内，牧场里的羊羔和牛犊开始有了遮风避雨的地方，以前这里从来没有记

上：《飞翔在林间》（*Forest Flight*），水粉画，38 厘米 ×56 厘米。试图捕捉红玫瑰鹦鹉（*Platycercus elegans*）在薄雾中飞过奥特维山脉某个山谷时的光影。

右页上：红冠灰凤头鹦鹉（*Callocephalon fimbriatum*）的铅笔习作，最初是为格雷厄姆·皮齐所著《鸟类的庭园》某个章节创作的题图，多数的红冠灰凤头鹦鹉都是“左撇子”[22]。

录过的野生动物也开始出现了。它们有的只是偶然闪现，有的则定居下来繁衍生息。昆虫的组成也发生了明显的变化，以前没有见过的蚂蚁种类也在日益增加。伴随蚂蚁出现的就是针鼹，我父亲在康尼瓦兰待了70年都没见过这种动物。我们第一次发现针鼹的求偶队形时特别地兴奋，好几只雄性针鼹头尾相接排成一列跟随着一只雌性，非常有意思。

我们种下的新长出来的小树会招来害虫。有人给出了建议，我们自己也希望能够通过吸引像澳洲钟鹊、蓑颈白鹮（*Threskiornis spinicollis*）和澳洲白鹮（*T. molucca*）这样的鸟类来控制害虫。但是跟捕食性昆虫消灭的害虫数量相比，鸟类在这方面的贡献似乎不值一提。我们很快就发现，几乎所有能够帮助控制虫害的鸟类都偏好茂密的林下植被栖息地。那时候的我对昆虫学基本一窍不通，但是经由耐心地仔细观察，我们开始意识到为有益的昆虫提供安全的隐蔽场所和持续的花蜜供应，它们就能发挥一些生态系统服务的功能。通过改变环境条件，我们注意到不断有新的昆虫种类出现，大部分都是捕食性的。我很快意识到相较于招引更多的鸟类，依靠昆虫来维持生态平衡更为重要。

在鸟类里面，我们知道了红玫瑰鹦鹉和红冠灰凤头鹦鹉会取食叶蜂（*Perga* spp.）的幼

[22] **译者注：** 动物对身体某一侧的使用偏好被称作偏侧化（lateralization），即俗称的“左（右）撇子”，目前的研究认为该现象在脊椎动物中普遍存在。

虫，但这两种鹦鹉都偏好较为茂密的林地或森林。钟鹊、渡鸦、椋鸟和鹮类会取食各类毛虫，布克鹰鸮则以圣诞金龟子为食，不过白天鸮类喜欢躲在浓密的相思树灌丛里睡觉。

几种钟鹊和灰胸绣眼鸟（*Zosterops lateralis*）等鸟类有助于减少叶甲的数量，太多的叶甲将导致树木大量落叶。鸟类同时也是木虱的天敌之一，这类体形娇小的昆虫会吸取树木的汁液，成虫则长得像小号的蝉。木虱的若虫会分泌出糖胶，形成形态各异的蜡质保护壳。这些保护壳有的呈长丝状，有的呈不规则的鳞片状，还有的则像是微缩的壳牌石油商标。

原住民会收集这些糖胶作为糖分来源，有些种类的黄蜂、吸蜜鸟和斑食蜜鸟也会如此。不过，斑食蜜鸟需要隐蔽条件较好的植被来躲避如猛禽这样的天敌和吸蜜鸟的攻击。吸蜜鸟可是出了名的好勇斗狠。

我们开始理解昆虫对于维系一个健康生态系统的重要性，意识到需要低矮的树木、灌丛及地面的植被来吸引昆虫和小型鸟类。关键就在于供应一年四季都有并且容易获取的花蜜作为它们的能量来源，再加上具有良好隐蔽条件的茂密灌丛。

随着牧场中树木和林下植被生长得更为茂密，物种也更加多样，更多的鸟类也来到了这里，生态系统的健康状况大为改善。由此带来的益处显而易见已大大超出了我们播种而成的林区，也同样惠及草场，大大减少了昆虫给草地造成的危害。

我们欣喜于日益丰富的鸟种多样性，有些鸟类的出现指示着环境健康，而有些鸟类的出现则预示着环境可能存在问题。随着林下底层灌丛的兴旺，我们见到了更多在开阔环境里缺失的小型鸟类。我们经常能听到褐刺嘴莺（*Acanthiza pusilla*）的鸣叫，这种娇小的鸟儿在枝叶间觅食的时候会发出与体形完全不相称的响亮叫声，它往往还会跟亲缘关系相近的纵纹刺嘴莺（*A. lineata*）和小刺嘴莺（*A. nana*）一起活动。

“边缘效应”（edge effect）对我们也助力甚多，这是指两种不同类型的栖息地的交界处往往具有更高的生物多样性。树林和草场，湿地与原生草地，或是任何两种栖息地交会的地方都有该现象。在这方面，霍普金斯河的作用尤为明显。它蜿蜒于两种不同的土壤类型之间，一边是由古老的第三纪沉积物所形成的土壤，另一边则是可能发生在35 000年之前的火山活动遗存所成的玄武岩土壤。霍普金斯河以东是生长着赤桉林的第三纪沉积物土壤，以西的平原则是芳草绿野的玄武岩土壤。我们很幸运地生活在富于自然多样性的地方。

我们认识到孤立的栖息地斑块会因为面积太小而无法发挥应有的功用，于是就建立起了“栖息地网络”，沿着不同围场的边界，用20 ~ 100米宽的植被多样林带，将面积较大的栖息地斑块连接起来。如此一来，野生动物就能沿着林带在网络内部更为自如地移动。我们更希望能收获农场生态系统的产物，而非榨取农场的价值，于是在不知不觉当中进入了再生农业（regenerative

下、右页：澳洲钟鹊幼鸟的水粉习作，以练习捕捉其神韵。

---

[23] 译者注：约翰·柯蒂斯（1913—1961），美国植物生态学家，对发展森林群落生态学中的定量分析方法做出了重要贡献。他的研究在实践和理论两方面都极大推动了生态学的进步。本书中提到的是柯蒂斯在1956年发表的《人类对中纬度草地和森林的改变》（*The Modification of Mid-latitude Grasslands and Forest by Man*），是《人类在地表变化中的角色》（*Man's Role in Changing the Face of the Earth*）一书的一个章节。

[24] 译者注：托马斯·洛夫乔伊（1941—2021），美国生态学家和著名环保主义者，他长期从事亚马孙雨林的研究和保护工作，向人们揭示了生境的破碎化将最终导致物种灭绝。他还于1980年将“生物多样性”（biological diversity）这个概念首次引入科学界，被誉为“生态及保护领域的一位巨人”。

farming）。然而，我们也愈发感觉到有个困难需要克服。通过与一些出类拔萃的博物学家交往，我们开始更加深刻地理解栖息地大小的重要性。格雷厄姆·皮齐是这些宝藏朋友当中的佼佼者，他的学识和想法总是大大领先于所处的时代。当时，探索可以支持自然永续的最小栖息地面积和孤立栖息地对于物种多样性的影响是一个方兴未艾的研究领域。我们的栖息地网络和廊道虽说总比什么都没有好，但还是太小了，无法维持足够的生物多样性。即便是在“开放式生态系统”这样的理念下，以相互连接的栖息地网络为基础，康尼瓦兰也不足以拥有够多够好的栖息地而独存于世。它需要与更为广阔的其他区域相连接。

幸运的是，在霍普金斯河上游约 20 千米外有处私人地产，其经营家族有着祖孙三代致力自然保护的傲人历史。那里还有一系列为植被环抱且彼此通连的状态良好的湿地。我们决定通过与相邻的土地所有者合作，尝试将康尼瓦兰和那里连接起来，在依托河道两岸建立廊道的同时也保护了河流。

彼时，研究者对于是什么构成了生态系统，以及能够实现自我维持的最小栖息地面积逐渐积累的认识也让我们受益良多。澳大利亚早期的白人居民以斧头和锯子为劳动工具，导致这里的原生植被逐渐萎缩、消退，并且被分隔成彼此孤立的斑块。1956 年，约翰·柯蒂斯（John T. Curtis）[23] 发表文章指出：在人为干扰下栖息地是如何迅速地、不易察觉地、彻底地破碎化和减少，残存的植被进而被分隔成为一个个“孤岛”。我们想在康尼瓦兰尝试的正是对这一过程进行补救。

这些孤岛般的栖息地里留存了一些被困在其中的原生物种，然而作为先前生态系统破碎化的遗迹，这样的环境极易受到影响。生态学家托马斯·洛夫乔伊（Thomas Lovejoy）[24] 在巴西亚马孙地区通过实验研究了生态系统破碎化的长期影响，为此他还专门创造了一个很有说服力的术语“生态系统衰退”（ecosystem decay）来形容该现象。他的研究表明生活在亚马孙雨林斑块的物种，在受到来自斑块以外的杂草、高温、干燥的风、害虫和竞争，以及斑块内部资源有限产生的双重压力之下，就会逐渐消亡。

多年以来，我们所在地的原生植被在农业开发、道路兴建、林业生产，以及各种人类活动的影响下已经支离破碎，仅存一些数量有限的栖息地孤岛。我们希望通过植树将这些栖息地连接起来，使残存的原生植被能够更好地形成网络。虽说被大片原始森林覆盖的区域早已荡然无存，但是仍存在面积足够大的孤立斑块值得被连接和保护起来。可是，只有我们西北边远处的格兰屏国家公园（Grampians National Park）还保留着明显的大块原生植被，而我们南边奥特维山脉的森林直到2005年才建立起大奥特维国家公园（Great Otway National Park）。

我们萌生了一个想法：通过保护和恢复本地区河流两岸的区域，就可能将格兰屏和奥特维以生态廊道的形式连接起来，这将有助于两个国家公园的长期存续。由河流和小溪组成的“骨架”经由人工植树来补充，就可以为相邻的农地提供遮阴、庇护和生态系统服务。

通过扩大范围，经由河流集水区建立起从山顶到河畔之间的联系，使连接更为稳固。在

左上：白脸鹭（*Egretta novaehollandiae*）的铅笔习作，这是多张习作里的一幅。

上：《水草丰茂之地》（*The Watering Place*），亚麻布油画，51 厘米 ×67 厘米。这张受委托所绘的画是一项有趣的挑战，浑浊的河水映照着晴空万里的蓝天，草地上公羊的原型出自我的牧场，如今它们生活在别人家的草场上了！

左页：《三原色》（*Primary Colours*），木板油画，41厘米×31厘米。起初我感兴趣于红、黄、蓝三种颜色元素的并列出现，后来该画作演变成了设计的技术练习，我采用文艺复兴式的四象限分法，将画面分为四个象限，两个填充主要的描绘对象，另两个则留白，二者达到和谐与平衡，在观者注视画面中心之前，这四个象限引导其视线在画面中循环，从而产生视觉的节奏感。该画于1989年在美国利·约基·伍德森艺术博物馆（Leigh Yawkey Woodson Art Museum）"艺术中的鸟类"年度特展上展出。

下：华丽细尾鹩莺的水粉习作。

很大程度上，这就成了一个规划问题。从我们自身的经验来看，土地的生产力和经营者的财务状况都能从中得到改善，科学研究也表明多数的土地及其业主可以获得类似的收益。随着计划的不断发展，它将涵盖约80万公顷的区域，包含绵延近200千米的廊道。该计划将创建一种开放式的生态系统，植被可以环抱每个围场，并给其中的农田和栖息地提供遮蔽，也能为农民提供生态系统服务。实现这一切需要谋划与热情，但是必须让参与的社区获益，让大家本着合作精神共襄盛举。

在城市设计中也可以实现类似的创新，通过廊道将城镇各处的公园和花园连接起来对大家都有好处，甚至在城市中也能践行栖息地互联的理念。英国的"蓝色运动"（Blue Campaign）旨在鼓励每家每户都在自己的庭园里匀出一部分空间留给自然，由此在城区建立起廊道，再由这些廊道连接到乡野，希望能扭转自然生态系统的衰退。应将总体的城市景观视为一个整体，而非一个个的私人财产，这样可以促进裸露地面的植被恢复。经由廊道连接的栖息地网络达到足够规模的话，或许能让自然环境的活力得到某种程度的恢复。

岛屿生态系统

查尔斯·达尔文在记录加拉帕戈斯群岛之行时曾写道："与同等面积大陆上的物种相比，栖息于大洋岛屿的物种数量少得多。"孤立区域的面积越小，所能承载的物种也就越少，无论个体数量，还是物种多样性，都不例外。因人为砍伐清理造成的栖息地斑块也是如此。

1984年，贾雷德·戴蒙德（Jared Diamond）[25]撰文指出自1 600年以来，计有171种及亚种的鸟类灭绝，其中90%的种类都来自岛屿。澳大利亚豪勋爵岛（Lord Howe Island）上灭绝的鸟类比同一时期非洲、亚洲和欧洲加起来的总和还要多。既然全球只有20%的鸟类生活在岛屿上，为何它们所面临的灭绝风险要比正常状况高出50倍之多呢？

远见卓识的科学家托马斯·洛夫乔伊在一个名为"最小临界面积生态系统"野外实验项目当中，比较了人工清理出的、不同大小的巴西亚马孙雨林孤立斑块对生物多样性的影响。他的研究清晰表明了斑块面积对于维系生物多样性的重要性。在较小的斑块中，大型食肉动物往往最先消失，紧随其后的则是大型食草动物。

起初，由于鸟类的数量看起来是在增加，它似乎也成了洛夫乔伊的研究当中唯一令人感到乐观的部分。鸟类的活动能力强，可以从被清理而成的斑块样地逃到周围仍保有的森林避难（该现象被称为"救生筏效应"），但是很快由于与森林当中其他鸟类的竞争和受限于已有的资源，它们的数量又开始下降，

[25] 译者注：贾雷德·戴蒙德（1937—），代表著作有《枪炮、病菌与钢铁》《第三种黑猩猩》和《昨日之前的世界》等畅销书，被誉为"当代少数几位探究人类社会与文明的思想家之一"。

从而与森林中可获取的生态位相匹配。种群过剩的现实也会导致鸟类数量的减少，以达到“恢复平衡”的效果。

更要紧的是，鸟类会持续地进一步减少。相比而言，有的物种表现得更有韧性，那些在获取食物方面跟其他物种关系更紧密的尤为如此。在行为和觅食方式上更为灵活的“泛化”物种就更有韧性，而“特化”的物种则更容易遭受不利影响。随着森林日益暴露于光照和周围气候，那些习性隐匿、偏好林间阴暗环境的种类，以及原始森林里明艳的大型蝴蝶变得愈发稀少。相反，那些生活在林缘、喜光的种类却得以侵入斑块内部，加剧了竞争。

沿着斑块的边缘，雨林树木开始变干而枯亡，它们倒下的时候还会殃及周围的树。外来的杂草侵入斑块，许多鸟类则消失不见。由于缺乏更大型捕食者的控制，小型捕食者兴盛起来。负鼠和犰狳的数量增加了一倍多，西猯和猴子也变多了。这些变化可能导致许多鸟类的消失，对地面筑巢的种类影响尤其大。

托马斯·洛夫乔伊的长期研究展示了物种之间相互联系的逐渐崩塌和自然环境退化的发生。他还描述出营养级联的次序，即当生态系统中一个组分缺失之后，便会触发一系列具有破坏性的变化。

圣诞岛

在封闭的自然环境中，仅仅是引入一个物种就可能造成连锁反应。1958 年 10 月，澳大利亚获得了圣诞岛的管辖权，岛上保存完好的雨林生活着独特的动植物，包括一些特有的鸟类和许多种蟹类。其中，色彩艳丽的圣诞岛红蟹（*Gecarcoidea natalis*）相当有名，它们在岛上的数量超过几百万只，承担起翻动土壤，保持其蓬松透气的作用。它们还会吃掉数以吨计的落叶，在清理雨林林下层的同时，还让养分重归了大地。

20 世纪 30 年代之前的某个时间点，细足捷蚁（*Anoplolepis gracilipes*）作为一种看似毫不起眼的域外来客出现在了圣诞岛。它们可能是伴随着源自西非的货物而来。细足捷蚁营组成联合拓殖者生活，即便在拥有多个蚁后的蚁穴内也能相安无事地共存。这样的蚁穴也被称为“超级帝国”。20 世纪 90 年代末期，它们的行为突然发生了变化。某些因素引发了巨大的“超级帝国”出现，有的占地面积可达数百公顷。所以，究竟发生了什么呢？

细足捷蚁会“放牧”吸取树木汁液的木虱，它们会保护木虱不受捕食者的侵害，以获取木虱分泌的蜜露。本来圣诞岛上的木虱较为罕见。但在 1996—1997 年，当地受到干旱胁迫的树木分泌出了更多浓稠而富含营养的汁液，这为木虱创造了更适宜的条件，也进而让细足捷蚁有了更好的生存条件。木虱数量的增加导致树木变得更虚弱，在被蜜露滋养的霉菌和真菌的侵蚀下常常死亡。这就让原本郁闭的森林开始变得稀疏干燥且杂草滋生。细足捷蚁的数量也节节攀升。

左下：根据在法国南部见到的在其巢穴外活动的赤狐幼崽所做的水彩及水粉习作。

右页：水粉习作，37 厘米 × 30 厘米。西澳大利亚库努纳拉（Kununurra）的一只红尾凤头鹦鹉（*Calyptorhynchus banksii*），伸展尾羽是鸟类的一种本能行为，这种姿态往往能充分展示鸟儿。

左页： 褐隼不同羽饰的水粉画，这是为澳大利亚皇家鸟类学会的期刊《鸸鹋》（*The Emu*）的一则简讯所画的配图，展现了褐隼的羽饰随年龄而发生的变化。

右： 彩虹吸蜜鹦鹉（*Trichoglossus moluccanus*）的铅笔画，为格雷厄姆·皮齐所著《鸟类的庭园》某个章节创作的题图。

细足捷蚁是凶狠的捕食者，能够从腹部的腺体喷射出蚁酸。小型哺乳动物、爬行动物、地栖性昆虫和原本无处不在的蟹类都受到了严重影响，有的甚至濒临灭绝。圣诞岛红蟹的眼睛会被蚁酸致盲，在丧失觅食能力的同时，反而为细足捷蚁提供了更丰富的食物。在蚁群兴盛的地方，圣诞岛红蟹被赶尽杀绝。这种状况改变了岛上雨林的面貌，没有了红蟹，林下层变得愈发茂密，雨林“窒息”，栖息地改变，像圣诞岛鹰鸮（*Ninox natalis*）这样的种类失去了家园。与此同时，非洲大蜗牛（*Achatina fulica*）这样的次级入侵物种开始在岛上站稳了脚跟，原本它们的数量由圣诞岛红蟹所控制。这一切的变化都始于引入了一种蚂蚁。

目前还不清楚细足捷蚁对鸟类、鸟卵、树栖动物和昆虫的影响，但是砍伐和采矿已经导致了雨林的破碎化，加剧了环境的破坏，也令孤立的雨林斑块更加岌岌可危。

夏威夷

另一个看似无关紧要的人为引入，也给夏威夷封闭的岛屿生态系统造成了难以弥补的破坏。19 世纪初，一艘到访的英国船只在夏威夷补充淡水，船员们先清空了储存的陈水，再给水桶灌上洁净的淡水。

然而，这艘船排出的陈水里有一种从墨西哥带来的蚊子幼虫，这些幼虫在夏威夷羽化并繁衍壮大。它们很快就席卷了整个群岛，随着本土鸟种的逐渐灭绝，原来的鸟鸣声逐渐为蚊子的“嗡嗡”声所取代。传教士饲养的家禽携带的一种强大的鸟痘病毒，以及另外一种会导致禽疟疾的寄生虫，都开始经由蚊子传播。最终，当地海拔 600 米以下低地生活的本土鸟类都逐渐灭亡了。

部分夏威夷原生鸟类有着长且弯曲的喙，已演化适应了本土植物长且弯曲的管状花朵，由此，这些本土植物也就失去了传粉者。缺乏一路协同演化而来的鸟类伙伴为其授粉，一些本土植物也开始消失了。

授粉

白垩纪开始出现了具有雄性和雌性生殖特征的开花植物。与此同时，最早的现代昆虫类群也走上了历史舞台，这当中就包括授粉昆虫的祖先。为了吸引和鼓励授粉昆虫访花，植物演化出饱含糖分的花蜜，以及富于蛋白质和营养成分的花粉。植物和传粉者由此开始了协同演化，导致各自的结构都发生了优化，以利于彼此之间的协作。

许多澳大利亚植物能够提供大量的花蜜来回馈传粉者，并且相当依赖鸟类来授粉，尤其依赖吸蜜鸟、吸蜜鹦鹉和红尾绿鹦鹉（*Lathamus discolor*）。后者并非一种吸蜜鹦鹉，而是跟玫瑰鹦鹉的亲缘关系更近。它跟吸蜜鹦鹉的相似也正是趋同演化的一个例证。植物和鸟类2 000万年来都在协同演化，因此花朵的结构跟鸟类的喙形及舌头结构相匹配，这使得鸟类在获取花蜜的同时能够完成授粉的任务。许多树种演化出黄色或红色的花，这样的颜色对鸟类尤其具有吸引力，昆虫则偏好紫外光谱段没那么热烈的颜色。每种澳大利亚植物都与对应的一种授粉者演化出独特的合作关系。

由于鸟类具备敏锐的视力，桉树的花便以鲜艳的花蕊簇拥着中央盛满花蜜的木质萼筒来吸引其注意力。它们的花瓣已变成一个有着保护作用的花盖，当准备好传粉的时候就会脱落。

小型哺乳动物和许多昆虫也会被鲜艳的花朵所吸引，但若是站在一棵花期正盛的桉树下面就更能体会到鸟类的重要性了。吸蜜鹦鹉本就喧嚣的叫声和哨音，因为前来争夺花蜜控制权而咄咄逼人的吸蜜鸟，变得更加嘈杂。小型的吸蜜鸟谨慎地在花丛中飞来飞去，抓紧在被较大的吸蜜鸟赶走之前取食花蜜。空气中弥漫着的浓浓的花蜜香味，正是植物和鸟类之间合作关系的明证。

红千层和白千层的花有着跟桉树花相似的结构，但它们偏向于在枝头形成如瓶刷状艳丽而浓密的花簇，相当引人注目。它们分泌出的花蜜会吸引来各种各样的传粉者，包括蝇类、黄蜂、甲虫、蝴蝶、蛾类、哺乳动物及鸟类。

正如其名字源自古希腊神话里变幻多端的神灵普罗透斯（Proteus），澳大利亚的山龙眼科（Proteaceae）植物也极大程度地展现了结构上的创新，该科包括了银桦属（*Grevillea*）、佛塔树属（*Banksia*）、荣桦属（*Hakea*）及其他一些种类。

山龙眼科花朵的花柱以令人惊讶的方式发生了演化，它先能释放花粉，然后又能接受花粉。其结构使得任何想要获得花蜜的鸟类几乎都会接触到花柱，花粉也就被轻轻地沾染在鸟类的头部。花粉的结构也优化了，使其适应于附着在羽毛的羽片上，以便于被携带到另一棵处于不同生殖阶段的树上。

几天或更长的时间过后，完成了雄蕊角色使命的花柱会转换成雌蕊的形式，长出黏性十足的顶端以便接受其他鸟儿头部带来的花粉，这种方式保证了以花授粉，有助于维系更高的遗传多样性。

花朵与鸟类之间协同演化的合作关系在澳

上：大叶蝉（*Eurymeloides pulchra*）的铅笔画，为格雷厄姆·皮齐所著《鸟类的庭园》某个章节创作的题图。

右页上：冠钟鹟（*Oreoica gutturalis*）的铅笔画，干旱荒野里那节奏明快、富于韵律的鸣声就来自它们。

右页下：《荒原野犬》（*Desert Dingoes*），亚麻布油画。在西澳大利亚基思山牧场创作的画作，展现一个水源地周围脆弱的土地上发生的过度放牧及严重的土地退化现象。前景是一年生的滨藜属植物，背景是无脉相思树灌丛林。澳洲野犬和绵羊头骨则给整个画面增添了肃杀的氛围。

大利亚随处可见。管状的花朵就与吸蜜鸟长且弯曲的喙相匹配，当后者将喙深入花中吸取花蜜时，花粉就会被沾染到它们的额头。短的花朵则适配于喙短的鸟类，长期的协同演化形成的植物和鸟类之间互惠互利的例证数不胜数。但也有不劳而获的盗贼存在。像灰胸绣眼鸟这样的种类，狡猾地学会了切开管状花朵的基部，以反套路的方式盗取花蜜，绕过了给植物授粉的环节。

左：班克树（*Banksia integrifolia*）叶和果的铅笔习作，最初是右页受委托画作的练习。

右页：铅笔画，21厘米×29厘米。黄翅澳蜜鸟（*Phylidonyris novaehollandiae*），展现它们充沛的活力和持续的互动。

煤矿中的金丝雀

澳大利亚有着比许多国家更为不堪的物种灭绝历史，并且发生在相对短的时间段内。早在达尔文于1859年11月出版划时代的著作《物种起源》之前，第一批欧洲移民就抵达了澳大利亚。达尔文的妻子是一位信仰坚定的基督徒，他由此敏锐地意识到自己的观点会遭致信众们的反感，这也成了他推迟出版该书的部分原因。如果人们认为是上帝创造了所有的生命，他们又如何能设想灭绝的概念呢？人类对土地的影响无疑受到上帝创造力的支配，本质上能被视作上帝的旨意吗？若是自然界由上帝创造并控制，那它岂不是可以永恒地再生？

1662年，渡渡鸟（*Raphus cucullatus*）在被外界发现大约仅100年之后，种群衰落至完全灭绝。起初，它的消亡几乎没有引发关注。但奇特的外形、不会飞行和不惧生的习性，让渡渡鸟不堪一击的同时，也让它获得了知名度。在最终认识到渡渡鸟已彻底灭绝后，人类在意识上受到了一次强烈的集体冲击。有史以来，第一次可以如此明确地将一个物种的消失归咎于人类的活动。航行经过毛里求斯岛的水手们为补给新鲜肉食而不断捕杀渡渡鸟，随舰船舶来的入侵哺乳动物的捕食更是让情况雪上加霜。

大海雀（*Pinguinus impennis*）是一种曾常见于纽芬兰东南近海岩石岛屿的不会飞行的海鸟。但是到了19世纪30年代，它们的数量已变得极为稀少。渔民们曾喜欢捕捉大海雀的幼鸟来做鱼饵，1841年左右，北美地区最后一批大海雀在芬克岛（Funk Island）被赶尽杀绝。仅仅几年之后，世间再无大海雀。1844年，在冰岛西南部一座陡峭的岩石小岛上，已知的最后一对大海雀被人猎杀。

达尔文所担心的科学与宗教之间的冲突加剧了。站在今天的立场指责当年想在澳大利亚这样的陌生环境中立足的早期欧洲移民并不公平。那时，人们还没有物种灭绝和可持续发展的概念，又过了一个世纪之后这些理念才广为接受。

如今我们了解人类居所的扩张会导致栖息地的破碎化，被孤立的斑块终将失去其生物多样性，生态系统也会走向衰退。我们还认识到生态系统中物种之间相互依赖的复杂程度，认识到一个物种的消失或是另一个物种的引入将对其他生物产生的级联效应。

每年的某些时节，当有的树种达到盛花期时，在枝叶间忙于采食花蜜或花粉的鸟类发出的“叽叽喳喳”的叫声，与忙碌的昆虫发出的“嗡嗡”声交织在一起。此情此景，很容易让人相信自然生生不息。

然而，多年来我们已经意识到生活在林地里的鸟儿在减少，在新南威尔士州的西部尤其如此。如今全世界也都在关注昆虫数量的减少。假如这样的情况持续下去呢？树木和其他植物将会失去传粉者，它们繁殖周期里的重要一环将会缺失。渐渐地，可能只剩下老去的、不再有繁殖能力的植物陪伴我们。随着它们因疾病和衰老而死去，剩下的植被将变得更为老朽和稀疏。若是没有了授粉的物种，我们的作物也将消亡，人类将面临严重的粮食短缺。或许我们林地间日渐安静的鸟儿正在发出一种预警，如同早年间被矿工带下煤矿的金丝雀会因一氧化碳中毒死去，从而给人以警示一样。

澳大利亚新的开发计划不成体系且多是被动而为。我们可能需要更加积极主动地去规划发展，需要认识到景观及生态系统的价值，保持互相连通的栖息地网络，以维系城市和农村地区的可持续发展。

2019年3月1日，联合国大会宣布2021—2030年为“生态系统恢复十年”。在将这一号召变为现实之前，需要诸多的谋划。我们已保留的栖息地大多都太小而难以为继，甚至连国家公园都显现出生态系统衰退的迹象，预防性的计划烧除可能还加剧了这种状况。用廊道将剩余的栖息地斑块连接起来，能够让各种生物在不同地点之间更为自由地移动，从而创造出更具韧性的生态系统。

人类所拥有的智慧理应让我们能够预见自身行为的危害性：超出所需的浪费，将过时或损坏的物品轻易丢弃，让塑料垃圾充斥海洋，过度地使用自然资源，毒害我们赖以生存的环境，以及毁掉我们在地球上延续下去的机会。我们似乎连自身的未来都漠不关心，更谈不上顾及地球，以及生活在这颗星球上其他生命的未来。我们依然愿意相信通过技术的不断进步可以弥补对环境造成的破坏。但是正如奥尔多·利奥波德（Aldo Leopold）[26]早在1938年就已指出的那样，我们仍未吸取最简单的教训，即“如何在不糟蹋土地的前提下占据它”。我们西方世界信奉的经济体系追求持续的增长，这与自掘坟墓的灾难相去不远。

霍普柯克博士（Dr. Hopkirk），作为一个从名字来看，就暗示了其参与莫特莱克长老会教堂活动均系自愿的人[27]，有时会以这样的句子开启祷告：“主啊！我们是多么的自命不凡哪。” 简直是一针见血！

湿地恢复

在康尼瓦兰进行的湿地恢复对环境产生了最为显著的影响。我们开始恢复先辈们辛勤排干的湿地，这点让我父亲感到震惊，至少有些担忧。其中最大的一项举措是在一段河滩上筑起了长400米、高3米的土墙用来拦蓄洪水。这使得大约26公顷的土地被一米深的水所淹没，在没有雨水或额外洪水补给的情况下能够维持这种状态大概18个月之久。

当这片湿地第一次注满水的时候，景象相当壮观。由于这里之前是草场，能为水鸟提供充足的食物。大约5 000只各种野鸭很快就出现了，另有大概200只天鹅和数量庞大的鸻鹬类。在水淹之前，我拖来了一些“漂木”放置在河滩上，为了防止这些倒下的赤桉大树在被水浸透变沉之前被冲走，我将它们固定在了河滩上。我还在倒木上装了各式各样的巢洞和巢箱，以为雁鸭类的繁殖创造条件。我还放了一些大的旧干草垛，在淹水之后能够给澳洲鹤和黑天鹅（*Cygnus atratus*）提供筑巢的地方。因为在湿地长出足够多的水生植物之前，我觉得澳洲鹤和黑天鹅应该会缺乏筑巢用材。果不其然，这两种大型水鸟在第一年就利用了草垛进行繁殖。

随着我们建立起了湿地，蛙的种类和数量明显增加，自然地捕食蛙的蛇类数量也跟了上来。虎蛇尤其偏好将湿地间的廊道作为栖息地。伴随着栖息地类型的多样，我们在康尼瓦兰记录到的鸟类种数增至207种，几乎占了全澳大利亚鸟种数量的四分之一，比我祖父和我父亲各自记录的114种及141种都要多。

右页：《起飞》（*Take-off*），澳洲鹤的水粉素描，澳洲鹤在康尼瓦兰很常见，时常出现在我们的围场。

[26] 译者注：奥尔多·利奥波德（1887—1948），美国作家、哲学家、生态学家和环境保护主义者，他在现代环境伦理的发展和荒野保护运动中起到了重要作用，所著的《沙乡年鉴》（*A Sand County Almanac*）被翻译成14种语言，影响深远。

[27] 译者注：“霍普柯克”是一个苏格兰姓氏，源自北方中世纪英语，其原意指“山谷+教堂”（valley among hills+church）。

澳洲鹤

由于大量的沼泽被排干用作农业生产，澳洲鹤不得不适应改变后的环境。通常它们偏好便于观察四周的隐蔽场所，但在有些情况下却被迫妥协，在寻找繁殖地的时候更是如此。曾有一些澳洲鹤在不可思议的地点筑巢的记录。人们曾在维多利亚州西部村镇海伍德（Heywood）的排水沟里发现过一个澳洲鹤的巢，另有一个巢则在高速公路弯道内侧一个供牲畜饮水的小型水坝边上，距离呼啸而过的车辆仅有几米远。这些状况似乎都是澳洲鹤激烈争夺条件良好的沼泽繁殖地的结果。20 世纪 80 年代初，在隔壁邻居的土地上发生过一起类似的争斗，位置就紧挨着我们的牧场。4 只澳洲鹤为了争夺一片沼泽而大打出手，最后以其中一只鹤丧命而告终。作为一位出色的鸟类学家和自然摄影师，戴维·霍兰德斯博士在维多利亚州韦里比（Werribee）附近的墨尔本大都会污水处理厂的农场上也见证并且拍摄过类似的冲突。他的照片显示一只澳洲鹤在急速降落的时候，几乎直接骑在了另一只鹤的身上，想必是将它那令人生畏的尖长的喙刺向了对手。

2001 年，一对看起来比较年轻的澳洲鹤夫妇在康尼瓦兰某个围场的一小片沼泽里筑巢。这片围场曾被称作古姆灌丛，但我们刚回到康尼瓦兰的时候，这里只剩下一棵活着的树（几十年前，就是在这片茂密灌木林里有位姑娘走失过）。我们在围场里竖起了栅栏，圈起一片比 2 公顷稍微大点儿的区域，希望原生植被得以恢复。这片区域旁

左：铅笔习作，15 厘米 × 24厘米。拉氏沙锥（*Gallinago hardwickii*）害羞又警觉，通常在每年春天抵达康尼瓦兰的霍普金斯河边觅食，我在一辆旧福特车旁边用羊毛捆搭了一个掩体来观察它们。

右页：小幅的澳洲鹤水粉画，专为藏书票图案展览创作，意在简约、宁静和优雅。

边还有一小块沼泽，我们排干了它周围的区域，使其形成富有吸引力的季节性水草丰茂之地。那对澳洲鹤就是选在这儿筑了巢。

这片浅碟状的沼泽面积大约 2 公顷，四周用悬索围栏围着，里面还种了小树以防止夏季吹拂的热风蒸发水分。围栏外是小麦、大麦和油菜等农作物。整片沼泽都注满了水，深度约 30 厘米，由于长有茂盛且高大的水草，几乎看不见水面。

沼泽的东北边缘有一方环绕着小片植被的开阔水域，这就是澳洲鹤的巢了。澳洲鹤将水里的植物拖出来垒成高出水面的巢址，也让水面露了出来。

那个时候我的朋友戴维正在写《澳大利亚的鹤、鹭和鹳》（*Cranes, Herons & Storks of Australia*）。我知道他需要拍摄澳洲鹤的巢，就告知他这对鹤的存在。戴维 10 月来到康尼瓦兰，我们在沼泽周围的树林里搭起了掩体，距离巢 50 米左右。因为这些机警的鸟儿很容易受到惊扰，戴维用伪装网仔仔细细地遮住了掩体。

我们小心翼翼地将掩体搭建起来，两只澳洲鹤也一直留在沼泽里活动。事实上，当我们离开的时候，其中一只果断地走回巢内，俯下身用自己的喙小心地调整了鹤卵的位置，然后继续孵卵了。

第二天下午，戴维大部分时间都躲在掩体里观察和拍摄那对鹤。它们显得很放松，完全不受掩体的影响。（这里的关键是要让鸟类看到“一个人进入掩体”和“一个人离开掩体”的完整过程。只有一人抵达或是一人离开会让鸟类感到惊讶，从而完全回避掩体。虽说它们能够清楚地分辨一个人和更多人，但当有人前往掩体造成惊扰时，它们在看到一个人离开之后，便默认掩体内不再有人，从而感到安全。）当我前来替换戴维的时候，他告诉我他曾用一个掩体来拍摄啸鸢，在凌晨趁着夜色掩护先躲了进去。整个拍摄过程中，啸鸢都很放松。但

是当拍摄结束的时候，他突然钻了出来，把啸鸢吓了一跳，自此啸鸢就再也不接近掩体了。它们记住了掩体跟人类存在联系，相应地也就会回避。

戴维有信心跟这对鹤建立起长期且宝贵的联系。然而，不幸地事与愿违了。第三天早上，当我们走近沼泽，仍被树木所遮蔽时，就惊讶地听到了鹤发出的响亮叫声。一般来说，澳洲鹤在自己的巢附近都相对缄默。我们绕过树丛定睛一看，有只鹤站在巢边，旁边还有一只，不远处则站着另外两只。就在我们眼皮底下，巢边的两只向另外两只猛扑过去。但在察觉到我们的存在之后，所有的鹤都腾空而起飞走了。

由于不确定是什么原因导致了这样的场面，我们还是走进了掩体，从那里看到鹤卵已不在巢内，被扔进了水里。两枚卵上都有一个破损的地方，从大小和形状来看，应该是由澳洲鹤的喙造成的。我们俩都为所发现的一切感到心烦意乱（戴维尤其难过，因为他向珍妮保证过不会惊扰到我们围场里的这对鹤，否则就禁止他再来康尼瓦兰！），不知道该怎样解释这事。出于“死马当活马医”的心态，戴维留在掩体里想看看接下来会发生什么。

我离开后不到一分钟，那对澳洲鹤就回来了。据戴维的描述“它们不顾一切地冲回巢”。雌鹤双脚刚站到巢上面，就开始忙着收集水草来修补破损的地方。接着雄鹤也加入进来，它们面对面，伸直脖颈，长喙向天，发出夫唱妇随的悠扬“二重奏”。当这种增强配偶之间联系的优美仪式结束后，雌雄鹤又一道巡视了这块曾作为它们繁殖场所的沼泽地的边边角角，偶尔会停下来继续配对仪式，雌鹤间或急急忙

忙地赶回巢内，可能还心存两枚卵安然无恙的侥幸。雄鹤则时不时展开两翼高高跃起，展现出鹤类盛名在外的典雅“舞蹈”。

最终，两只鹤迎风转身，向前伸展脖颈，在短暂的助跑之后轻盈地腾空而起，离开了这片伤心之地。

留在原处的戴维和我讨论起发生的这一切意味着什么。我们目睹了一对澳洲鹤攻击了另一对同类的巢，看起来是如此地无可挽回。可是，为什么会成这样呢？适宜筑巢地点的稀缺似乎造成了幸存鹤之间激烈的竞争。我们还发现在慕思腾斯溪（Mustons Creek）有另一个澳洲鹤的巢，距离古姆灌丛的这个最近。恰恰是在争斗发生前，这对鹤的巢和卵毁于洪水之中。若是这样便引发了繁殖失败的澳洲鹤夫妇向邻居同类发起如此坚决的攻击，实在是不同寻常。

繁殖季

在我们的大型湿地被注满水的第一个季节里，各类生物就展现了极为活跃的繁殖活动。被水淹掉的牧场和其中积累的营养物质为各式各样的生命提供了便利。湿地形成的第一个春天就有好几种蜻蜓在此繁殖，它们的幼虫水蚤成了许多其他物种的美餐。灰翅浮鸥（*Chlidonias hybrida*）也筑巢繁殖了，它们的卵安然地待在我事先放置的赤桉“漂木”表面的凹陷处。灰翅浮鸥主要就以水蚤来喂养自己的雏鸟。澳洲紫水鸡、鸻鹬类、野鸭，各种类的水鸟都在此筑巢繁殖，抚育后代。遗憾的是，如此集中且暴露的幼鸟也引来了多种猛禽的关注。由于这块湿地地势较为低洼，水面上的鸟儿往往直到最后一刻才注意到高速接近的猛禽。沼泽鹞（*Circus approximans*）和澳洲燕隼尤其擅长此道，它们会以最快速度贴着水边的堤岸掠过，期望能抓住某只仓皇起飞、疲于奔命的受害者。

虽是大型水鸟，黑天鹅和澳洲鹤却会靠近许多鸻鹬类活动。我曾目睹过一对澳洲长脚鹬（*Himantopus leucocephalus*）将一只正在觅食的澳洲鹤赶出自己的巢区。长脚鹬在澳洲鹤上方反复俯冲，并用排泄物“轰击”后者。澳洲鹤显得很不自在，迈着大步躲开了。

出乎意料的是，面对猛禽的频繁袭击，水鸟们以改变筑巢行为来做出回应。我搬来了一个儿童用的小木屋充作掩体，从中观察到原本筑地面开放巢的种类搬到了巢箱里面。澳洲紫水鸡（*Porphyrio melanotus*）和澳洲硬尾鸭（*Oxyura australis*）就做出了这样的改

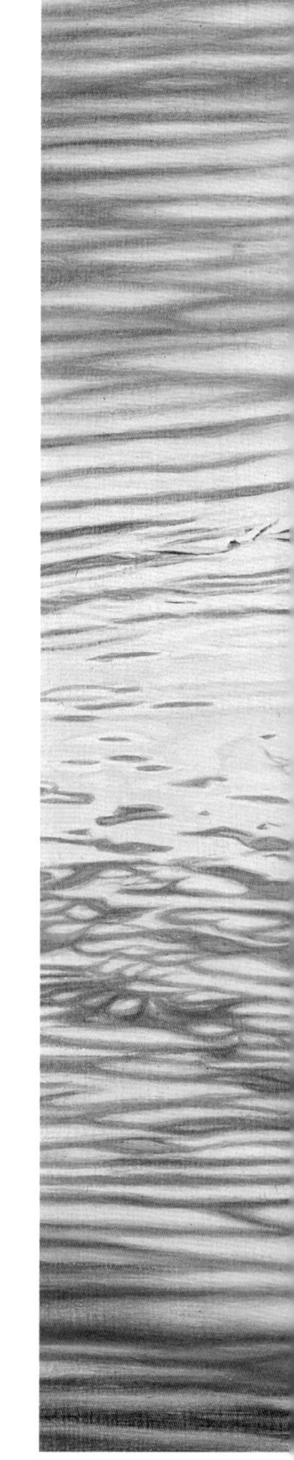

左页上：《澳洲鹤鸣》（*Bugle Call*），水彩画，21 厘米 ×19 厘米。鸣叫的澳洲鹤的素描习作，以展现如第 99 页中所描述的在康尼瓦兰发生的鹤类之间的对峙。

上：《暮色中的黑天鹅》（*Black Swan at Dusk*），亚麻布油画，30 厘米 ×40 厘米。描绘暮光之中优雅天鹅的小幅画作，天鹅本身的形象已经简化，近乎剪影。

变，让我感到非常惊讶。此前在康尼瓦兰从未有过澳洲硬尾鸭的繁殖记录。在某个宁静的傍晚，我观察到雌性硬尾鸭领着自己刚孵出的小家伙们从巢箱里出来，到水面上活动。它带着鸭雏们从掩体的窗前走过，距离坐在里面的我仅一两米远。如此近距离地俯视它们是绝妙的观察体验。从上面看，雌鸭呈现出令人惊讶的圆形，周围一圈簇拥着毛茸茸的鸭雏们。

这个阶段的鸭雏极其脆弱，雌鸭肩负着保护孩子的重大责任。在城市湿地这样人来人往的地方，显然雌鸭越是温驯不怕人，就越容易失去自己的鸭雏。

多年以前，一位在父亲牧场工作的年长员工讲过一只坚强且野性十足的鸭妈妈的故事，为了保护自己的鸭雏，她勇斗前来掠食的沼泽鹞。他说自己某天正骑着马在围场上查看牲畜，就来到了一处大型牲畜饮水坝边上。他注意到

上：黑白扇尾鹟（*Rhipidura leucophrys*）幼鸟的水粉习作，幼鸟们才刚刚离巢。

左下：上幅习作的铅笔素描。

右页：棕胸麻鸭（*Tadorna tadornoides*）鸭雏的水溶彩铅习作，小家伙们仅出生两天，鸭雏往往个性十足，花再多时间为它们画素描都值得。

水面中央有一只雌性太平洋黑鸭和她的一群鸭雏，大概有十一二只的样子。空中一只沼泽鹞正在发起攻击，鸭雏们紧紧地围在雌鸭周围。每当沼泽鹞俯冲下来企图抓走一只鸭雏时，雌鸭就会竖立起身体挡在前面，并用两翼不断将水击打向敌人。趁着每次袭击的间隙，雌鸭还镇定地引导孩子们游向岸边的芦苇丛。沼泽鹞一遍又一遍地发起冲击，雌鸭每次都成功地击退了它。雌鸭明显愈发疲惫，但好在最终将鸭雏们带入了芦苇丛的安全地带。鸭雏们一下就躲了起来。此时，已经有些乏力的沼泽鹞注意到了变得虚弱的雌鸭，随即转移了攻击目标。雌鸭继续成功退敌，但终究是力竭了。生死一决的时刻就要来了。沼泽鹞再次朝雌鸭俯冲，伸出利爪想要抓住它。但这一次雌鸭改变了策略，她用喙叼住了沼泽鹞一根长长的初级飞羽，然后拖着敌人潜入水中。最后，雌鸭设法在水下缠住了沼泽鹞，将这只“空中猎手”活活淹死了。

或许这真的是一次“残酷”的死亡，但我并不太确定。人们总是倾向于用恐惧、痛苦或悲伤这样的特质来形容类似的事件。但可能情况比我们所想象的更为温和。较之其他死法，溺亡被认为是相对仁慈的一种。我记得多年前有一次在斐济差点儿淹死，当时自己对此有过切身的体会。

人们还很容易将雌鸭的行为视作勇敢，但如此拟人化的情感并不恰当。那只太平洋黑鸭不过是遵从自己强烈的母性本能，击溃了危险的捕食者。

但我确实目睹过一件事，让人很难不从人类情感的角度进行解读。那次，我找到了一个白颈麦鸡的巢，当中有四枚橄榄绿色的卵，

其上带有深色的点斑和条纹。每枚卵都一头大一头小，小而尖的一端冲里，整齐地卧在地面的一个浅凹之中。由于白颈麦鸡的卵伪装得相当好，我突然就想，既然我或者捕食者都不易发现这窝卵，那么白颈麦鸡如何找到自己的巢呢？于是，我将白颈麦鸡从巢中惊飞，再退到一段距离之外开始观察。

在接下来的几天里，我重复了这样的把戏多次，由此发现这只白颈麦鸡每次都依照特定的路线返回自己的巢。它先是跑向一个腐烂树桩的残骸，再从那里走向一块圆形的玄武岩块，然后走向一块平躺在地面宽而扁平的石头。从这块石头开始，它就沿正北方向回到巢内。

我所在的位置是一片沼泽边沿，岸边着生的低矮树木组成了一小片树林。我观察白颈麦鸡的地点就在树林的尽头。我正在观察白颈麦鸡的时候，不远处地面上的一只黄尾刺嘴莺吸引了我的注意力。这种鸟经常在树林边觅食，不过此时正值春季，它并没有在找东西吃，而是在搜集巢材。说得再具体点儿，它是在收集羽毛作为自己巢内的衬垫。一根从天鹅胸前脱落的羽毛将它吸引了过来。

根据用途的不同，羽毛呈现出各种形状与大小。雁鸭类身上覆盖的体羽大多致密且弯曲，用来保护其下的绒羽不被水浸湿。这根天鹅的羽毛弯曲的弧度恰到好处，非常适合垫在刺嘴莺的巢里面。

你很难不去想象这只黄尾刺嘴莺发现这根羽毛的时候，脸颊上会露出抑制不住的喜悦表情。它衔起这根跟自己差不多大的羽毛飞向空中，要赶忙回到巢中布置。然而，这可不是一根普普通通的羽毛，它有着自己的空气动力学特性。每当黄尾刺嘴莺达到飞行速度的时候，弯曲的天鹅羽毛就会将这只可怜的小鸟掀个底朝天，使其摔落在地。它困惑地上下打量了羽毛片刻，然后又衔起来，再度尝试飞走。结果，它不由自主地做出了一个别扭的半屈体动作（难度系数3.8），又非常难堪地摔在了地上。这回它花了更长的时间疑惑地注视着羽毛，要放弃如此合适的巢材谈何容易。于是它进行了第三次尝试，又遗憾地功亏一篑。最后，它看起来心情复杂地瞥了羽毛一眼，放弃徒劳的努力飞回了树林。

这个事件看起来是如此的滑稽，让人很难不去同情可怜的黄尾刺嘴莺，也很难不将人类的情感投射到它的行为上面。

左页：描绘觅食中的澳洲长脚鹬的野外写生，它们是如此优雅又充满活力。

右：水粉习作，25 厘米 × 20 厘米。展示一只成年澳洲燕隼的羽饰。

猛禽

对有些人来说，猛禽从我们新创造的湿地里捕食了如此多的幼鸟，实在难以接受。我并不这么认为。它们有了更多的捕食机会，只是因为湿地里有许多鸟在繁殖而已。猛禽就是为捕猎而生的。事实上它们还是一种演化的驱动力，会将不那么适应的猎物个体从生态系统中移除。

某个傍晚，我在湿地边见到一只雄性游隼高速掠过山坡。当时有一群爪哇灰鸭正在水面上空盘旋，这是野鸭们经常会有的行为。游隼故意飞到鸭群的上方，还伴随着它们飞了一会儿。我想它是在挑选一个容易下手的目标吧。拿定主意之后，它开始切换到俯冲模式高速地穿过鸭群，直至得手。它从背后和两翼的基部牢牢地抓住猎物，就像是坐在爪哇灰鸭的背上，将其带离水面上空的鸭群。当它飞过陆地时压迫着爪哇灰鸭降到地面，喘了口气之后，就开始拔猎物的羽毛。趁着游隼正忙的时候，我试图悄悄地向前靠近一些。结果手上的动作有些过大，吓到了游隼。它起飞的时候松开了抓着爪哇灰鸭的利爪，那只爪哇灰鸭竟然挣脱开来，飞过水面重新加入了鸭群。随着大伙一道降落后，它开始抖动整理羽毛，几乎立刻就以你能想到的最为放松的姿态梳理自己。我好奇刚刚死里逃生的经历对它而言是多么的可怕及痛苦，但看起来也没什么大不了的。

正常情况下不会发生这样的事，我也好奇自己的出现是否影响了游隼的发挥。当隼击杀鸟类猎物的时候，几乎总是遵循一套严格且固定的程序。它上喙端钩曲的后方有两个小而锋利的凸起，被称作齿突，左右各有一副。利用齿突，隼可以感知猎物颅骨底部的颈椎，并可以咬穿脊椎让猎物瘫痪。随后，它会握住猎物两翼上肩关节附近的那截肱骨，猛地向上一扯，将一侧折断。接着再折断另一侧。到了这个阶段，猎物应该已经死了，或者至少动弹不得，飞不起来了。但为了确保万无一失，隼接下来会抓住并折断猎物两腿的跗骨。这样即便猎物能挣脱，也没法再逃走。想想隼的这种本能行为如何演化而来是不同寻常的，因为捕猎永远充满着不确定性，所以对隼来说，错失已经到手的猎物可能会危及自身的存亡。

小时候，我读过很多有关人类对待猛禽的内容，至今还能记起那些猛禽沦为人类手中猎物的情形。农夫尤其倾向于杀死猛禽。然而，消灭猛禽并不会让生态系统变得强大。相反，这种行为只会削弱生态系统，爪哇灰鸭的成功逃脱也绝非一次胜利。它所受的伤并无大碍，还能活下去吗？我不知道答案，但是显然它的逃出生天意味着定会有别的鸟类被游隼捕食。毫无疑问，游隼已经开始又一次的捕猎了。

在澳大利亚曾有过遭射杀的楔尾雕成排地被挂在围栏上的悲惨场景。农夫确信它们捕杀羊羔而罪有应得。我的个人理解是大多数的动物在能量使用上都天生保守，会采取最为容易的方式来获取食物。因此，如果一只雕要吃一只羊羔，通常它会选已经死了的个体，或者至少是一只病恹恹的乃至垂死的羊羔。雕选最小或最弱的个体最容易得手，而农夫则希望留下最大和最强壮的个体，因此他们以一种看似南辕北辙的方式，殊途同归了。其实，雕是在帮农夫的忙。

当然，相反的情况也有发生。某天，我从当地的小镇开车返回康尼瓦兰，我女儿斯凯也在车里。正当我们穿过牛群进入前方的围场时，出现了一只深色且巨大的楔尾雕——在流经我们土地的霍普金斯河畔筑巢的那一对楔尾雕里的雌雕。跟雌雕一起的还有只年轻的雌性幼雕，看起来不久前才出飞离巢。雌雕正在向自己的女儿示范如何杀死一只羊羔。它既没有选择特别羸弱的个体，也没有去碰尤为健壮的个体。目标是一只约三个半月大、典型的细毛羊羊羔。雌雕抓着羊羔的腰部，后者的肾脏已经被它那令人生畏的雕爪给钳碎了。

所以，楔尾雕是可能杀掉羊羔的，但我清楚霍普金斯河边的那对雕带回巢的最后 5 个猎物分别是 1 只蓑颈白鹮、2 只欧洲野兔（*Lepus europaeus*）和 2 只长嘴凤头鹦鹉（*Cacatua tenuirostris*）。我没法知道楔尾雕究竟是自己猎杀的猎物，还是捡拾的路杀个体，但迹象表明它们并没有将习惯性地捕杀羊羔作为主要的

上：澳洲灰隼（*Falco hypoleucos*）与冠鸠（*Ocyphaps lophotes*），水粉画，36 厘米 ×43 厘米。在斯特爵雷茨基洪泛平原（Strzelecki floodplain）的梅尔蒂·梅尔蒂牧场观察巢内的澳洲灰隼和它们捕猎之后绘制的作品。

食物来源。

美国牧场主曾通过在空地上拴一只羊羔来证明金雕（*Aquila Chrysaetos*）确实爱吃羊，但显然被拴住的羊羔会紧张，也就更容易被飞过的金雕选作目标。

后来的几年里，康尼瓦兰边上建起了一个燃气发电站，那儿有个烟囱会排放高达800摄氏度的水蒸气，也就为盘旋的楔尾雕提供了现成且稳定的热气流来源。在我们产羔围场的上空经常能见到翱翔的楔尾雕。截至目前，我们并没有注意到羊羔被捕食的概率变高，反而对与楔尾雕为邻倍感欣慰。

从我记事开始，楔尾雕就在康尼瓦兰筑巢繁殖了。我们家搬到这里时，宅基地围场里就有一对在筑巢，巢址离我们建房的地方很近。但是它们对干扰非常敏感，于是就在霍普金斯河一处风景秀丽的河湾边沿筑了一个新巢，此后也就一直在那儿及其附近筑巢。它们

左：我依照这只从西澳大利亚国王乔治湾（King George Sound）来的成年雄性褐隼绘制了反映该种羽饰水粉画的其中一幅（第90页）。

右页：为褐隼“三角斜边”所创作的铅笔画，我在南澳大利亚洛克斯顿附近的路边捡到了受伤的它。

的新巢在一棵高大赤桉的树杈上面，距离地面10～15米，随着使用年限的增加，不断添入的巢材也将该巢垒成了一个巨物。

某个洒满金色夕阳的沉静傍晚，随着白天的酷热渐渐退去，空中罕有一丝一毫的微风，我策马沿着河滩而行。就在接近楔尾雕巢的时候，我看到雌雕正在巢中孵卵。前方的两棵大树交错形成一个类似拱门的结构，透过“门洞”我便能看到巢。在我更加接近巢的时候，雌雕站起身来，走到面向我的巢边纵身跃下。坠落产生的加速度让它逐渐获得了飞翔所需的升力，在距离地面大约3米高时，它改为了平飞，此时骑在马上的我跟它差不多处在同一高度。它两眼盯着我，拍动着巨大的两翼，直冲我而来。我只觉颈后汗毛竖立。尽管据我所知，确实有楔尾雕跟飞入其领域的三角滑翔翼和超轻型飞机发生“肢体接触”的例子，但它们尚无故意攻击人的记录。然而随着它愈发地飞近，我越来越怀疑自己即将打破这个先例。它直冲我的脸而来，在距离大约10米时却突然拉升，掠过我的头顶之后，降落到了正上方的一根赤桉树枝上。它就站在那里，居高临下挑衅般地俯视着我。这次遭遇给我留下了难以磨灭的印象，无疑也是一段美妙的经历。

有一天我开车驶入某个围场时，立刻就注意到了不远处的地上有只褐隼。我几乎总是随身带着一副不错的双筒望远镜，于是就停下车开始观察起它的行为。

它找到了一条虎蛇，很显然，它把蛇吓了一跳。我之前也在褐隼的巢里发现过虎蛇的尸体，因此兴致勃勃地观察起它是如何捕蛇的。蛇清楚地意识到自己正身处险境，它将身体的

前段展平，摆出攻击的姿态试图正面应敌。褐隼则反其道而行之，想要绕到蛇的背后。这个决定相当危险，因为蛇向身后目标攻击的距离比正面攻击远得多。褐隼缓步上前，踩住蛇之后用脚使劲挤压。蛇在反抗之前就试图逃走，可是待到挣脱溜走时已经咬不到褐隼了。这样笨拙而奇怪的交手持续了大概 20 分钟，蛇明显筋疲力尽了，发起攻击的时机也愈发地不合拍了。最后，褐隼抓住了蛇头的下方，并从脖颈后面咬住，成功制服了虎蛇。褐隼的跗跖修长且覆有鳞片，它胫部蓬松的羽毛也能成为吸引蛇攻击的显眼目标。根据我的这次观察，上述结构的存在便显得更为合理了。

左：《荒漠落日》（*Desert Sunset*），水粉画，35 厘米 ×44 厘米。在南澳大利亚巴拉（Burra）以北经历过七年大旱的格莱诺拉牧场绘制。这幅作品是为了表现光。尚未成年的楔尾雕会将观众的视线引向天空中的白云。我用曾经尝试过的稚拙艺术（naive painting）来表现稀疏的灌木丛。

上：一只未成年楔尾雕头部的铅笔习作，我的存档里有这样的素材对绘制类似《荒漠落日》的作品大有帮助。

上：《低垂的相思树》（*Weeping Myall*），水粉画，47 厘米 ×63 厘米。为布特博恩种马场（Buttabone Stud Park）所创作的三幅画之一。最初是蓝天之下一个阳光明媚的无风日子里的写生，我添加了风来增加动感，加上了云朵来映照景观和植被的颜色。

右页：1974 年 9 月在哈塔湖（Hattah Lakes）为一只纹草鹩莺（*Amytornis striatus*）创作的铅笔写生，这时我刚刚开始研究鹩莺。

鹪莺

在欧洲和非洲度过了六年之后，我重新跟阿兰·麦克维取得了联系，他也日渐成了一位密友和导师。阿兰热衷于在澳大利亚也建立一个像英国那样的野生生物艺术家协会，于是向我寻求帮助。以阿兰的名义和他维多利亚国立博物馆鸟类研究馆员的身份，我们给许多艺术家写了信，有时也会收到奇怪的回信。我们计划举办一次野生生物画展，以呼应 1974 年底在堪培拉举办的第十六届国际鸟类学大会。

在协会的成立大会上，查尔斯·麦卡宾被选为名誉秘书，而我则被选作主席。在为更名作“野生生物艺术协会”（Wildlife Art Society）筹备开幕展览的兵荒马乱之中，查尔斯是位无可挑剔的好搭档。那次展览也改变了我对于未来的谋划。

早些时候，一位迷人的年轻女士买过我画的一幅蓝翠鸟（*Ceyx azureus*）。她是理查德·肖德博士（Dr. Richard Schodde）的秘书，理查德则是澳大利亚联邦科学与工业研究组织（Commonwealth Scientific and Industrial Research Organisation，CSIRO）[28] 野生动物研究部门的一位资深鸟类学家。那位女士告诉理查德，如果他想为自己正打算写的关于鹪莺的书物色插画师合作，就应该去看看我们的展览。

在离开堪培拉之前，我跟理查德碰面商讨了合作著书的可能性。经深思熟虑之后，我们

[28] **译者注：** 澳大利亚联邦规模最大的国家级科研机构，旨在通过科学研究与发展，为联邦政府提供新的科学方法和手段，以造福于澳大利亚社会。

显得更为大方。在它们消失于植被中之前，我可以短暂地稍作观察，而不是只看到一些模糊的影子。

纹草鹩莺给我留下的第一印象就是活力四射。受到惊扰时，它们会以惊人的速度逃遁，就像是惊慌失措、上蹿下跳的老鼠；但在觅食的时候，它们更喜欢安静地跳来跳去。它们的羽色低调隐匿，背部的羽色较深，其上白色纵纹和深色条纹相间，再搭配土褐色的羽色更强化了伪装效果。我对它们的首次观察，所见几乎全是慌忙寻找掩蔽或在四周蹦跳的“小球”，竖立着长长的尾羽。惊鸿一瞥，却也是好的开始。

几天后，我在南澳大利亚扬塔（Yunta）附近的帕拉图写生时，意外地遇到了另一种草鹩莺。当时我在一个叫作卡特尔围场（Cattle Paddock）的地方，一条两侧长着茂盛滨藜的水渠边。我坐在车里，素描本搁在方向盘上面，眼睛突然捕捉到有什么东西在动。几米之外的路边，有只灰褐色、圆圆的小鸟蹦了出来，看起来很像在哈塔见过的草鹩莺，但显然是不同的种类。它明显没有注意到我的存在，也完全忽略了我开的车。我一动不动地坐着，抓紧机会观察它。

这是一只厚嘴鹩莺的指名亚种，曾被认为是西草鹩莺（*Amytornis textilis*）分布于澳洲东部的 *A. textilis modestus* 亚种，而根据现代遗传学分析已被独立为厚嘴鹩莺（*A. modestus*）。我见到的这只已经处在其分布区的南界。厚嘴鹩莺以习性胆怯和隐匿而著称，所以眼下这是一个观察它自在活动的绝佳机会。不久，我就注意到路前方大约 15 米处的

非常认同彼此的理念，并大致同意要合作完成一本细尾鹩莺科的专著。这类娇小而美丽的鸟类为澳洲界（Australasian region）所特有，这样的一本书将会很有吸引力。

我是多么天真又自大啊！仅少数观鸟者见过所有种类的鹩莺，而我怀疑自己此前根本就没见过草鹩莺（grasswren）。即便如此，我此时却从堪培拉出发前往野外，打算观察并且画下所有的鹩莺。

我的目的地是南澳大利亚的帕拉图（Paratoo），理查德给了我在哈塔国家公园（Hattah National Park）找鹩莺的小窍门。驶入该公园的路边有一条长几百米，供观赏植物而设置的环形步道，就在步道往回折的拐弯处会有纹草鹩莺出现。它们还真的就在那儿！它们如此之高的领域意识，让我既惊讶又感激。特别幸运的是，跟同类相比，这几只鸟

第二只鹩莺。这只雌鸟除了两胁前有一个清晰的栗色斑点，其他都跟雄鸟很相似，有着相同的短粗身材，略显驼背的姿势。它很快就冲到雄鸟边上，二者一边觅食一边以“之”字形路线向着我移动。它们在灌丛之间穿行，躲到滨藜根部周围，有了植被遮蔽时才会停下来啄食。在感知到危险或听到什么动静的时候，它们会时不时突然静止不动，由此神奇地隐身于茂密的滨藜灌丛中。有时，它们会爬上灌丛中央的枝条查探一番，然后再返回地面继续觅食。这种受到惊扰时能完全销声匿迹的本领实在了得，它们并不会逃走而是躲起来，一动不动地从掩蔽处窥视观察四周。

跟几天前遇到的纹草鹩莺相比，厚嘴鹩莺看起来身形更为紧凑也更圆，毛茸茸的身体羽色更均一，脸颊上也几乎没有明显的斑纹。纹草鹩莺看起来则身形更为修长，头部也显得更大。厚嘴鹩莺则显得更圆而敦实，头部更小且尖。直到很久之后，我跟理查德一起观察了好几年鹩莺，听了他有关鹩莺起源的分类学观点，才开始理解这些形态上的差异。

在澳大利亚东南部容易见到华丽细尾鹩莺、蓝白细尾鹩莺（*Malurus leucopterus*）和杂色细尾鹩莺（*M. lamberti*），我最终根据拜访预想合作的出版社时，在萨里山（Surrey Hills）做的写生绘制了后者的图版。在辛普森沙漠我见到了棕帚尾鹩莺（*Stipiturus ruficeps*），但那时埃坎草鹩莺（*Amytornis goyderi*）被认为已经灭绝了，因此该种的图版直到一年之后仍然没有完成。还有其他一些鹩莺种类要么稀有，要么胆怯，要么难于观察，想看到它们需要付出数年的努力。所以，1976 年我安排了前往北领地博罗卢拉（Borroloola）的行程，跟理查德一道，对好几种不大为人所知的鹩莺开展更加仔细的研究。

左页：一只蓝白细尾鹩莺雌鸟的铅笔素描，它正在南澳大利亚弗林德斯山脉的尤德纳穆塔纳（Yudnamutana）查探谁在打扰自己。

上：描绘南澳大利亚林德赫斯特默特尔泉牧场（Myrtle Springs Station）的一只厚嘴鹩莺的铅笔习作。

右：描绘西澳大利亚默奇森地区的一只成年西草鹩莺的水粉习作。

红背细尾鹩莺

羽色醒目、身形娇小的红背细尾鹩莺（*Malurus melanocephalus*）是澳大利亚体形最小的一种鹩莺，在其所喜好的草原生境当中数量不少。跟分布在东部沿海地区的同类相比，北部的红背细尾鹩莺体形更小，羽色也更浓重，北部雄鸟的背为鲜红色，东部雄鸟的则是亮橙色。红背细尾鹩莺雄鸟的羽色如此醒目，想要仔细观察它们却并不容易。清晨，红背细尾鹩莺可能会找一个暴露且舒适、可以晒太阳的地方，那里可以很好地观察四周，便于它们赶在阳光让昆虫变得更为活跃之前，把自己周身的羽毛梳理得光鲜亮丽。

当有人靠近时，羽色尤其朴素的雌鸟和还没有换上华丽羽饰的雄鸟会从草丛里钻出来，停在高草顶上观察侵入者。此时，有着醒目羽饰的雄鸟则会表现得更为谨慎，在更远处、更为茂密的植被中潜行。这些鸟儿灵动的姿态实在令人着迷，我尝试着用自己的画笔捕捉它们充满好奇的神韵。至今，我仍然觉得为鹩莺专著所绘的红背细尾鹩莺图版是全书最好的画作之一。

紫冠细尾鹩莺

在博罗卢拉附近麦克阿瑟河边巴克拉拉山脉（Buckalara Ranges）一处长满白千层灌木的陡坡上，理查德带我见到了一种大为不同的鹩莺。紫冠细尾鹩莺（*Malurus coronatus*）是体形最为壮实的鹩莺，也是澳大利亚最为少见的鹩莺之一，同时还是为数不多体羽带有紫色的鸟类之一。在满坡的印度野牡丹（*Melastoma malabathricum*）当中，我们找到了一小群这些行踪隐匿但外形招摇的鸟儿。它们成群结队地在低矮灌丛的枝丫间敏捷穿行，或是轻盈地跳跃在灌丛下的枯叶里觅食。当它们从一处觅食地闪进另一处时，动作如同跳动的电火花，不断地在枯枝落叶里拨弄，或是争先恐后地钻进露兜树螺旋状着生的大片树叶深处探查和翻寻。当它们安静下来时，则会蜷缩在一根隐蔽的枝条上，一边抖弄自己的羽毛，一边相互理羽，一边为在群体里获取立锥之地挤来挤去。

它们是迷人的小精灵，雌鸟脸颊色彩对比鲜明，头冠蓝灰色，以一道从眼先（lores）[29]上缘开始的白色眉纹与耳羽区浓重的栗色相隔开来，眼圈白色，眉纹向后延伸时逐渐没入颈侧的蓝灰色。

雄鸟从喙基部至耳羽处由一条宽大的黑色过眼纹贯穿，包围整个头冠，并在颈后部相连。头冠则如同一顶精致且闪闪发亮的淡紫色帽子，帽顶正中有一条不规则的细长黑斑。

雌雄鸟皆体羽柔软，上体为浅褐色，下体则近乎白色，两胁略染米黄色。它们那时常高高翘起的尾羽是明亮迷人的蓝绿色，外侧尾羽还有着不甚明显的白色羽端。它们在清晨和傍晚觅食的时候非常活跃，到了中午则会安静地休息。

左：描绘北领地博罗卢拉附近的一只红背细尾鹩莺雄鸟的水粉习作。

下：描绘罕见的紫冠细尾鹩莺雄鸟的水粉习作，它是少数羽毛带有紫色的鸟类之一。

右页：《红背细尾鹩莺》（*Red-backed Fairy-wrens*），水粉画，33 厘米 ×24 厘米。为专著《细尾鹩莺科》绘制的图版。

[29] 译者注：眼先指鸟类喙基部至眼睛前缘的区域。

野牡丹正在盛开，所绽放的紫罗兰色花朵跟紫冠细尾鹩莺雄鸟头冠的颜色相似，但却不如后者那般明艳。我在枝叶间找到了一个马蜂（*Polistes* sp.）的巢，像是倒悬在纤细枝条上的一个蘑菇，由蜂窝般的小室组合而成。能发现这个马蜂巢，靠的可不是惊人的视力，而是膝盖后方突如其来的剧痛。马蜂们倾巢而出想要赶走入侵者。这次遭遇和疼痛深深地刻入了脑海之中，于是我就画了只叼着马蜂的紫冠细尾鹩莺以示报复。

多氏草鹩莺

巴克拉拉山脉中还生活着多氏草鹩莺（*Amytornis dorotheae*），这种体形中等、羽色引人注目的草鹩莺有着与其他同属成员一样的旺盛精力和隐匿习性，同时也有一些自己独特的个性。草鹩莺本就以难于发现而著称，多氏草鹩莺在这方面更是表现突出，只在被惊飞时，短距离飞行后又隐入植被前才会暴露自己。它们会在岩石生境的裂隙之间，或是某丛植物后面探头探脑，闪现之后立马消失的能力早已远近闻名。再不然，它们会从隐蔽处蹿出，异常敏捷地冲上陡峭的岩石坡，或是在其偏好的未被火烧过的矛胶草丛间穿行。

多氏草鹩莺长相迷人，周身多为明快的赤褐色，喉部为纯白色，头上有着明显的白色纵

左页上：多氏草鹌莺的水粉习作，它是最难于观察的一种草鹌莺。

上：《红乔氏》（*Red Joe's*），水粉画，80 厘米 ×91 厘米。红乔氏是布特博恩种马场唯一的红土围场，这是我为该牧场创作的第三幅画，清晨光线下澳地肤和红土之间形成了美妙的反差。

纹，耳羽下方有一条明显的深色髭纹。雌鸟的两胁为深栗色，雄鸟的则是沙黄色。它们经常会翘起尾羽，看起来就像是活力十足的纹草鹩莺。

它们有一个特别又可爱的习性，会将自己藏在一块岩石或一丛植物后面，然后侧身回头打量来者。从某种程度上讲，多氏草鹩莺是最难观察和进行素描的草鹩莺。

三趾鹑

六月初的一个下午，我们驱车穿过不久前刚被烧过的开阔草原。有一小块面积三四公顷的区域没被烧过，从而与周遭环境形成鲜明的对比。这里就成了“救生筏效应”（lifeboat effect）的经典示例，一般分布在更加广阔区域的物种会逃离遭破坏的栖息地，被迫聚集到尚保存完好的一片残留生境里面。这一小片区域生活着几种三趾鹑，通常它们很难被观察到。只有当它们从我们脚下被惊飞，扑棱着翅膀飞走，然后又落回茂密草丛之前才得以惊鸿一瞥。

我们保持耐心，蹑手蹑脚，尝试把握住这个能观察到在地面活动的三趾鹑的机会。这片区域活跃着各种行踪隐秘、逃跑迅速的鸟儿，它们先会僵住不动——利用自己斑驳的羽饰作为保护色——然后有力地鼓动两翼，发出一阵“嗡嗡”声，腾空而起。三趾鹑长得跟真正意义上的鹑很像，但这只是众多趋同演化适应里的一个例子。分子遗传学分析告诉我们，三趾鹑实际上跟鸻鹬类亲缘关系更近。雌性三趾鹑的羽色更为鲜亮，体形也稍大于雄性。跟石鸻和不少其他鸻一样，三趾鹑也没有后趾。

娇小的红背三趾鹑（*Turnix maculosus*）有着醒目的亮黄色，喙相对较细，双腿也是黄色。它们翅膀上的覆羽为淡黄色，带有明显的黑斑。胸部两侧和两胁为沙黄色，羽片中间为黑色，带有宽大的浅色羽缘，形成了明显的黑色月牙状斑。由此，其上体和下体的纹路很好地融为一体。红背三趾鹑的行踪最为隐匿，它们沉稳地躲藏在草丛里，直到快要被踩到时才会飞走。飞行姿态下，可见它们浅色的覆羽和深色的飞羽有着醒目的对比，一下子就暴露了其身份。

在这个群鸟荟萃的拥挤地方，与红背三趾鹑相伴的还有红胸三趾鹑（*Turnix pyrrhothorax*）。后者体形更大，下体为更加鲜亮的棕色，灰色的喙更为粗壮，上体羽色也更深。跟红背三趾鹑相比，红胸三趾鹑雄鸟胸部两侧的黑色贝壳纹较不明显，并且在飞行姿态下，两胁和尾下覆羽为明显的黄褐色。这里还

左页上： 描绘博罗卢拉附近草原上一只红背三趾鹑头部的铅笔习作。

左页下： 描绘爱丽丝泉（Alice Springs）附近麦克唐奈山脉的一只乌草鹩莺的铅笔习作。

上：《沿着父亲的足迹》（*In Their Father's Footsteps*），水粉画，25 厘米 ×35 厘米。起初是为一幅油画画的习作，但在限量印刷，作为华盛顿特区澳大利亚驻美大使馆举办的一次展览的开幕嘉宾礼之后，继续完成该油画似乎意义不大。我随后放弃了最初的打算，将该习作覆盖掉之后画了另外一幅。

右下： 描绘北领地爱丽丝泉一只斑毛腿夜鹰的铅笔画，半成品。

有第三种三趾鹑，小三趾鹑（*Turnix velox*），周身多为肉桂色，铅灰色的喙显得很粗大。这三种三趾鹑同时出现在一个地方非常难得，为此我也十分珍视依靠那个"救生筏"获得的观察机会而得到的画作。

我有时会想这些鸟最后都怎么样了。显然，它们不可能在如此小的区域内以那么高的密度存续。大多数个体将不得不向外扩散，对于小小的三趾鹑而言，这种行为倒已是家常便饭。虽说有些种类的三趾鹑被认为是留鸟，但通常情况下它们具有较强的扩散能力，可能出现在正常分布范围之内的任何地方。令人惊讶的是，在接下来的一年里，我带着诺曼·韦滕霍尔博士（Dr. Norman Wettenhall）参观的时候，在康尼瓦兰就见到了红胸三趾鹑和小三趾鹑。这些记录非比寻常，我家祖孙三代人在这片土地上都很少观察到它们。

乌草鹩莺

我们从博罗卢拉驾车穿过巴克利台地（Barkly Tableland），先到滕南特克里克（Tennant Creek），再继续前往爱丽丝泉。第一个晚上，我画一只斑毛腿夜鹰（*Eurostopodus argus*）一直画到凌晨两点半。虽然这是一种分布广泛的夜鹰，但却是我一直很想画的鸟。我们打算在此找到并观察讨人喜欢的乌草鹩莺（*Amytornis purnelli*），它们大概是最不怕人的一种草鹩莺了。乌草鹩莺生活在麦克唐奈山脉（MacDonnell Ranges）覆盖着矛胶草的多岩山坡处，尤其是在旅游景点附近，它们会变得格外温驯而胆大。

在造访此处的几年前，我曾听桑福德·贝

格斯先生讲过他到这里找寻乌草鹩莺的故事，他就是那位帮我辨识田刺莺的农人兼博物学家。贝格斯先生邀请他的妻子一道攀爬多岩山坡及碎石小路寻找乌草鹩莺。贝格斯太太明智地答道:“不了，谢谢你，桑迪。我想留在停车场看看书。”几小时之后，满脸通红、汗流浃背的贝格斯先生从山上回来了，两腿上尽是因穿行在矛胶草和枯死的相思树之间而被划伤的血痕。

贝格斯太太问道：“你找到乌草鹩莺了没，亲爱的？”

贝格斯先生没好气地回答：“连根鸟毛都没有看到！”

她又说:“哦，那太遗憾了。顺便再问一下，那些毛茸茸的，尾巴翘得老高，可爱的褐色小鸟是什么鸟啊？它们在停车场一直围着我跳来跳去。”

我想，贝格斯先生对此的回应一定相当干脆利落。

然而，我们必须找到生活在它们自己家园里面，行为正常的野生个体。在一些壮观景色的相伴下，我们爬上山坡开始寻找，很快就遇到了成对及成群活动的乌草鹩莺。它们虽说害羞，但在山岩和矛胶草之间倒也还算常见。如果我保持一动不动，它们在天生好奇心的驱使之下，时常会来到开阔的地方，从相对近的距离打量我。

乌草鹩莺看起来像是敦实且赤褐色版的厚嘴鹩莺。它们在自己喜好的山坡上，于卵石和岩石间活力十足地蹦跳和奔走，时常流连于倒伏的枯死相思树中，可能是在取食种子和地面活动的昆虫。跟其他草鹩莺相比，它们看起来往往显得更胖，喙更为细长。澳大利亚中部寒冷的清晨里，它们似乎要花更长的时间才会变得活跃起来，而在炎热的正午，它们则会躲到大石块的缝隙里遮阴。因此，上午十点至十二点，以及下午的晚些时候才是观察它们的最好时机。或许是清晨的寒意让它们蓬松起羽毛来保暖，由此给我留下了像是被静电激发的球状毛团的印象。乌草鹩莺始终是我比较偏爱的鸟类之一。

我们有时会为身边突然掠过的楔尾雕惊叹不已，它们会默不作声地从后方沿山脊滑翔而出，再在空中盘旋着侦察地面的猎物。我们常常能够平视或是俯视它们，从这样的角度观察楔尾雕令人心旷神怡。我们可以仔细地观察到它们轻微地调整着飞羽的姿态，以此御风而行。

左上：一只刚离巢出飞不久的楔尾雕的铅笔素描，我们在麦克唐奈山脉寻找乌草鹩莺时，它从身边掠过。

右页：描绘爱丽丝泉赫曼斯堡一只棕帚尾鹩莺的铅笔画。

棕帚尾鹩莺

我们从山坡下到长着矛胶草与相思树的平原来寻找棕帚尾鹩莺。劳森·惠特洛克（Lawson Whitlock）曾于1924年在赫曼斯堡（Hermannsburg）找到过它们。其后，直到20世纪70年代人们才在辛普森沙漠再次发现了棕帚尾鹩莺。1975年，我在那里第一次给它们画了素描。

这些迷人的小鸟体重还不及半盒火柴，所以能轻而易举地攀上矛胶草细嫩的茎，躲在里面窥视一旁的观察者。棕帚尾鹩莺雄鸟非常漂亮，头冠和枕部为鲜亮的栗色，脸颊和喉部则是浅天蓝色，搭配着下体的黄褐色。跟帚尾鹩莺相比，棕帚尾鹩莺的尾羽较短且相对较宽，看起来似古铜色。雌鸟脸颊和上胸虽没有蓝色，但仍是很美丽的鸟儿。

除了在好奇心的驱使下跑出来巡视周围，其他时候棕帚尾鹩莺是非常难于观察到的鸟儿。它们很少离开矛胶草的遮蔽，多在那些令人生畏的尖刺或是低垂的灌木枝叶间快速地穿行，因此其自然的觅食行为也可以描述为隐匿。若是受到惊扰，它们会潜入矛胶草丛的深处，安静地等待，直到确信危险过去才恢复活动。

这次野外考察是非常好的经历，不仅让我了解到了澳大利亚联邦科学与工业研究组织这个团队当中一些令人惊讶的专业素质，同时也为以后的画作积累了大量的素描、手绘和想法，也是为鹩莺专著进行创作的开始。

我从爱丽丝泉出发，经伯兹维尔前往十英里水坑，查看前一年去过的纹翅鸢营巢地。澳大利亚广播公司野生动物节目部门的制片人迈克·文斯希望能拍摄它们的繁殖行为。但是，等我到了营巢地之后，发现繁殖爆发期的活力和氛围在这里都已荡然无存。巢内空空如也，死气沉沉，连鼠类也不见了踪影。当然，后者正是纹翅鸢消失的原因所在，啮齿类“自助餐”已经结束了。

距伯兹维尔以北约12千米处，有一片伯兹维尔金合欢（*Acacia peuce*）树林。这些非同寻常的树种只见于澳大利亚的三处地方，也是纹翅鸢喜欢的营巢树。就像跟桉树相比，它们更爱在绛红银桦（*Grevillea striata*）上筑巢一样。不过，在这里繁殖的纹翅鸢已经不见了，而且由于路虎越野车的机械故障，我不得不一路走回伯兹维尔。

埃坎草鹩莺

我从伯兹维尔酒吧的塔菲·尼科尔斯（Taffy Nicholls）那里租来了一辆短轴距的路虎越野车。距下一班飞离这里的航班还有一周的时间。所以，此时似乎是寻找埃坎草鹩莺的大好时机，这种鸟一百年来几乎没人再见过。它们生活在辛普森沙漠和斯特爵雷茨基沙漠的沙丘之间，但当时对该种的分布知之甚少。有传言称某支考察队在辛普森沙漠南部见到过埃坎草鹩莺，这一记录未经确证。而且，一直存在时不时出现的目击记录其实是误认厚嘴鹩莺的可能，甚至在有些地点，人们会把纹草鹩莺认成埃坎草鹩莺。直到1976年8月，伊恩·梅（Ian May）回到普拜尔角（Poeppel Corner）才确认了他四年前在那里发现的鸟，的确就是埃坎草鹩莺。

从伯兹维尔通往十英里水坑纹翅鸢繁殖地的土路向西蜿蜒至阿德里亚·唐斯二号钻孔，然后转向地处辛普森沙漠绵延沙丘边缘，已干涸的纳帕纳里卡湖（Lake Nappanerica）湖盆，是一条进入辛普森沙漠南部便利且安全的路线。我没必要赶时间，离班机起飞还有整整七天，可以悠哉地边走边观鸟。

聚群铜翅鸠

在辛普森沙漠中的某处，有一个淡水小池塘，吸引了很多聚群铜翅鸠（*Phaps histrionica*）前来喝水。我把车停在了看不到池塘的地方，从车上拽出几个旧麻袋，然后向池塘走去。池塘的一端有条浅沟，我躺了进去，再把麻袋盖在身上作为伪装。我躺在那儿不敢动弹，听着头顶上忽近忽远的翅膀拍打声传来。最终，有对聚群铜翅鸠扑棱着两翼落了下来，小心翼翼地走到池塘边喝水。很快，其他同类也纷纷加入，胆子也变得越来越大。我就从麻袋下面悄悄地观察它们。

跟所有铜翅鸠一样，聚群铜翅鸠也有着漂亮的羽色。它的身形不如其他铜翅鸠那样修长，上体为柔和的肉桂栗色，下体则是浅蓝灰色。尽管翼覆羽上没有其他铜翅鸠闪闪发光的铜色区域，聚群铜翅鸠却有着醒目的脸颊图案。雄鸟头部多为黑色，前额和喙基部则是白色，黑白区域截然分明。一道“C”形的白纹勾勒出耳羽的轮廓，黑色的喉部和蓝灰色的上胸之间还有一条白色“围脖”。雌鸟头部没有黑色，整体羽色也更浅，但是依然引人注目。

左页：《埃坎草鹩莺》（*Eyrean Grasswrens*），水粉画，33厘米×24厘米。描绘伯兹维尔以西辛普森沙漠南部的雌雄埃坎草鹩莺，为专著《细尾鹩莺科》绘制的图版。

右： 伯兹维尔以西的聚群铜翅鸠雄鸟，水粉习作，用以记录其姿态和羽饰图案。

褐隼

回到路虎上面，我开车沿路绕过了第一排沙丘的其中一座。周围有些瘦骨嶙峋的树，其中一棵的树顶是一只褐隼喜爱的栖枝。它的羽饰有着不少成年个体的特征，胸腹部曾经渲染的黄褐色如今已经变白，两肋和胫部原本的棕褐色也变成了带有粉色的栗色。两肋羽毛的羽片两侧都有粗而明显的白斑，从而在白色的底色上形成了栗色横斑的效果。它的背部为棕褐色，当其在西向的微风中轻盈地腾空而起时，可以看到翼下多为白色，仅稀疏地点缀着栗色的斑点和横纹。它肯定是一只年龄较大的个体，可能已有七八岁，甚至更老。即便鼠类已经不再昌盛，它依然生活于此，而且看起来既健壮又精神，即便略微有些缺乏活力——也是大多数褐隼的特质——这些都表明它极好地适应了沙漠里的环境。

彼得·斯莱特（Peter Slater）[30] 近来曾向我建议，褐隼羽饰表现出来的变异程度可能是亚种分化的结果。他还提到了我跟尼克·穆尼（Nick Mooney）及戴维·贝克－加布（David Baker-Gabb）1985 年在澳大利亚皇家鸟类学会官方学术期刊《鸸鹋》上发表的一篇短文。考虑到褐隼部分羽色变异在某些地区似乎更为常见，彼得的想法是令人感兴趣的。但是，在通过个体标记研究褐隼的扩散行为之前，不能妄下结论。

澳洲裸鼻夜鹰

在离我大约 80 米远的一棵树上有根空心的树枝，像是澳洲裸鼻夜鹰（*Aegotheles cristatus*）的理想藏身之处。我将车靠过去之后停下，探出头用木棍轻轻地敲了敲那根树枝。果不其然，一张有如小精灵般的脸冒了出来，大大的眼睛直瞪着我。这双棕褐色的大眼睛被浅色的区域所围绕，一道深色的过眼纹向后延伸到头冠，让它两眼前视的猫头鹰感更为突显。它的样子像极了非洲的婴猴，跟蜜袋鼯（*Petaurus breviceps*）也颇为相似。这只澳洲裸鼻夜鹰看起来很惊讶的样子，它注视了我好一会儿才飞走，消失在了沙丘的尽头。

为了避免再次惊扰它，我沿侧面又走了几百米才停下来爬上沙丘顶。这里是辛普森沙漠的南边，暖橘黄色的沙丘要比北边亮深红色的沙丘高出一倍。沿着沙丘侧面长有植被，接近底部的是相思树和腊肠树灌木，往上则是沙芜草（*Zygochloa paradoxa*），越往上植物越稀疏，到顶部就只剩黄沙了。

左下：伯兹维尔以西辛普森沙漠边缘的一只成年雌性褐隼，水粉画。

右页上：狗的铅笔速写，为《遗弃》（*Abandoned*）中狗的形象打样。

右页下：《遗弃》，水粉画，27 厘米 ×40 厘米。表现传统社会结构被破坏之后，原住民儿童的孤寂，整幅画充满了各种细微的象征：正在酝酿之中的风暴云、打翻的茶壶象征英国影响力的衰退、纷乱的车辙印、孩子与动物间的亲近关系，以及现代人充满浪费的生活方式造成的垃圾。

[30] 译者注：彼得·斯莱特（1932—2020），澳大利亚杰出的鸟类学家、野生动物艺术家和摄影师，一生出版过 30 余本有关澳大利亚鸟类和自然的书籍。1986 年，他与家人合著《斯莱特澳大利亚鸟类野外手册》（*The Slater Field Guide to Australian Birds*），这本深受读者好评的图鉴于 2009 年推出了第 2 版。

左页：《灰草鹪莺》（*Grey Grasswrens*），水粉画，33 厘米 ×24 厘米。描绘戈伊德（Goyder）孔切拉迪亚曼蒂纳河冲积平原上的雌雄灰草鹪莺（*Amytornis barbatus*），为专著《细尾鹪莺科》绘制的图版。

下：灰草鹪莺雄鸟的铅笔习作。

跟查尔斯·麦卡宾一起在辛普森沙漠里待了几个月之后，我养成了习惯，会仔细观察沙坡上大量的纵横交错的痕迹。这是一只甲虫费力爬坡留下的，那则是蝎子爬向它特征鲜明的洞穴时留下的，还有蜥蜴在一丛丛植物间穿行留下的足迹。当我沿着沙丘行走时，自己的身影偶尔会被黑鸢的影子掠过。它低飞前来察探，希望我的行动能惊起猎物，但等待之后往往一无所获，便丧失耐性径直飞走了。渐渐地，我开始认识到并欣赏起沙丘上的勃勃生机。有一系列的痕迹相当常见，总跟其他痕迹间杂在一起，曾让我备感困惑。这些痕迹大多呈直线排布，有时也会突然改变方向。这是某种总在跳跃的小型鸟类留下的，它的左脚脚印略微突前，时不时也会匆忙地奔跑。我愈发相信这些足迹来自埃坎草鹪莺了。

假如我是一名更有经验的鸟类学家，一位更好的山民，有着更好的听觉，或更加幸运一些，肯定就能看到留下足迹的草鹪莺。但是，我只能告诉理查德·肖德自己发现了什么，或者是我认为自己发现的是什么。

11 月，当我们重返此处时，我的丰田皮卡车里多了一位迷人的同行者。珍妮和我 8 月完婚，基本上这也成了我们的蜜月旅行。这是一次有两位来自联邦科学与工业研究组织的鸟类学家相伴，绝对称不上舒适的露营之旅。宽容且可怜的珍妮！我们回到十英里水坑的澳地肤灌丛营地，跟理查德·肖德和约翰·麦基恩（John McKean）会合。约翰迫不及待地想要见到埃坎草鹪莺，并不太在意我们两个非专业出身的观鸟者，对珍妮更是轻慢。他根本不了解珍妮的观鸟经历，就直接发问："你在彼得·斯莱特新近出版的《澳大利亚鸟类野外手册》里见过了多少种？"当珍妮数出第五页的海鸟里自己看过的种类时，约翰打断了她："好吧，这就够了！"珍妮曾搭乘深受人们喜爱的内拉·丹号（Nella Dan）参加过一次澳大利亚南极科考探险队，到过亚南极地区的麦夸里岛（Macquarie Island）。她在那儿为澳大利亚广播公司拍摄野生动物纪录片，对约翰都还没见过的某些鸟类有着深入的了解。

我们在沙丘上接连走了三天，没能找到草鹪莺。但约翰·麦基恩刚一离开，我们就出人意料地碰上了第一只埃坎草鹪莺。之后又过了两年时间，我才为绘制该种的图版积累下了足够的素材。我觉得自己捕捉到了它们紧张兮兮的部分神韵，以及它们频繁现身于沙丘上沙芜草栖息地的感觉。

灰草鹪莺

从辛普森沙漠出来之后，我们向着伯兹维尔以南约 100 千米壮观的孔切拉沙丘（Koonchera Sandhill）进发，该沙丘沿伯兹维尔大道总体向西北方向绵延了约 21 千米，在孔切拉水坑（Koochera Waterhole）这里离开大道，伸进了戈伊德潟湖之中。有条路沿这座沙丘的西侧，穿过迪亚曼蒂纳河向东的溢流，这里的黏重土壤上长满了一丛丛的沙棘蓼（*Muehlenbeckia florulenta*）。这片澳大利亚中部的典型洪泛区生境正是灰草鹩莺喜欢的地方，直到1942年该种才被西方人发现。当时，来自维多利亚州的博物学家诺曼·法瓦洛罗（Norman Favaloro）和同伴斯托勒（A. Storer）从布卢河（Bulloo River）洪泛平原的一丛沙棘蓼里惊飞了一只灰草鹩莺。那个地点距离此处以东约500千米。

1967年7月7日，法瓦洛罗返回当地并采集到了首个灰草鹩莺的标本。随后他很快与维多利亚国立博物馆的阿兰·麦克维取得了联系，两人一同描述命名了灰草鹩莺，此时距离上一次发现澳大利亚鸟类新种已经过去了近半个世纪。灰草鹩莺正式发表的时间也恰好是我第一次参观博物馆跟阿兰见面的时候，我仍能回忆起他介绍新种发现过程时热情洋溢的样子。我还能想起自己对此事的难以置信，既然诺曼·法瓦洛罗确信灰草鹩莺是未被描述的新种，怎么会等了整整25年才回去采集标本呢？由此，我也一直对灰草鹩莺格外感兴趣。

1975年，我参加查尔斯·麦卡宾的辛普森沙漠探险时，曾到过孔切拉。那一次，我们就扎营在了孔切拉沙丘上面，而且还不同寻常地支起了帐篷，通常我们都是露天睡觉的。那天傍晚天空开始阴云密布，面对如此明显的天气变化信号我们自然也就格外警惕。晚上果然下雨了，降水量达到了100毫米。就着一小瓶酒和查尔斯滔滔不绝的故事，我们蜷缩在帐篷里度过了一夜。第二天早上醒来，沙丘下方的平地已经被水淹了，我们放下了对鸟类研究的关心，全神贯注于找一条能安全返回伯兹维尔大道的路线。仅仅3个月之后，一支由鸟类学家约翰·考克斯（John B. Cox）带领的南澳大利亚自然保护协会（Nature Conservation Society of South Australia）的探险队就在戈伊德潟湖找到了灰草鹩莺。

1976年末，我再次造访戈伊德潟湖，同行的还有珍妮和理查德，天气则大为不同了。虽然我们得在11月的烈日炙烤下开展工作，但沿着潟湖边长满沙棘蓼的水道，搜寻、观察灰草鹩莺并不困难。事实上我们所处的地点就在头一年扎营地的旁边。灰草鹩莺爱停在沙棘蓼灌丛的顶上梳理羽毛、鸣唱或观察四周，然后才会躲藏到茂密灌丛深处，这样的习性让它们成了比较容易寻找的草鹩莺之一。如果不受打扰的话，它们会来到空地上取食，将尾羽高高翘起，敏捷地快速移动。

在我第一次来到戈伊德潟湖的时候，有一天刮起了强劲的东南风。数以千计的野鸭涌入潟湖水域避风，它们越聚越多，争先躲到沙丘背风处的河岸上面。我悄悄地接近水鸟的夜宿地，最近的时候距离仅约10米。我找到了一条小沟，爬进去一动不动地卧倒，观察着四周。越来越多的野鸭朝着这片区域游了过来，先前上岸的则被推着离岸边越来越远。最后，我发现自己跟鸟群几乎融为了一体，周围全是野鸭。红耳鸭、爪哇灰鸭、太平洋黑鸭、澳洲潜鸭（*Aythya australis*）和澳洲斑鸭（*Stictonetta naevosa*）全在我触手可及的地方挤作一团，只要自己保持不动，就不会被它们发现。那天似乎全澳大利亚的澳洲斑鸭都聚集在了潟湖，我非常高兴能够有这样的绝佳机会观察它们。

下： 描绘爱丽丝泉以南石质山丘里的辉蓝细尾鹩莺（*Malurus splendens*）的铅笔素描。

右页：《辉蓝细尾鹩莺》（*Splendid Fairy-wren*），水粉画，33厘米×24厘米。在爱丽丝泉以南某块岩石上日光浴的辉蓝细尾鹩莺雄鸟，繁殖羽，为专著《细尾鹩莺科》所绘制图版的局部放大。

1977年春天，我开始了为出版鹩莺著作的下一次野外考察。我和理查德先在珀斯会合，再一同前往威卢纳，然后在米尔比利牧场（Milbillillie Station）扎营，那是个距威卢纳东北约1 000千米的养羊场，几乎正处于西澳大利亚的地理中心。但在此之前，我们先造访了纳罗金（Narrogin）西北约22千米的德里安德拉州立森林保护区（Dryandra State Forest）。这片森林地处西澳大利亚小麦农业区的西缘，位于一片过渡区域，连接着由红柳桉（*Eucalyptus marginata*）、加利桉（*E. diversicolor*）和美叶桉（*Corymbia calophylla*）组成的绵延向南的较为湿润的森林，以及向西南延伸的较为干燥的小麦产区。这里的土壤为红色，搭配树皮白色且光滑的桉树、红皮桉（*E. salmonophloia*）和树皮粗糙的万朵桉（*E. wandoo*），是一片独特且物种丰富的荒野，被西澳大利亚小麦产区饱受盐碱化问题困扰的土地包围着。我们希望在如此富有吸引力的石南灌丛景观中能找到两种鹩莺。

辉蓝细尾鹩莺

正如其名字所提示的，辉蓝细尾鹩莺是一种羽色亮丽的鸟类。在德里安德拉州立森林保护区的灌丛层当中，有红色土壤、看似干枯的蓟序木（*Dryandra*，现已被并入佛塔树属）和网刷树相衬，辉蓝细尾鹩莺雄鸟鲜艳的蓝色和深紫罗兰色看起来熠熠生辉，就像是由内而外地散发着光芒。早期的澳大利亚鸟类学家在很多年里都没能确定羽色艳丽的辉蓝细尾鹩莺、“天蓝细尾鹩莺”和“黑背细尾鹩莺”究竟是

不同的鸟种，还是同种的不同亚种。现在我们已经知道，在辉蓝细尾鹩莺不同亚种分布交错的地方，亚种之间会存在基因交流，“天蓝细尾鹩莺”和“黑背细尾鹩莺”其实是辉蓝细尾鹩莺的亚种或色型。在辉蓝细尾鹩莺分布区的极东北部甚至还存在另一个亚种：*Malurus splendens emmottorum*，该亚种雄鸟的羽色最为浅淡。与之相反，我们在德里安德拉所见到的则是辉蓝细尾鹩莺的亚种中羽色最深的雄鸟。它们有着最为浓重的蓝色，但澳大利亚中部亚种的羽色最为华丽。

“天蓝细尾鹩莺”

理查德和我前一年在爱丽丝泉找乌草鹩莺的时候，已经对辉蓝细尾鹩莺见于澳洲中部的这个亚种进行过研究。我们在距离城镇以南不远，干旱多岩的旷野里找到了“天蓝细尾鹩莺”。如果说辉蓝细尾鹩莺的亚种都有着鲜艳的羽色，那么“天蓝细尾鹩莺”就是其中最为引人注目的一种。它周身是炫目的天蓝色，仅喉部为深蓝紫色，胸部还有一条宽大的黑色条带，向上延伸至背部。黑色的过眼纹从喙基部向后，一直相连到枕部。曾经有段时间，人们对辉蓝细尾鹩莺种组内部的关系认识不够清晰，就将“天蓝细尾鹩莺”视为一个独立种 *Malurus callainus*[31]。

辉蓝细尾鹩莺的各亚种跟我们所熟悉的澳大利亚东部的华丽细尾鹩莺有许多共同之处。理查德在为我们的鹩莺专著撰写的文字部分，讨论了这两种鹩莺怎样从曾经广泛分布于澳大利亚大陆南部的“蓝色鹩莺”共同祖先种群演化而来。在过去的几百万年间，气候条件的差异，使得澳大利亚东南部分化出华丽细尾鹩莺，西南部则分化出辉蓝细尾鹩莺。他认为辉蓝细尾鹩莺更为适应干旱环境，沿着纳拉伯平原（Nullarbor Plain）的边缘进入大陆中部，并且零星渗入墨累平原（Murray Mallee），气候的变化塑造出如今它们在分布区东部的斑块分布状况。

跟许多开始活动的时间较晚的草鹩莺不同，辉蓝细尾鹩莺在黎明之前就开始活跃，等到太阳升起时已经在觅食了。随着气温的升高，它们不停地在领域内活动，主要是在地面觅食，偶尔也会爬到灌丛或树木的枝叶里。它们的移动没什么规律，一阵快速跑动之后可能会突然停下来，或是跳入空中啄取一只昆虫。彼此之间以轻柔的重复鸣叫来保持联系。

辉蓝细尾鹩莺是一种活力四射、美丽活泼的小鸟。但它们更喜欢躲在植被里面，并且随时准备着在受到惊扰时隐藏到更深处。它们还倾向于尾随扎堆在枝头间跳跃，或是在灌丛的低矮处蹿行。在它们抵达更为隐蔽的藏身之处前，会时刻躲在障碍物后面，令观察者哭笑不得。这种时候，羽色艳丽的雄鸟尤其擅长隐藏自己，让人很难看清楚它们。我们在德里安德拉州立森林保护区遭遇的就是这种情况。

左页右上：西澳大利亚纳罗金附近德里安德拉州立森林保护区里一株佛塔树的铅笔画，是鹩莺画作的备用背景素材。

左页左、右下：德里安德拉州立森林保护区蓝胸细尾鹩莺的铅笔素描。

上、右：行踪隐匿的红翅细尾鹩莺（*Malurus elegans*）的铅笔素描。

[31] 译者注：辉蓝细尾鹩莺 *callainus* 亚种的模式标本应是亚种之间产生的杂交个体，因此 *callainus* 亚种的分类地位无效。现在“天蓝细尾鹩莺”所对应的亚种应是 *Malurus splendens musgravi*。

蓝胸细尾鹩莺和杂色细尾鹩莺

蓝胸细尾鹩莺（*Malurus pulcherrimus*）观察起来则更具有挑战性，甚至比观察与其外形相近的杂色细尾鹩莺都还要困难些。前者一向行踪隐匿，很少出现在没有遮挡的空地。它们仅见于艾尔半岛（Eyre Peninsula）和澳大利亚西南部有着林下灌丛的干燥开阔的砂质林地、茂密的砂质平原石南灌丛和油桉灌林区。上述地区多数的天然生境已被改为农业用地，蓝胸细尾鹩莺的分布范围也随之大为缩减。它不仅长得跟杂色细尾鹩莺很像，两者在部分地区还同域分布，由此引发了在物种识别和分类上经常出现的混淆。两种鸟都身形修长，羽饰的图案也不容易区分。即便是在最为理想的光线条件下，两者雄鸟的靛蓝色胸部也几乎无法加以区别，这就进一步增加了正确辨识的难度。

好在还是有特征可以区分这两种鹩莺。从尾羽占身体的比例来说，蓝胸细尾鹩莺的尾羽是所有鹩莺中最长的。繁殖期该种雄鸟头冠和耳羽区的羽色也很有特点，其头冠和独特的向侧后方延伸的披针形耳羽簇都是深钴蓝色。杂色细尾鹩莺的耳羽簇则是较浅的天蓝色，从而跟其羽色较深的头冠形成了对比。

假如杂色细尾鹩莺和蓝胸细尾鹩莺不是如此害羞怯生的话，辨识它们可能也就没那么困难，尤其是后者在隐藏自己这方面简直

左页：《红翅细尾鹩莺》（*Red-winged Fairy-wrens*），水粉画，33厘米×24厘米。这幅图版反映了西澳大利亚彭伯顿（Pemberton）附近的变色桉森林里的红翅细尾鹩莺，为专著《细尾鹩莺科》所绘制。

登峰造极。它们觅食的时候几乎从不冒险涉足开阔区域，总是在茂密灌丛的遮蔽之下以细尾鹩莺典型的“跳跃—搜索”方式行进，同时会将尾羽竖立翘起或是折向前悬在背上。德里安德拉的蓝胸细尾鹩莺雄鸟随时随地都在躲躲藏藏，若是受到惊扰就直接下到地面隐身不见，直到我们撤离并且它们觉得警报已经解除才会再出来。

红翅细尾鹩莺

从纳罗金出发，我们造访了澳大利亚西南部的美叶桉和加利桉森林，寻找当地特有的红翅细尾鹩莺。那些壮丽的森林里生长着高大的红柳桉树，但仍在被砍伐改造为农业用地。当时的西澳大利亚政府以清除原生植被为条件来分配土地。我们拜访了一位显然对此政策感到头疼的先生。他向政府提起了申请，也获得了分配的土地。他原本打算建一个本土植物的苗圃，因此土地上的原生植被是他最为看重的。然而，按照获得土地的协议，他要肩负起清除原生植被的义务。如果他想建一个本土植物的苗圃，就要等这些植物重新长出来，他甚至可以再种植本土植物，但前提是先清除掉已有的原生植被。这“神操作”令我们哑口无言！

现在，我更清楚这项规定意味着什么了。砍伐树木破坏了林冠层，阳光的透入给杂草入侵创造了条件，同时让地面变得干燥，从根本上扰乱了原有生态系统的内部关联。而生态系统一旦遭到破坏，需要几代人的时间才可能恢复。我为此感到万分难过。

红翅细尾鹩莺是体形最大的鹩莺，可能也是最难以捉摸的一种。跟其他鹩莺的气场相比，与其说该种害羞怯生，倒不如用安静和沉闷来形容它。红翅细尾鹩莺的出现和消失都出人意料的迅速。它们最喜欢溪流边或潮湿环境下茂密的香柳梅、鱼柳梅、鳞籽莎丛，也会冒险涉足桉树林下层灌木和蕨类丛生的沟谷之间。

尽管体形较大且雄鸟羽色艳丽，红翅细尾鹩莺却可以很好地隐身于植被中。它们的羽色较为暗淡，跟其他鹩莺相比羽毛显得更加柔软且蓬松。不过，雄鸟头冠、耳羽簇和背上的浅银蓝色可一点儿都不低调，这些部位羽毛基部的白色部分显露出来，渲染出一种浅银色的效果。肩部栗色的区域也是又宽又醒目。红翅细尾鹩莺的尾羽较宽且长，翘起来时往往还略微展开，会让人联想到扇尾鹟，比其他鹩莺又细又长的尾羽明显得多。红翅细尾鹩莺显然没有利用尾羽来发出信号，因为我们并没有观察到它们会像其他鹩莺那样不停地摆动，而且它们尾羽末端的白色部分很小，很快就会被磨损掉。当它们在领域内快速穿行觅食的时候很难被发现，多数时候它们都贴近或就在地面活动，且一直躲在植被的掩蔽之下。若是受到惊扰，雄鸟通常会寻找一个高处来查探危险来源，然后又会遁入植被中，跟集群里的其他成员一起迅速地逃散。

噪薮鸟

很遗憾，我们该离开这些壮丽的森林向北去往威卢纳了。但在我们动身之前，得再去奥尔巴尼（Albany）东边的双人湾（Two People Bay）找一找噪薮鸟（*Atrichornis clamosus*）。否则，就太不明智了。这种稀有且极其隐秘的鸟曾一度被认为已经灭绝，直到1961年才在双人湾茂密且郁郁葱葱的海滨林下层植被当中，被重新发现。人们迅速采取了行动来保护噪薮鸟。发现地原本计划要建造一座城镇，后来以一个自然保护区取而代之。我们要去的正是这个保护区。

噪薮鸟行踪太隐匿了，以至于很少有人见过它。它以极快的速度，敏捷地跑过植被最深处厚厚的落叶层，而且偏好长时间没被火烧过的潮湿生境。雄鸟占据大范围的领域，全年都通过鸣唱来加以保卫。它的鸣唱非常响亮，能传到一千米以外。噪薮鸟的数量就是通过计数鸣唱中的雄鸟来进行评估的，这也成为鸟类学家不使用"鸣声回放"来观察这些鸟儿令人信服的一个理由。尽管雄鸟全年都通过鸣唱来保卫领域，但在开始繁殖的时候鸣唱频次会增加，并且维持在比较高的强度直至繁殖季结束。截至1970年，该种的数量估计已增加到45只。

我们在一个寒冷、潮湿且下雨的早晨抵达保护区，在这种天气之下大多数鸟类都很难见到了。好在噪薮鸟通常会沿着较为固定的路线巡视自己的领域，为此可能需要借助茂密植被中已有的通道穿行其间。据信，它们对所选路线的忠诚度很高。保护区里的鸟类学家为我们指引了一个可能遇见噪薮鸟的地点。我们到那里之后确实听到了一只雄鸟的叫声，它边叫边在自己这个被一条小径分隔的领域里快速移动。理查德和我选择了小径边相距约三十米的两个点，开始蹲守。雄鸟的叫声变得越来越大，也越来越近，甚至一度大到震耳欲聋的地步。等到这只雄鸟来到靠近小径的某处时，突然又变得沉默起来。我们静静地等着。随后，随着一阵急促的蹿动，噪薮鸟冲过了小径，钻进了对面的茂密灌丛里，很快又开始了鸣叫。这次观察的机会有限，也没机会绘出处于放松状态的雄鸟的素描，但不管怎样，我们的确看到了噪薮鸟！

此时正是澳大利亚西南部春天野花盛开的季节，荒野里满是粉色、黄色和紫色的本土花朵，点缀着绿色和绿灰色的叶子。这是令人难以忘怀的景象。我们在路边就发现了迷人的猪笼草，它会通过诱捕并消化昆虫来给自己补充养分。猪笼草偏好路边排水沟里潮湿的酸性土壤，特化的叶子变成了极为精巧的陷阱。昆虫会被陷阱盖下方分泌的蜜液所吸引，来到陷阱光滑的开口部。一旦滑落到陷阱的液体里，昆虫几乎再无机会可以从开口边缘下方的一排倒刺里脱身。这些尖刺会困住挣扎的昆虫，陷阱盖合上之后，猎物就会被慢慢消化掉。

行驶在如此漂亮的湿润景观之中，我们转向威卢纳开往位于米尔比利牧场的营地。长期的干旱让大地变得令人

左：西澳大利亚威卢纳坎宁牧道（Canning Stock Route）二号水井一只刺颊垂蜜鸟（*Acanthagenys rufogularis*）的铅笔习作。

下：西澳大利亚威卢纳附近一只灰钟鹊（*Cracticus torquatus*）的铅笔习作，展示该地区灰钟鹊独特的颈部图案。

右页：一只领雀鹰（*Accipiter cirrocephalus*）的铅笔习作，展示亚成鸟的羽饰。

难以置信的干燥。土地遭到牲畜的破坏，这对我们想找寻的，诸如厚嘴鹩莺这样在地面活动的鸟类产生了影响。在那样的气候条件下，可能需要长达一个世纪的时间，栖息地才能从过度放牧中恢复。

自从1890年发现金矿以来，威卢纳周围的环境就大为退化。1920—1924年，随着采矿的逐渐停止，桉树又开始生长起来。因此，该地区几乎每棵树的树龄都一样。

1910年4月，弗雷德里克·布尔斯特罗德·劳森·惠特洛克（Frederick Bulstrode Lawson Whitlock）在《鸸鹋》上发表了对于威卢纳地区鸟类详细调查的报告，他的记录不仅为比较当地生态系统眼下的状况提供了准确参照，也提示了我们所感兴趣的鸟类可能出现的位置。澳大利亚联邦科学与工业研究组织已经委托研究人员研究早期采矿对环境的既有影响，以及将来铀矿开采的可能影响。

纹草鹩莺和厚嘴鹩莺

我希望能找到生活在这里的两种鹩莺。从分类学上看，它们代表了可能起源于同一个祖先的，三条演化支系中的两条；而从演化的角度看，该共同祖先的后代于过去大约100万年内在逐渐干旱化的澳大利亚繁盛起来。

纹草鹩莺就是其中之一，适应于荒漠沙地里的“油桉灌林—矛胶草”生境。遗传分析的出现极大促进了我们对于鸟类在不同分类阶元层面亲缘关系的了解。通常，这样的研究会导致亚种被提升为独立种，生活在威卢纳附近的纹草鹩莺种群就是如此。跟生活在东部地区的近亲相比，它们背部的羽色更为鲜亮，胸部羽色则更显乳白。

在威卢纳附近，还生活着西草鹩莺的指名亚种（*Amytornis textilis textilis*），它们自被欧洲人发现以来，就一直是困扰分类学家的中心难题。西草鹩莺指名亚种早在1818年就被发现和描述[32]，是最早被命名的一种草鹩莺，并在接下来的近一个世纪内被人们所遗忘。此后，其他外形类似的种类也被归入西草鹩莺，进一步加剧了围绕该种的分类问题。直到1972年，南澳大利亚博物馆（South Australian Museum）的沙恩·帕克（Shane Parker）才揭开了相关标本的错误鉴定及丢失历史。他指出，多年来人们没有区分清楚西部的西草鹩莺、乌草鹩莺和东部的厚嘴鹩莺。

帕克还指明，跟乌草鹩莺相比，西草鹩莺和厚嘴鹩莺之间的亲缘关系更为接近。西草鹩莺和厚嘴鹩莺都偏好相似的滨藜或澳地肤灌木丛，乌草鹩莺则更喜欢澳大利亚中部及昆士兰州西北部岩质山脉覆盖着矛胶草的巨石和碎石陡坡。主要基于栖息地偏好上的这种区别，帕克将西草鹩莺和厚嘴鹩莺归为了同一种。而根据遗传分析，西草鹩莺被提升为了独立种，跟厚嘴鹩莺相比，

左：西澳大利亚威卢纳某岩池（Rock Pool）附近一只西大亭鸟（*Chlamydera guttata*）的铅笔习作。

下：西澳大利亚威卢纳附近一只灰蚊蜜鸟（*Conopophila whitei*）的铅笔习作，能够这样仔细观察鸟儿作画的机会并不多，这只鸟跟其他种类混群觅食。

右页：西澳大利亚威卢纳附近一只伯氏鹦鹉（*Neopsephotus bourkii*）的铅笔习作。

[32] 译者注：西草鹩莺最早被描述命名的年份应是1824年。

它的羽色更深，尾羽也更长。与此同时，身形更为粗壮的厚嘴鹩莺，其分布也局限在了弗林德斯和澳洲中部山脉以东。最有可能对西草鹩莺造成威胁的是澳大利亚中部数量正在激增的野化家猫，它们是强大且冷酷高效的猎手。集约化的放牧也蚕食着鹩莺的栖息地，让它们更为暴露在捕食者面前。这样的问题已如此严重，以至于西草鹩莺可能濒临灭绝，它们已经从德克哈托格岛（Dirk Hartog Island）消失，在剩下依然存在的地方也呈片段化分布了。

我很开心地发现我们的营地距坎宁牧道的起点很近，这条路从金伯利的霍尔斯克里克（Halls Creek）通往威卢纳，沿途有大约48个水井供水。沿着这条路最后一次驱赶牲畜发生在1959年，因此当地的栖息地还没有遭到严重的破坏。二号水井周围就能观察到各种各样有意思的鸟类。

觅食混群

有一天，我们站在一片茂密的无脉相思树灌木丛附近，突然遇到了一群小鸟不期而至，这是个觅食混群。这种现象已经广为人知，在热带雨林里尤为突出。聚集活动的鸟类会惊扰昆虫、蛴螬及其他猎物，能够让集群的成员更容易找到食物。混群内的所有种类都能从中受益，并且由于取食方式的不同而得以共存，它们之间的互补性要远大于竞争性，这也正是我们澳大利亚鸟类起源之初就在行为上存有的印迹。随着澳大利亚向北漂移和干旱化，澳大利亚鸟类虽然适应了气候的逐渐变化及伴随而来的干旱，但在行为上仍然保留了雨林起源的印迹。

在我们见到的这个觅食混群里有三种刺嘴莺，包括蓝灰刺嘴莺（*Acanthiza robustirostris*）、宽尾刺嘴莺（*A. apicalis*）和栗尾刺嘴莺（*A. uropygialis*）。当中还有一只年轻的红头鸲鹟（*Petroica goodenovii*），我在那里还给一只辉蓝细尾鹩莺雄鸟画了幅素描。尽管其他体形较大的鸟类不是觅食混群的成员，我也给它们画了素描：澳大利亚西部的灰钟鹊在上胸部有一道如项链般的黑色纹路，还有一幅刺颊垂蜜鸟和西大亭鸟的很有参考价值的素描。当然，这些活跃的鸟类也吸引来了捕食者，我因此有机会给一只领雀鹰雕鸟画了幅画。

灰蚊蜜鸟

出现在二号水井的鸟类中还有灰蚊蜜鸟，它羽色暗淡低调且分布偏远，所以很少被鸟类学家观察过。劳森·惠特洛克于1901年发现了这种其貌不扬的小型蚊蜜鸟，诺思（North）在1910年将其命名为*Lacustroica whitei*。灰蚊蜜鸟身上已经展现出了一些类似于棕斑蚊蜜鸟（*Conopophila albogularis*）羽饰的迹象，它的喉部羽色较浅，上胸部羽色则稍深，同时飞羽的羽缘也渲染了些许黄色。红喉蚊蜜鸟（*C. rufogularis*）则展现了与前述两种相反的前胸图案，它的喉部为栗色，胸部则为浅色。由于这些羽色上的特点，灰蚊蜜鸟被试探性地归入了蚊蜜鸟属（*Conopophila*），而实际上我们对于该种的起源及与其他种类的亲疏远近依然知之甚少。

下：北领地博罗卢拉鹊雁（*Anseranas semipalmata*）幼鸟和成鸟的头部铅笔习作。

右页：卡卡杜（Kakadu）安邦邦牛轭湖（Anbangbang Billabong）飞行中鹊雁的铅笔草图。在北领地最北端的水源地很容易见到这些鹊雁，最初是为澳大利亚联邦科学与工业研究组织出版，罗宾·泰勒所著的《大墨尔本地区的野性之地》一书所绘。

伯氏鹦鹉

对我来说，找到了一个小巧美丽的伯氏鹦鹉的巢是令人激动的发现之一。一棵无脉相思树（*Acacia aneura*）的分叉处因一根树枝折断形成了树洞，这个巢就位于里面。能够在如此艰难且干旱肆虐的季节当中繁殖，充分说明了这种顽强的小型鹦鹉的适应能力。

这个巢让我可以仔细观察和描绘停栖在附近且处于放松状态的伯氏鹦鹉。它们往往在晨昏光线非常不好，甚至完全天黑的情况下才会飞到取水处喝水，因此通常情况下非常难于被观察。而在受到惊扰，以及有观察者存在的情况下，鸟类会表现出迥异的姿势和行为。我更愿意去描绘它们自然的行为，哪怕很少有人观察到过类似的状态。

约翰·麦基恩是一名狂热的观鸟爱好者，并且很在意给自己的目击鸟种清单“添砖加瓦”，所以他非常想见到平生的第一只伯氏鹦鹉。我们知道有个地方总会有鹦鹉飞来饮水，因此约翰在他不得不返回珀斯的前一天就摸黑出发，去蹲守黎明时分飞来的目标。遗憾的是，设定的闹钟没能及时唤醒他，导致他错过了最好的时机，待他抵达目标出现地点时，太阳已经升起，伯氏鹦鹉也早就喝完水离开了。第二天早晨，心有不甘的他很早就起了床，赶往鹦鹉会来喝水的水槽。约翰在一片漆黑中纹丝不动地静静等待，结果却睡着了，直到被升起的太阳给晒醒。伯氏鹦鹉又已经飞走了。单纯用沮丧已经不足以形容他糟糕的心情了。这个例子也表明了难怪

人们有时会（误导性地）将伯氏鹦鹉称作夜行鹦鹉（night parrots）或日落鹦鹉（sundown parrots）。

我们是坐一辆路过的半挂货车回到珀斯的。那台借来的丰田皮卡车的里程表显示这辆车已经行驶了51 500千米，事实证明它从来没有得到过维护保养，还能开这么远已经是超水平发挥了。这是一次漫长且令人疲乏的旅程，所以我们都回到各自的家里休整，理查德开始了写作，我则着手为鹩莺专著完成一些插画。

总体而言，为鹩莺专著中每个物种所做的工作可以分为三个几乎等长的阶段：野外考察，设计和绘制草图，最后的完成插图要花上大约三周的时间。当然，野外考察和现场素描从未真正完结过，随着不断地观察和绘画，我对鹩莺的了解也愈发深入。

一旦把握了某种鹩莺的生理结构和特质，我就会选出少量更好的草图开始创作。我会重新绘图，为这些画增添更多的细节，并且将其互相关联，使之成为一幅具有吸引力的插画的结构。这种方式也适用于创作插图的背景，无论是画景观层面，还是鸟类生境的一个小切片都可以。

当想清楚自己打算画什么的时候，有时是从细节满满的全幅黑白图画起步，有时是从小幅的彩色绘画入手，这样便开始准备最终的插画了。我会首先画出背景，然后添上鸟类。这可能是一个费力且需要耐心的过程，经常要停下来研究资料和描绘微小的细节。一切顺利的话，每一只鹩莺的绘图会花上我两三天的时间，而每幅插图则需要大约三周高度专注的工作。

1978年，我和理查德前往造访西阿纳姆地区（West Arnhem Land）和金伯利的巨大砂岩露头。当我们的班机接近达尔文（Darwin）的时候，从空中可以看到1974年圣诞节期间飓风“特蕾西”（Cyclone Tracy）造成的破坏。在这之后的五年内，当地多数的基础设施和房屋都得以修复，但杂乱无章的倒木依然是飓风巨大破坏力和当时被摧毁景观的见证。

第二天早晨，当我们去寻找白喉草鹩莺（*Amytornis woodwardi*）的时候，才意识到前一晚参加某位联邦科学与工业研究组织鸟类学家的欢送会是个错误。

上：《砂岩精灵》（*Sandstone Spirit*），水彩画，28 厘米 ×38 厘米。一只成年的褐隼掠过库努纳拉附近欢乐谷（Happy Valley）的岩石，我们在此寻找杂色细尾鹩莺。山顶被侵蚀出的形状让人联想到某位古老的守护女神，也是画中让人无法抗拒的主题；用水彩来表现矛胶草也是我乐于接受的一个挑战。

我们在卡卡杜高速上向东转，前往埃尔沙拉纳（El Sherana）的宿营地，沿着一条两边都是高粱的土路继续驾车，偶尔会停下来观察诸如雉鸦鹃（*Centropus phasianinus*）或裸眼岩鸠（*Geophaps smithii*）这样面颊似涨红了脸的鸟类。它们会在车辙里觅食，待车驶近了之后，就会躲到路边的草丛里。日渐稀少的黑冠鹦鹉（*Psephotellus dissimilis*）在松溪（Pine Creek）附近的林地高草间散落的蚁丘洞里筑巢，但是我们这次的搜寻并没有找到鹦鹉巢。

我们经过了坎博尔吉（Kambolgie）和尤米克米克（Yurmikmik），到铀开发专项瀑布（Uranium Development Proprietary Falls）停下，库尔平溪（Koolpin Creek）在此处从断崖上跌落，注入下方一个漂亮的水潭中。走过沙洲，走进高大的白千层林，我们欣喜地发现树枝上蹲着一对美丽的棕鹰鸮（*Ninox rufa*）。一般情况下，它们只会睁开鲜黄色的双眼低头望着我们，惊讶于闯入者的贸然出现。这些令人印象深刻的鸟类无疑是澳大利亚最具吸引力的鸮类之一，体形跟南部的猛鹰鸮（*N. strenua*）几乎不相上下。不过，棕鹰鸮的头部显得更宽，而且如其名字所示，周身主要为红棕色。它们的下体有深浅不一的浅橙色和栗色的细密横斑，深褐色的背部有着窄窄的米黄色和浅姜黄色横纹。在我们的注视之下，它们似乎感到不自在，最后悄无声息地飞向林子深处，消失不见了。

我们转身沿原路返回了一小段，开始攀爬一个陡峭且宏伟的岩石坡，来到了埃尔沙拉纳阿纳姆地断崖的顶部，这里废弃的铀矿已于1959年关闭。如今，这道断崖是卡卡杜国家公园壮观核心景观的一部分，当时却还没向公众开放。断崖的顶部是峡谷和沟壑交错如棋盘般一个的高原，除非你对地势的起伏足够敏感，否则没法穿过这样的地形。深谷里长着各种灌丛和树木，高原上则长着一排排、一片片的针状矛胶草、灌丛和歪歪扭扭的树木。

白喉草鹩莺

白喉草鹩莺就生活在这些开阔多岩，覆盖着矛胶草的地方。它们是体形最大，可能也是最为自信的草鹩莺。白喉草鹩莺依然害羞且生性隐匿，跟同属的其他种类一样。它们的背部为黑色，两胁为鲜艳的栗色或姜黄色，前胸则为醒目的白色，看起来相当精神。它们觅食的动作很迅捷，活力四射地在岩石和植被间穿行，有时会跳起来捕捉空中飞舞的昆虫或是从悬垂的枝叶里啄食。如果受到了惊扰，它们会低头垂尾地像道闪电般蹦起来，消失在岩缝和石坎之间。

我和理查德跟着一对觅食的白喉草鹩莺穿过了它们的领域，雄鸟总是走在前面，时不时会站在突出的位置发出鸣唱。不过总体而言，它们觅食的时候会保持相对的安静。有时，它们会短暂地躲藏起来，回头观察我们，令人想起多氏草鹩莺的样子。

它们会在日出后一两个小时开始活跃，随着气温升高，则会更多地待在岩缝或植被下的阴凉处。我们有几天时间的机会观察白喉草鹩莺，我也为它们画了素描，并且也观察了断崖上的其他鸟类。

“紫胁细尾鹩莺”

杂色细尾鹩莺的一个亚种（*Malurus lamberti dulcis*）曾被视为独立种“紫胁细尾鹩莺”，仅生活在长有矛胶草和灌丛的多岩环境——倒是断崖上颇为典型的生境。它跟其他杂色细尾鹩莺亚种一样的小心翼翼，多数时间都躲在不易被看见的地方。从外形上讲，“紫胁细尾鹩莺”跟辉蓝细尾鹩莺不相上下的漂亮。雄鸟看起来整洁而干净，腹部纯白色，上腹两侧则为深蓝紫色，除此之外，它跟澳大利亚内陆的“紫背细尾鹩莺”（*M. lamberti assimilis*）羽色差异并不大。其他外形上的细微差别，例如“紫胁细尾鹩莺”尾羽较短或是喙较大，在野外并不容易察觉。雌鸟也非常有吸引力，背部从头至尾是暗淡的灰蓝色，眼先和下体则为鲜明的白色。在开阔的岩石地形里，这些美丽的鸟儿于断崖上的灌木丛中觅食时，会冒险出现在岩石表面，然后又赶紧躲回隐蔽处，这让观察它们变得容易了一些。

黑斑果鸠

山谷里的榕树偶尔会结出丰硕的果实吸引来黑斑果鸠（*Ptilinopus alligator*）。如果小心翼翼地潜随，有时能够接近这些平时害羞的鸟类。当我们站在断崖上面，果鸠们停栖在下方远处的一棵树上时，就更是如此了。

左页：展现在卡卡杜乌比尔（Ubirr）附近东阿利盖特河上卡希尔渡口周边筑巢的白腹海雕（*Haliaeetus leucogaster*），实际上这只海雕的草图临摹于新南威尔士州塔斯拉（Tathra）以北的阿拉古努海滩（Aragunnu Beach）。

西阿纳姆地区断崖的陡峭崖壁是卡卡杜的一大景观特色。除了不当的人为用火和引入的野化哺乳动物，断崖的大部分环境依然是真正的荒野。最近，旅游业的兴起开始吸引人们来到断崖游玩，双子瀑布（Twin Falls）、吉姆吉姆瀑布（Jim Jim Falls），以及偏远的诺尔朗吉岩（Nourlangie Rock）露头上面壮丽的原住民岩画遗址这样的地方尤为受欢迎。

再往北就是卡希尔渡口（Cahill's Crossing），这是位于东阿利盖特河（East Alligator River）上的一处浅滩，生活在断崖上的鸟类会来这里饮水，这让我们更易于观察它们。20世纪80年代，人们花了很大力气清除此优美环境中的野化水牛，但之后又放松了警惕，导致水牛的数量再度攀升，出于安全考虑，国家公园管理部门关闭了某些区域，禁止游客进入。

栗翅岩鸠

优雅的栗翅岩鸠（*Petrophassa rufipennis*）栖身于悬崖之上，以及其下崩塌四散的砂岩之间，它们的羽色有着堪称完美的伪装效果，若是保持不动则很难被发现。受到惊扰的时候，它们会表现出跟其他鸠鸽类一样的奇怪行为，不停地上下点头，像是要摆脱一些脑海中不受欢迎的想法。通常正是这样的动作引起了观察者的注意，暴露了它们的行踪。

它们摆动着小短腿在石崖边疾走，跳过岩缝时则振翅助力，这时便会展现出初级飞羽上显眼的栗色。栗翅岩鸠多在凉爽的清晨或傍晚活动觅食，白天最热的时段则躲在阴凉的岩缝里休息。

彩虹八色鸫

卡希尔渡口的另一端是一片藤蔓季雨林，其中更为阴暗潮湿的深处生活着美丽的彩虹八色鸫（*Pitta iris*）。它们跟噪八色鸫（*P. versicolor*）有着相似的行为，都在森林地面的落叶层里寻觅食物。它们肩羽上的那块亮蓝色区域会在阳光下熠熠生辉。不过，它们善于隐身在黑暗荫蔽之处，很少会冒险暴露在阳光直射的地方。

乌比尔位于附近纳达布洪泛平原（Nadab Floodplain）的边缘，是一组带有四万多年前岩画的岩石露头。它不仅对原住民具有重要意义，对来访的游客也带有一定的神秘色彩。其中一幅关于袋狼（*Thylacinus cynocephalus*）的画作尤为有意思，人们认为这是一种两三千年前就已经在澳大利亚大陆灭绝了的有袋类食肉动物，而且也不是会生活在澳大利亚北部热带地区的物种。

褐胸鸥鹟

乌比尔的岩壁间回荡起一声响亮的鸣叫，昭示着褐胸鸥鹟（*Colluricincla woodwardi*）的存在。这是一种生活在从金伯利横跨澳大利亚北部至卡奔塔利亚湾（Gulf of Carpentaria）麦克阿瑟河地区的悬崖和峡

谷当中的鸟类。格雷厄姆·沃尔什（Graham Walsh）是研究布拉德肖岩画的著名专家，他告诉我有一种原住民的信仰认为正是褐胸鸮鹟这种鸟（在原住民语言里称之为Gwion gwion）创作了那些远古岩画：它们会去啄岩石的表面，直到喙流出鲜血，岩画也被其血液染了色。它们是身形修长的鸟类，通常害羞而谨慎，但乌比尔川流不息的游客使褐胸鸮鹟已经习以为常，变得容易接近。它们沿着岩壁及其突出部分寻觅食物，待攀升到悬崖顶部的凸起处时发出鸣唱，那富于变化且高亢的鸣声在岩壁之间反复回荡。

白腹海雕

有一天傍晚，我和珍妮并肩站在乌比尔的山顶上观察一群又一群的狐蝠飞离位于卡希尔渡口藤蔓树林的昼间停栖地，在夜色中向着它们的觅食地进发。突然，狐蝠群中出现了一个庞大许多的身影，这是只白腹海雕雌鸟。只见它在狐蝠群中间飞来飞去，像燕隼抓蜻蜓一般抓走了一只狐蝠。这些狐蝠每晚都必须经受海雕追击的考验，它们致命的邻居就在距离渡口不远处的河边筑巢繁殖。

左页上：《绿棉凫在夕阳映照的水面》（*Yellow Waters – Green Pygmy-geese*），亚麻布油画，52 厘米 ×76 厘米。这幅画是到卡卡杜野外考察之后创作的，旨在表现当地傍晚时分微妙的色彩互补，并且捕捉到了夜幕降临时的宁静氛围。

左页下：一只年轻白腹海雕的铅笔素描，它还没有完全具备成鸟的羽饰，但根据其干净的白色和灰色体羽，可以推测它已经成年了[33]。

下：为创作《绿棉凫在夕阳映照的水面》画的铅笔草图。我在小船里坐了一天来完成这幅素描。

[33] 译者注：白腹海雕在野外需要大约 5 年的时间才能获得完全的成鸟羽饰，此时除浅灰蓝色的上体和黑色的飞羽，其他体羽几乎全为白色。作者在这里描绘的个体身上有了明显的白色体羽，推测大概已经 4 岁，所以才有了已成年但还不具备完全成鸟羽饰这样的表述。

白胸燕鵙

另有一天，珍妮凭借她敏锐的观察力，在乌比尔某处隐蔽的岩缝里找到了一群白胸燕鵙（*Artamus leucorynchus*），它们一起挤在藏身之处，抱团取暖。当晚下着小雨，气温也较低。尽管我们的视线跟燕鵙所在位置齐平，但一来它们的羽色有着很好的伪装效果，二来它们挤得实在太密密麻麻，所以几乎不可能数清楚究竟有多少只。它们细密柔软的羽毛如此紧密地融合在一起，只露出明亮的小眼睛和尖尖的小嘴。

绿棉凫

我和珍妮还在卡卡杜目睹过不同物种之间非互惠性互动的一个有趣例证。这里在被宣布设立为国家公园之前叫作伍尔旺加（Woolwonga），我俩对此处都并不陌生。我们还曾造访过马穆卡拉（Mamukala）的观鸟屋，那里可是观鸟者的热门打卡地。珍妮注意到每对绿棉凫（*Nettapus pulchellus*）似乎都跟着另一种潜水觅食的种类活动。我们观察到每一次被跟随的黑喉小䴙䴘（*Tachybaptus novaehollandiae*）或者斑胸树鸭（*Dendrocygna arcuata*）潜水时，绿棉凫都会迅速游到它们下潜的位置。等到潜水种类像一个软木塞般突然又冒出来的时候，绿棉凫就可以贪婪地取食被它们从水底搅动着带到水面的水生动物。

这种互动显然不是互惠互利的，潜水的鸟类入水之后必须朝上划动以保持潜没状态，由此就产生了向上的涌流，很明显大大方便了绿棉凫的取食活动。

杂色细尾鹩莺

我和理查德最终离开了卡卡杜，前往金伯利的库努纳拉，途中先去造访了隐身谷（Hidden Valley）的砂岩露头。我们希望在那里找到杂色细尾鹩莺的另一个亚种，也被称为“紫胁细尾鹩莺”（*Malurus lamberti rogersi*）。该亚种仅见于金伯利的岩石和矛胶草生境，跟阿纳姆地区的 *M. lamberti dulcis* 的栖息地偏好相似。实际上，这两个亚种外形极为相近，最大的区别在于 *dulcis* 亚种的雌鸟眼先为白色，而 *rogersi* 亚种雌鸟的眼先则是栗色。此外，它们还有些细微的差异，*rogersi* 亚种的背部似乎渲染着更鲜亮的蓝色，而 *dulcis* 亚种则是较暗的灰蓝色。在跟杂色细尾鹩莺其他亚种分布范围重叠的地方，*rogersi* 和 *dulcis* 亚种都表现出杂交的现象。这一点我们可以在 *rogersi* 亚种中进行验证，因为这些鸟儿已被证明相对容易发现，也更容易观察。

理查德设法在米切尔高原（Mitchell Plateau）的一个维修营地给我们找到了住处，这里距离勘测者水潭（Surveyors Pool）不远，正是我们开始寻找黑草鹩莺（*Amytornis housei*）的地方。

黑草鹩莺

在我年轻的时候，黑草鹩莺跟夜鹦鹉（*Pezoporus occidentalis*）和埃坎草鹩莺一样都是鸟类学当中的神圣存在。黑草鹩莺最早于20世纪初被描述命名，此后一直默默无闻，直到1968年才被大英博物馆霍尔探险队在曼宁河（Manning Creek）沿岸翻倒的巨石间重新发现。该探险队通过极有条理、近乎法医般抽丝剥茧式的研究，找到了黑草鹩莺第一次被目击的确切地点。此处位于该种分布范围的南缘，博物学家乔·史密斯（Joe Smith）不久之后在其分布区北缘的米切尔河（Mitchell River）也找到了黑草鹩莺，他还非常热心地指引我和理查德找到了勘测者水潭。就是在那里长满矛胶草的砂岩岩缝和峭壁之间，我们也发现了黑草鹩莺。跟许多澳大利亚鸟类的状况一样，该种被认为稀有的原因与其说是种群的消失，倒不如说是人们没有花足够的努力到它们的栖息地开展调查。

黑草鹩莺是我们尝试在澳大利亚野外观察的所有鹩莺中的最后一种。我第一次见到它的经历颇为幽默。我们在天亮前寒冷的黑暗中离开了营地，决心要在黎明时分找到觅食的黑草鹩莺。因为白天变得炎热之后，它们就会躲起来。天一亮，我们就抵达了勘测者水潭，开始安静且警觉地步行穿过确信是黑草鹩莺绝佳栖息地的区域。我们就这样找了两小时却一无所获。到了早上八点，我俩开始分头行动以扩大搜索范围。汗水已浸湿了衬衫，但我们一只黑草鹩莺都没有找到。

我垂头丧气地坐到了一块矮石头上面，在

左：我和理查德·肖德在米切尔高原的勘测者水潭目睹了这只黑草鹩莺雄鸟的奇异展示后画的铅笔草图。它半翘着尾羽，展开两翼，跑下岩石冲向下方的雌鸟。我尝试了几次才弄清楚它的姿势，我们尚不确定这种动作的含义。

右页：《黑草鹩莺》（*Black Grasswrens*）局部，水粉画，33厘米×24厘米。雌鸟，引自专著《细尾鹩莺科》的图版。

树荫下伸直双脚放松放松。一阵清晰且尖锐的叫声将我从瞌睡里逐渐唤醒。左脚边的一个动静让我彻底清醒过来。一只黑草鹟莺雄鸟跳到了我放脚的岩石上面，它充满着活力，好奇地将身体弓起，俯身又伸直，左右摆动尾羽，上下打量着我这个侵入其领域的怪物。随后，它就溜到岩石背后消失不见。几乎与此同时，一只雌鸟又跳了出来。它避开了岩石，直接站到了我右脚靴子上。几分钟之后，雌鸟和雄鸟交换了位置，继续观察着我。直到它们确定侵入者并没有最初想的那么可怕，就悄悄地溜走了。我等了一两分钟，然后起身悄悄地跟上去，观察它们的行为。如此近距离地接触黑草鹟莺令人兴奋不已。

两只黑草鹟莺都在积极地觅食，活力四射地在裸岩上或跑或跳，它们也会探入深深的岩缝，仔仔细细地寻找种子和昆虫。雄鸟比雌鸟更爱发出叫声，我和理查德还目睹了一个奇怪的小小仪式。雄鸟先站在岩石顶上鸣唱，然后将身体向前探，同时展开两翼，再将尾羽部分竖起且张开。然后，它就会以这副姿态朝着岩石下方的雌鸟冲去。我们不清楚这种展示行为的具体意义，但好奇是否与“驱赶啮齿类”(rodent-running)有关。当受到威胁的时候，雌雄双亲都会冲向入侵者以保护自己的后代。或许这种展示还跟雄鸟表明自己的优势地位有关，而且还应当考虑到我们的存在可能也影响到了黑草鹟莺的行为。

连续几天，我们都赶在第一丝天光之前到达勘测者水潭，想观察黑草鹟莺开始进行觅食活动的场景。然而，每天它们都会等到太阳照热岩石，昆虫也变得活跃之后才现身。就一只

草鹪莺来说，黑草鹪莺的体形算是大的了，几乎跟白喉草鹪莺不相上下，但更显笨拙且紧凑。它们通常还会低垂着尾羽，看起来更加瘦削。不过当它们受到惊扰，跳出来探视四周时，会将尾羽稍稍翘起，情绪更为激动的时候，还会左右摆动。即便是低头垂尾在岩缝之间快速移动的时候，它们时不时也会翘起尾巴。

我发现黑草鹪莺跟乌草鹪莺一样的吸引人，一样的安静又富于好奇心。当然，它们又不像白喉草鹪莺、多氏草鹪莺，以及其他“纹草鹪莺”种组成员那样的羞怯而沉默。这些特质也给理查德·肖德所描绘的鹪莺演化谱系增添了一些佐证。

每天，我和理查德都会在勘测者水潭游个泳，给自己消暑降温。水潭里还生活着一条个头不小的澳洲淡水鳄（*Crocodylus johnsoni*），为了更仔细地观察它，我们偶尔会游到其所在的水潭一端，但尽量避免打扰它。

我们回到库努纳拉为接下来的旅程采购补给的时候，我跟一位浑身缠着许多绷带的年轻人聊了两句。我问他是不是出车祸了。答案是没有，他是在勘测者水潭里游泳的时候，被一条淡水鳄给咬了！

我们怀疑当时那条雌性淡水鳄正处在繁殖期，想必是在我们离开之后很快就产下了自己的卵。因此，当遇到水潭里新的闯入者之后，它选择了奋起保护自己的巢和卵。一般而言，澳洲淡水鳄没有什么攻击性。那位年轻人可真是倒霉，我们对此深表同情。

理查德租了架轻型飞机沿着砂岩断崖一直飞到了德比（Derby）。他猜想某些阻隔限制了黑草鹪莺的分布范围向东拓展，而东部显然存在适宜它们生存的砂岩栖息地。他确实找到了这些阻隔。它们分布区的西南部横亘着花岗岩组成的利奥波德山脉（Leopold Ranges）[34]，再加上宽阔的红土和玄武岩土壤带，确实构成了黑草鹪莺向东扩散的障碍。

然而，确实有草鹪莺生活在上述阻隔之外长有矛胶草的砂岩小山里。放牧牲畜的人会看到它们，偶尔也有相关的报告提交。但我们的问题依然是：它们究竟是哪种草鹪莺？若是按照理查德·肖德提出的理论，草鹪莺类的物种形成起源于一个祖先类型，黑草鹪莺代表了喉部带有纵纹的支系，多氏草鹪莺和白喉草鹪莺则代表了体羽纵纹明显的支系。那么，在菲茨罗伊克罗辛（Fitzroy Crossing）小镇背后的山里是否生活着类似多氏草鹪莺或白喉草鹪莺的种类呢？又或许在那里见到的是厚嘴鹪莺的一个新亚种，或是乌草鹪莺一个与世隔绝的亚种。越来越多的人开始去到那片地区旅行，这些问题应该很快会找到答案。

在返回库努纳拉的路上，我们在曼宁河谷稍作停留，想在最初发现黑草鹪莺的

左：杂色细尾鹩莺的钢笔画。

下：描绘在金伯利沃尔科特湾的清晨，一只正在进行日光浴的雄性红背细尾鹩莺的水粉习作，当它的羽毛被阳光照亮时，从背后望去，深红色的部分最为突出醒目。

右页：我跟理查德·肖德合作《细尾鹩莺科》时，画下的众多铅笔草图中的两幅。左上为纹草鹪莺；右下为乌草鹪莺。

[34] 译者注：2020 年之后，这一用比利时国王利奥波德二世（1835—1909）命名的山脉被用原住民语言重命名为 Wunaamin Miliwundi Ranges。

[35] 译者注：查尔斯·西布利（1917—1998）从 20 世纪 70 年代开始致力于运用 DNA 杂交技术系统研究鸟类的系统发育和亲缘关系，提出了一个跟过去基于形态学证据构建的鸟类分类系统存在很大差别的新系统，这也是分子生物学证据在物种分类方面的首次大规模应用。

尽管这种观点受到了抨击，但我们在自己的专著里面遵循了同样的分类体系。不久之后，耶鲁大学查尔斯·西布利（Charles Sibley）引领了分子生物学方面的突破性进展[35]，由此也为澳大利亚鸣禽的起源提供了新的认识。他证实了细尾鹩莺类在起源发生上自成一体，应当将它们从过去认为分布于欧洲和亚洲的亲缘种类里独立出来。

理查德还推测延续至今的鹩莺类辐射演化必定在第三纪早期或中期就开始了分化，当时澳大利亚和新几内亚岛仍是来自冈瓦纳超级古陆的漂移碎块，所处的位置也远比今天更加靠南。它们之间的相互联系必然跟新几内亚岛鹩莺们的早期先祖密切相关。

看样子新几内亚岛蕴藏着揭开细尾鹩莺演化秘密的答案，为此我们开始计划北上的行程。

地方碰碰运气。但是，这里的景观已被火灾严重摧毁，我们的尝试一无所获。

在《细尾鹩莺科》出版十年之后我又回到了金伯利，沿着巴赫斯登河（Bachsten Creek），在伊丽莎白山牧场（Mt. Elizabeth Station）和沃尔科特湾（Walcott Inlet）之间观察黑草鹩莺。似乎每次找到杂色细尾鹩莺，它们都跟草鹩莺在一起活动，我们的观察也得到了当地山民的佐证。

理查德·肖德于1975年发表了一篇论文，他在当中做了一个大胆却颇为合理的分类处理——将细尾鹩莺归入独立的细尾鹩莺科。

05

PAPUA
NEW
GUINE

巴布亚新几内亚篇

理查德对新几内亚岛的鸟类有着丰富的经验，而我还只是个新手，仅在1966年一次学校组织的旅行中到过该岛。我和理查德花了两年的时间准备，才最终得以成行。幸运的是，新几内亚鸟类学会的秘书布赖恩·芬奇（Brian Finch）接上了我们，并将我们带到了巴布亚新几内亚首都郊外博罗科（Boroko）的市民民宿（Civic Guest House）。学会的骨干们为我们提供了非常多的帮助，包括主席比尔·佩科欧弗（Bill Peckover）、财务彼得·赫伦神父（Father Peter Heron），以及布赖恩本人。

第二天早上，在等候租用车辆的时候，我们还拜访了巴布亚新几内亚环境部，跟该部野生动物局的局长纳武·夸佩纳（Navu Kwapena）进行了交谈，在出发去到野外之前向他详细介绍了我们的研究计划。

冢雉

我特别开心的是还遇到了环境部的部长卡罗尔·基萨库（Karol Kisakou）。他是一位令人印象非常深刻的人物，敏锐、才智过人，精力充沛且魅力十足。他很乐于谈论自己对冢雉的研究。冢雉是中大型的鸟类，看起来有点儿像呆板的家鸡，头后部有一个突起的三角形羽冠。有多种及亚种的冢雉生活在热带雨林、红树林和海滨栖息地，它们大多会用土和腐败的植物来建造大型的巢，并且会控制巢内由植物腐烂产生的温度。卡罗尔·基萨库一直研究的冢雉生活在新不列颠（New Britain）的海滨，那里有持续不断的火山活动。这些冢雉就利用火山地区温暖的土壤来孵卵。雌性冢雉能用自己的喙来感受温度，从而将卵产在准确的深度，并且通过必要时去除或添加火山土壤使巢内温度保持在34℃。

冢雉雏鸟孵化的时候，两眼被一层薄薄的保护膜所覆盖，因而不会受到巢内泥土的影响。直到它们奋力钻出地面之后，这层膜才会脱落。出巢的过程可能会持续一两天，与此同时雏鸟的羽毛也会变干，因此当它们破土而出之后已羽翼丰满，也能照顾自己了。必要的时候，它还可以飞，简直就是个奇迹。

1974年，珍妮曾到过新不列颠，她跟杰出的制片人及摄影师戴维·帕雷尔（David Parer）一起为澳大利亚广播公司拍摄一部有关冢雉的纪录片。卡罗尔·基萨库则是该片的顾问。戴维在整个巴布亚新几内亚都受到很高的礼遇，既是因为他彬彬有礼，也是由于他对当地人和野生动物细致入微的影像刻画。

通常，戴维会躲进一个位于高处且极其

前页：华氏鹟莺（*Sipodotus wallacii*）的铅笔素描。

左页：《丽色极乐鸟》（*Magnificent Bird of Paradise*），水粉画，25厘米×20厘米。我们在科科达小径（Kokoda Track）研究棕鹟莺（*Clytomyias insignis*）时见到的一只雄鸟。

右上：一尊木雕的铅笔草图，它可能是立在猪圈旁防止偷盗用。

不舒服的掩体里，他要在里面待到为纪录片拍到完美的镜头才会罢休。这部片子不仅展现了冢雉，也关注了人类与它们的互动。新几内亚人世世代代以可持续的方式收集冢雉卵，经常还要在轰轰作响的塔乌鲁火山（Mt. Tavurvur）的阴影下冒险活动。塔乌鲁火山是一座危险的活火山，也曾是拉包尔火山口的一部分。1994 年的大喷发基本摧毁了拉包尔火山口。

等到了下午，我们才设法启程前往布朗河（Brown River）寻找蓝细尾鹩莺（*Malurus cyanocephalus*）。起初，我们行驶穿过类似澳大利亚北部的热带稀树草原林地，该地区的景观主要由草地和白桉（*Eucalyptus alba*）构成。但很快就进入了热带雨林，新几内亚极乐鸟（*Paradisaea raggiana*）穿越道路时就从我们的车顶飞过。

蓝细尾鹩莺很好奇，因而容易被观察到，在莫尔斯比港[36]等地附近的滨海雨林里，它们的数量很多。然而，我们的进展并没有想象的那般顺利。

第二天，我们得以在早上六点半就出发前往瓦乌（Wau）和坎迪山（Mt. Kaindi），开车行驶在莱城（Lae）郊外崎岖泥泞的路上，还要穿过人头攒动的村镇，以及当中四处游荡的狗、鸡和猪。理查德警告我无论发生什么状况都不要停车，哪怕是撞到了任何东西，必须尽可能地加速驶离才行。幸运的是，我们小心翼翼地前行，没有发生任何事故。

抵达坎迪之后，我们就开始寻找斗牛犬小道（Bulldog Track），也被称作“莱茵霍尔德高速”（Reinhold's Highway），因负责建造它的总工程师而得名。1943 年，在威廉·莱茵霍尔德（William Reinhold）的领导下，澳大利亚工兵硬是用镐、铲子、撬棍和炸药修出了这唯一一条穿越巴布亚新几内亚中央山脉可供行车的道路。如今，它已废弃为仅能步行通过的小径。

斗牛犬小道位于科科达小径以西约 100 千米处，相比而言前者更为崎岖陡峭，也被认为是全世界最具挑战性的热带山地森林徒步路线之一。在靠近瓦乌的起始部分是郁郁葱葱的丛林天堂，森林早已从当年工程建设的破坏中迅速恢复。

褐镰嘴风鸟

在昏暗潮湿的环境里，开阔的小道提供了良好的视野，也让我们能悄无声息地走动。树干和树枝上满是苔藓、兰花及其他的附生植物。一只褐镰嘴风鸟（*Epimachus meyeri*）发出了略显机械，似机关枪开火般的“嗒—嗒—嗒—嗒”声，提示着我们已经置身未被破坏的原始雨林。褐镰嘴风鸟体形不小，体长接近一米，

左下：巴布亚新几内亚维马里河（Veimauri River）附近一只蓝细尾鹩莺幼鸟的铅笔素描，这幅图最后被用来创作了《细尾鹩莺科》中该种的图版，水粉画，33 厘米 ×24 厘米。

右页：《细尾鹩莺科》中的蓝细尾鹩莺图版，33 厘米 ×24 厘米。

[36] 译者注：莫尔斯比港是巴布亚新几内亚独立国的首都。

（*Manorina*）的亲缘关系很近，但不如该属鸟类灵活。它会摆出许多与矿吸蜜鸟属相似的姿态，身体向前，平举着头。博氏寻蜜鸟梳理羽毛或放松时，姿态很类似，会摆出在矿吸蜜鸟属意味着威胁的样子。弱势个体表达顺从时则会弓背，毕恭毕敬地将头抬起。

我们知道曾有人在此见过棕鹟莺，就决定第二天一早再回到这片美丽而原始的雨林。第二天早上 5 点半，我们就离开了瓦乌生态研究所，但直到 7 点才抵达目的地。

它用有力的双脚不知疲倦地在树枝间跳跃，时不时停下来用喙尖啄取果实，然后潇洒地向后一仰头就吞了下去。它偶尔也会倒悬于树枝上，用喙在厚厚的苔藓中刺探，可能是在寻找昆虫。

博氏寻蜜鸟

这里也是我第一次见到博氏寻蜜鸟（*Melidectes belfordi*）的地方，这是一种体形较大、精力充沛的寻蜜鸟，它的叫声会让人想起澳大利亚的黑额矿吸蜜鸟（*Manorina melanocephala*）。它确实与矿吸蜜鸟属

公主长尾风鸟

我们刚到目的地，就遇到了一只公主长尾风鸟（*Astrapia stephaniae*），并且有了非常好的观察机会。它停在了一根水平的树枝上面，开始仔仔细细地梳理羽毛。它全身羽毛蓬松，头放松地靠在自己的肩上，又粗又长的尾羽垂直地坠在树枝下方。它的轮廓看上去像是头后面凸出来一大块，那其实是蓬松而突出的羽毛。

公主长尾风鸟开始觅食的时候，会像松鼠般跳跃着，迅捷矫健地在树枝间穿行，看起来就像是美洲的灰腹棕鹃（*Piaya cayana*）[37]。它活力十足，时不时不安地拍打翅膀，其身姿和振翅的样子，令我想起在塔龙加动物园（Taronga Park Zoo）见过的一只在笼舍内来回踱步的烦躁琴鸟。

左上：埃福吉（Efogi）以北科科达小径的一只色彩艳丽的棕胸寻蜜鸟（*Melidectes torquatus*）的铅笔及钢笔素描。

右页：《粉顶果鸠》（*Rose-crowned Fruit-dove*），水粉画，25 厘米 × 20 厘米。粉顶果鸠（*Ptilinopus regina*）生活在澳大利亚北部的热带地区，向北延伸至托雷斯海峡（Torres Strait）的岛屿，图中描绘的正是它在栖息地内的场景。在莫尔斯比港附近的一笔早期记录至今存疑。

[37] **译者注：**灰腹棕鹃的英文名是 Squirrel Cuckoo，直译即“松鼠鹃”，因其羽色和在枝头间跳动的姿态而得名。作者在第六章“北美篇”有专门介绍该种。

红胸侏鹦鹉

我有的时候会遇到某种对自己而言是全新的鸟类，此前完全就不知道它的存在。当我们沿着小道漫步前行时，我突然注意到一只身形娇小、特征突出、小精灵般的鹦鹉。跟这只小鸟的不期而遇让我兴奋不已。理查德自然毫不犹豫地就认出来这是只红胸侏鹦鹉（*Micropsitta bruijnii*），但对我来说则是只令人惊叹的如珠宝般美丽的鸟儿，它背部的绿色，映衬着脸颊的橙色，枕部和胸带为蓝色，腹部则是鲜红色。

它头朝下，显然是在苔藓和地衣里觅食。它能够像澳䴓[38]一样在树干上垂直移动，但会更为稳重地在小树枝和小树干上爬上爬下。红胸侏鹦鹉主要是在垂直的树干上活动，这与吉利亚德和罗宾逊在乔·福肖（Joe Forshaw）所著的《世界鹦鹉》（*Parrots of the World*）中的描述相左。它明显地弓着背，两腿伸开，脚趾张开，翼尖略微展开垂在尾羽两侧。

红胸侏鹦鹉的尾羽跟啄木鸟的同样实用，有着类似的坚硬且突出的中央羽轴，发挥功用的方式也一样。它的尾羽总是撑在树干上，当侏鹦鹉向上觅食的时候，尾羽可以起到支撑作用，即便当它头朝下的时候，尾羽也会接触或是几乎接触着树干。它吃东西的时候，身体不怎么动，但头部却相当活跃，时不时会停下来观察四周。它的进食行为很积极，但移动却比较慢，在树皮的凹陷处啄来啄去。据我所知，它在寻找一种爱吃的真菌。这只可爱的小鸟有条不紊地花了约15分钟，上上下下地在一棵正值壮年的树的垂直小枝上觅食。我们没观察到它挪到更粗的树干上活动。

我们关于细尾鹩莺科的专著最终出版时，我许多的野外素描也被用来点缀文本，包括鹩莺之外的其他野生动物。这点并不奇怪，因为我们的时间都花在了观察遇到的所有野生动物上面，并不只局限于鹩莺。这也让我能够描绘出不同种类鹩莺所处的生态系统特征。在巴布亚新几内亚，我和理查德一天内记录过183种鸟类。即便是在澳大利亚，我们某次外出时也见到了超过160种鸟类。如果由于我们因鹩莺而来，却忽视了这样宝贵的机会，可就太遗憾了！所以，我也借机画下了这只娇小的鹦鹉。

新几内亚岛的森林中充满了令人兴奋的鸟类，我笔记本里全是它们的身影。然而，我们找寻棕鹩莺的希望却破灭了。我们的旅程计划安排得很紧张，所以该启程前往下一个目的地，位于巴布亚新几内亚东塞皮克地区（East Sepik）更靠北且偏西的地方。

经历过原始山地森林的热闹之后，我们所处的新环境显得格外安静。作为东塞皮克省首府的韦瓦克（Wewak）有许多杂色吸蜜鸟（*Gavicalis versicolor*），但在通往该省下辖区域马普里克（Maprik）的路边，有着因森林被砍伐开垦为红薯种植地而形成的大片白茅草地。这些开垦种植行为破坏了土壤，阻止了次生林的再生。由于大多数的生态系统都依附于原始森林和次生林，生长白茅草的地方也就动物组成贫乏了。

当地人建造栏柱式的猪圈供饲养的猪过夜，通常还以引人注目的雕像进行装饰。这些雕像用砍伐自森林的树干雕刻而成，通常都高

右页：阔嘴细尾鹩莺的雄鸟并不常见，我们到中塞皮克地区贾马村附近的森林寻找这种鸟。这幅图是《细尾鹩莺科》书中图版的细部放大，水粉画，33厘米×24厘米。

[38] 译者注：澳䴓科（Neosittidae）仅有三种，从形态和行为上都与北半球的䴓科（Sittidae）非常接近，但实际上这是趋同演化的结果，分子遗传学证据显示澳䴓属于广义上“鸦科”里的一个古老支系。

举着左臂，大概是为了驱赶恶灵，尤其是那些会偷猪的鬼魂。

为了寻找更好的研究地，我们开车转上前往帕圭（Pagwi）的路，希望能找到一片原始森林。在贾马村（Jama）附近找到一个可能之处后，我们回到马普里克的小屋扎营。

由于夜里的老鼠把小屋变成了它们的游乐场，第二天早上，我们5点半就起床了。请的两位当地向导却迟到了，而直到早上8点森林才变得喧闹起来，我们开始看见许多昨天下午遇到过的种类。

跟斗牛犬小道的森林有所不同，这片低地雨林的上层树冠缺乏苔藓和地衣，看起来更为干燥且开阔，但两片森林里都有着无数的藤蔓和附生兰花。

王极乐鸟

在众多鸟类中，看到一只鲜艳的深红色雄性王极乐鸟（*Cicinnurus regius*）沿着树冠垂下来的藤蔓努力向上攀爬，尤为让人开心。它的行动缓慢，几乎就是慢动作，全然没有我之前所认知的极乐鸟和园丁鸟那种蓬勃的活力。报告显示王极乐鸟雄鸟在求偶炫耀的树上会迸发出更大的活力和速度。我本以为它那鲜艳的深红羽色会在幽暗的林间熠熠生辉，但令人惊讶的却是，它亮蓝色的双脚甚至比白色的腹部还要显眼。

阔嘴细尾鹩莺

不管从哪个方面来看，阔嘴细尾鹩莺（*Chenorhamphus grayi*）[39] 都是新几内亚岛上真正堪称稀有的鸟种之一。这种鸟早年的记录主要来自该岛的西北部，但皮尔逊（D. L. Pearson）的发现扩大了该种的分布范围。他在20世纪70年代早期于东塞皮克省找到了阔嘴细尾鹩莺，我们也正在此沿着马普里克至帕圭的道路寻找该种。很难确定它们究竟是数量稀少，还是难于观察。关于野外生活的阔嘴

上：中塞皮克地区白茅草丛里白肩细尾鹩莺（*Malurus alboscapulatus*）的钢笔和铅笔草图。

下：贾马村的铅笔草图，我们寻找阔嘴细尾鹩莺时在此宿营。

右页：《白肩细尾鹩莺》（*White-shouldered Fairy-wren*），水粉画，33厘米×24厘米。为《细尾鹩莺科》所创作的图版。

---

[39] 译者注：作者在原文中将阔嘴细尾鹩莺归入了细尾鹩莺属（*Malurus*），但近来的分子遗传学证据支持将其置于独立的阔嘴细尾鹩莺属（*Chenorhamphus*）。

细尾鹩莺只有寥寥几笔的描述，它们似乎集成小群活动，以类似棕鹩莺的方式快速觅食，在林下灌丛间穿行时，会将尾羽不完全地翘起，伺机啄取被自己惊扰起来的昆虫。

白肩细尾鹩莺

待我完成为绘画背景所做的素描之后，我们开始退出森林，寻找阔嘴细尾鹩莺的努力仍然一无所获。但当我们在白茅草丛里穿行的时候，发现自己突然就处在细尾鹩莺的包围之中了。这是白肩细尾鹩莺，一种生活在草地里的鹩莺，它们就在我们前方移动，往往会从草茎的侧面蹦跳着攀到高处，观察我们的举动。黑色的雄鸟闪闪发亮，肩羽部位有着干净的白色区域，时常在暴露的草茎之间短暂飞行，这给了我极好的观察机会。这一小群鹩莺由一只身着繁殖羽的雄鸟和另外三只像是褪色的雌鸟组成，雌鸟背部为黑褐色，喉部和尾羽端为白色，眼周有着明显的似“眼镜”般的白色纹路。

这些鹩莺有个特点是不断地上下摆动尾羽，而不像我们经常看到的澳大利亚细尾鹩莺那样左右摆动。大多数情况下，它们会将尾羽高举或是与身体呈 90°，其尾羽也明显比澳大利亚的鹩莺更短更宽。它们的叫声像是澳大利亚蓝白细尾鹩莺的欢快版本，也更富有韵律。同时，它们的叫声与杂色细尾鹩莺那样的“红肩”鹩莺种组的不同，缺乏先导音节。

从外形上看，白肩细尾鹩莺跟紧凑、圆润的红背细尾鹩莺相似，但其尾羽很短，喙和跗跖则更长且粗壮。显而易见，白肩细尾鹩莺与澳大利亚干旱地区草地环境中的蓝白细尾鹩莺及红背细尾鹩莺亲缘关系相近，但在生境选择方面更为灵活。无论在哪里找到它们，总是伴有高草丛，包括森林被清除后形成的白茅草地，旧的庭院，甚至沼泽地。

第二天早上，我们启程前往韦瓦克，然后乘机飞往巴布亚新几内亚西部高地中心区域的哈根山（Mt. Hagen）和贝耶河保护区（Baiyer River Sanctuary）。

在高地飞行总是伴随着风险。中午时分，云层常常低悬在山间，极大地降低了能见度。理查德凭着自己长年在新几内亚岛的经验，急切地希望能够早点儿起飞。我们的飞机已经准备就绪，一群失去耐心的乘客在周围转来转去。然而，我们只能等着。

最后，一名穿着漂亮的意大利航空公司制服的 19 岁飞行员现身。理查德气得七窍生烟，我忙以这位飞行员应该经验丰富来安抚他。

我们怀着忐忑不安的心情登上飞机。飞行员很快就表现出犹豫不决的神情，当我们还在跑道上滑行的时候，他看起来就在一本薄薄的册子上来回翻找着什么。可能那是本飞行员自己的地图册吧。在我们起飞之后，飞越塞皮克河时，他终于转向乘客大声问道：“有人知道下面那条河叫什么吗？”

所有的 14 名乘客以各种语言大喊：“塞皮克河！”

我们稳稳地向着遮蔽群山的云层边飞去。云层曾一度散开，而飞行员误将地面的一个小定居点认作了贝耶河保护区。到了这个阶段，理查德满脸都写着不快，当我们穿过薄雾下降，

左页：我们在从森林中出来返回贾马村途中见到的强大的新几内亚角雕（*Harpyopsis novaeguineae*），水粉画。

哈根山机场开始映入眼帘的时候，我对他说：“你我都知道这是哈根山，但我想知道飞行员认为自己会在哪里着陆呢？”

理查德还是不苟言笑，只是见到前来接机的罗伊·麦凯（Roy Mackay）时才笑了笑。罗伊会带我们去 40 千米以外的贝耶河保护区，那里有壮丽的森林和众多的鸟类。澳大利亚政府于 1968 年初在那里设立了自然保护区，之后其范围有所扩大[40]。

遗憾的是，最近几年该地区局势较为动荡，保护区的主要建筑毁于大火。我想保护区圈养的鸟类已遭灭顶之灾，它们多是可供食用的大中型鸟类。我们在那里的时候，这些圈养鸟类引发了我的极大兴趣，让我有机会为某些比较怕人的种类绘制详尽的素描。

新几内亚角雕

我在贝耶河保护区才有了机会近距离观察一只新几内亚角雕，领会到它是如此非凡的一种鸟类。

前一天，我们在离开低地森林来到开阔地的时候，见识了一场由一只新几内亚角雕雄鸟奉上的壮观的空中表演。它半收两翼，向前翻滚进入俯冲，达到俯冲最低处的时候又展开翅膀和尾羽开始爬升，到最高点之后又开始新一轮的俯冲。在很短的时间内，我们观察到 3 次 20 ~ 50 米的俯冲，每次持续两三秒。

新几内亚角雕是一种与众不同的鸟类。它的两翼相对较短，显得很圆，尾很长且尾端圆，尾羽上还有规则的深色横斑，末端的一条横斑最宽，黄色的跗跖长而裸露。在许多方面，它都像一只特大号的鹰，适于捕猎小袋鼠、负鼠和树袋鼠。此外，按新几内亚人的说法，它还会猎杀他们饲养的小猪。

对于这样一只让人过目不忘的大鸟来说，“可怕的捕食者”这个描述似乎过于温和了。当它“守株待兔”式捕猎（即停栖着搜寻猎物）时，时而会以扭曲的姿态，将头水平前伸或向侧面伸出，看起来像是只巨大的鹰，尤其像褐肩鹰（*Erythrotriorchis radiatus*）。新几内亚角雕的猎物包括袋貂、负鼠、树袋鼠和小袋鼠，可能还有一些树栖鼠类。偶尔，它们会降落在带有树洞的树枝上，洞内就藏着猎物。新几内亚角雕会摇晃或者撞击这种树枝，希望能将负鼠或其他猎物惊吓出来。如果这招不起作用，它们可能就会用强健的脚爪慢慢地撕开树枝，将猎物显露出来。

左页上：美丽的蓝极乐鸟（*Paradisaea rudolphi*）的铅笔和水粉画，该种的求偶炫耀长期以来一直成谜。

下：科科达小径上一只丽色极乐鸟（*Cicinnurus magnificus*）的铅笔和水彩画。

据新几内亚人讲，角雕会闭着眼穿过树冠层追猎小袋鼠，有时会突然地降落在一只受惊吓的小袋鼠边上，然后有力地拍打着半收的两翼，徒步追击猎物。我目睹过它们敏捷的步伐，也相信新几内亚角雕能够在地面追逐和捕捉动物。

新几内亚角雕飞行强而有力，游刃有余，它们可能会在空中盘旋，或是紧贴着树冠翱翔。但它们更经常停栖在森林的树冠层下方或高大的枯树上面，搜寻猎物。

清晨，我们从贝耶河保护区出发，前往汤巴（Tomba）过夜，寻找棕鹡莺。在穆尔穆尔垭口（Mur Mur Pass）附近的一个小斜坡曾有过该种的记录，但是当我们抵达时，发现当地的森林已经被大量清除了。

极乐鸟

在我们营地附近有一棵结果的小树，是棵辐叶鹅掌柴（*Schefflera actinophylla*），有只杂交的极乐鸟飞到了这棵树上面。它是绶带长尾风鸟（*Astrapia mayeri*）和公主长尾风鸟之间的杂交个体。哈根山和吉卢韦山（Mt. Giluwe）位于绶带长尾风鸟分布区的东界，这两种长尾风鸟之间的杂交并不少见，曾被认为是独立种巴恩斯长尾风鸟（Barnes's Astrapia）。贾雷德·戴蒙德指出在较低海拔的杂交个体更接近公主长尾风鸟，较高海拔的则更像绶带长尾风鸟。但是，它们出现的地方也非常局限。在巴布亚新几内亚西部高地的其他地区，吉卢韦山和瓦巴格（Wabag）及波尔盖拉（Porgera）西北边的山系，绶带长尾风鸟和公主长尾风鸟在海拔分布上互相替代且没有出现杂交。这两种确实是独立的物种。直到 20 世纪 30 年代，巴恩斯长尾风鸟仍被认为是独立种，1948 年汤姆·艾尔戴尔（Tom Iredale）将其描述为 *Astrarchia barnesi*。汤姆出生在英国，属于自学成才的鸟类学家。从那之后，巴恩斯长尾风鸟就被认为是杂交个体，再没有现代的鸟类分类学家尝试将其分为独立种了。

以水果为食的鸟类会在一天当中的固定时间轮流访问一系列的食源树，因此上午的食源树在下午可能就会被完全忽略，反之亦然。我守在那棵辐叶鹅掌柴的附近，一只极乐鸟再次飞来觅食了。不知什么原因它的姿态显得弓腰驼背，行动也显迟缓，并没有我此前在斗牛犬小道上观察过的纯种公主长尾风鸟那般活泼。

从剪影上看，它更像绶带长尾风鸟。它的尾羽则是公主长尾风鸟的尺寸，较宽且较短，但三分之二的长度为白色，尾端为黑色[41]。我们观察到的 3 只雄鸟都是差不多的杂交个体，至少外形都是相近的。雌鸟看起来跟雌性公主长尾风鸟非常相似，但是同样不如后者那么有活力。同样的，杂交雌鸟两胁的横斑也更不明显。雌雄杂交个体都像松鼠一样在树枝上蹦来蹦去，取食浆果。当它们飞走的时候，会从一

---

[40] **译者注：**第二次世界大战之后，联合国于 1946 年将原英属和德属部分的新几内亚岛交给澳大利亚托管，1949 年澳大利亚将上述两部分合并为“巴布亚新几内亚领地”。1975 年 9 月 16 日，该地区宣布独立，即巴布亚新几内亚独立国。

[41] **译者注：**雄性绶带长尾风鸟两枚白色的中央尾羽长度接近或超过 1 米，宽约 2 厘米，长而飘逸，仅尾端黑色。雄性公主长尾风鸟的中央尾羽则全黑，其羽片从尾根向尾端逐渐延展扩大。由作者在此处的描述可知，他所观察的确实是一只杂交个体。

棵树的顶端翻飞到另一棵树上，长长的尾羽飘扬在身后。如果飞行的距离较长，它们则会飞得又快又直。

穆尔穆尔垭口还有很多其他有趣的鸟类。虹膜绿色的红背嗜蜜鸟（*Ptiloprora guisei*）和黑背嗜蜜鸟（*P. perstriata*）等两种嗜蜜鸟的分布区在该山脊有所重叠。后者的羽色比前者的更深，体形也更大，背部的黑色羽毛也缺乏红褐色的羽缘。两种鸟的虹膜颜色都是鲜艳的灰绿色，这点在嗜蜜鸟中还蛮特别的。

垭口还有三种鼠莺，其中山鼠莺（*Crateroscelis robusta*）的外形让我联想到芦苇莺。它在茂密的灌丛地面觅食，一旦受到惊扰就迅速地爬到高处躲藏起来。

第三天，我们回到了莫尔斯比港，并在接下来的清晨跟布赖恩·芬奇一起出发，赶在天亮之前到布朗河边寻找蓝细尾鹩莺。这是一种在新几内亚比较常见的鸟类，但我还是需要在我们的专著中为它准备素描。

终于找到蓝细尾鹩莺

7点钟时，我们听到了蓝细尾鹩莺的叫声，一种有力且婉转的叫声。它们在沼泽附近一条路边的低地雨林的次生林里活动，在草丛和低矮灌木里进进出出地觅食。看起来有两只雄鸟和一只雌鸟在一起活动，行为的方式相当符合人们对细尾鹩莺属（*Malurus*）的期望。鹩莺就要有鹩莺的样子嘛。跟雌鸟相比，雄鸟的身体显得更长，尾羽也显得更宽，并且常常翘起。雌鸟背部的栗色让我想到了杂色细尾鹩莺，不过这可能只是我天真的错觉罢了。雌雄尾羽的宽度其实相仿，雄鸟的尾羽是蓝黑色，雌鸟的每枚尾羽端则有着醒目的白色条带。蓝细尾鹩莺常常看起来像蹲伏着，姿态相对较低，但跟澳大利亚的细尾鹩莺一样充满了活力。

它们主要是从小灌木接近地面的矮枝上啄食昆虫，在枝头间蹦来蹦去，或是在栖枝之间快速地上蹿下跳。它们似乎是在灌丛当中有条不紊地搜寻着昆虫。这一群蓝细尾鹩莺由一只羽色鲜艳的雄鸟带领，它会时不时地站到暴露的栖枝上面。雌鸟则要谨慎得多，也就更不好观察。雌鸟会像我们所熟悉的澳大利亚华丽细尾鹩莺那样，翘起它显眼的尾羽，左右来回摆动。同时它还会通过鸣叫来跟群体里的其他个体保持联络。当雄鸟们处在兴奋状态，也倾向聚集在若隐若现的栖枝上时，雌鸟会傲气地将尾羽竖立起来。我们花了将近两小时一直观察这群光彩夺目的蓝细尾鹩莺，它们也一直逗留在某片直径约65米的区域内，多数时间沿着路边活动。

华氏鹩莺

为后续工作收集到了足够的素描素材，我们就继续前往维马里河边的一个木材保护区。布赖恩·芬奇有进入该保护区的办法，我们则希望能在此处找到对于完成鹩莺专著来说至关重要的一个种类。华氏鹩莺是最小的鹩莺，可能

[42] **译者注：**阿尔弗雷德·华莱士（1823—1913），英国著名博物学家、探险家、人类学家及生物学家，以与达尔文共同提出基于自然选择的演化论而享誉世界。1858年7月1日，英国林奈学会在一次补选会员的紧急会议上分别宣读了达尔文手稿的摘要和华莱士的论文，由此宣告演化论的正式公开发表。

[43] **译者注：**华莱士于1858年2月在给达尔文的信中附上了所著的论文《论变种无限远离原种的倾向》（*On the Tendency of Varieties to Depart Indefinitely From the Original Type*），在其中明确指出了生物与环境的适应关系对于物种演化的决定性意义。达尔文在收到来信之后异常震惊，感到他长期以来思考的生物演化问题竟有被华莱士后来居上的可能。在朋友的建议和帮助之下，达尔文同意在林奈学会的会议上公开报告自己和华莱士对于演化论思考的最新成果。同时，华莱士的来信也促使达尔文开始动笔，抓紧写作《物种起源》一书。最终，这本划时代的著作于1859年11月24日正式出版。

左页：华氏鹟莺的铅笔素描，展示它们在林间前行时从枝叶上啄取昆虫的灵动天性。

下：华氏鹟莺的铅笔习作，表现它探视一片叶子的背面，搜寻昆虫的姿态。

也是最不为人所知的一种。它以阿尔弗雷德·华莱士（Alfred Wallace）[42] 的姓氏命名，华莱士几乎先于达尔文正式提出了有关自然选择促成物种演化的结论 [43]。跟华莱士本人的遭遇有些相似，华氏鹟莺也默默无闻了很多年。该种在 1860 年被欧洲访客首次发现之后，又过了 70 年才被真正认识到其在巴布亚新几内亚广泛分布的状况。从整个新几内亚岛被雨林所覆盖的山脉低矮缓坡，到海拔约 800 米的中央平原雨林，甚至海拔 1 200 米的山麓雨林都能见到该种的身影。

华氏鹟莺栖息于树上，而非林下灌丛，它们在倒木形成的空地或林缘的藤蔓和竹丛间活动。一般而言，它们的活动高度都在 2 米以上，但善于利用各种机会的它们也见于近地面至树冠层之间的任何区域。

华氏鹟莺是群居的鸟类，常聚成四五只的小群，也有 10 只一群的情况。它们还喜欢与其他鸟类组成觅食混群。我们在维马里河就遇到过一群，当中有卷尾、啸鹟、扇尾鹟、王鹟、噪刺莺和两个属的吸蜜鸟。这些鸟像一阵旋风般在林间掠过，后面跟着 6 ~ 8 只的华氏鹟莺，似乎是在取食被混群里其他先行的成员惊扰出来的昆虫。它们身手敏捷地在枝丫和藤蔓间觅食，或是用喙在树叶下探查，或是像噪刺莺般在枝叶间翻飞着捕食。有时，它们还会像鹟类那样从栖枝腾空而起，在空中飞捕受惊扰的昆虫。

尽管，华氏鹟莺穿行于林间的动作又快又急，但它们仍有条不紊地像刺嘴莺那样在每一片藤蔓里搜寻猎物。它们在枝叶间稳稳地跳跃着，以微微张开、向后伸展的两翼和尾羽保持平衡。

第二天早上，理查德和我登上一架专门租来的飞机，飞往欧文·斯坦利山脉（Owen Stanley Range）一处山脊上被清理出来的、人迹罕至的小型跑道。这个在科科达小径上的地方叫埃福吉，理查德曾在此处工作过，其距北面的科科达 30 多千米。埃福吉差不多位于欧文·斯坦利山脉的最南端。

随着我们搭乘的飞机开始下降，村民们也聚集到跑道上来了。我们降落之后，人们纷纷涌上来迎接理查德。显然，他们都满含热情地记着理查德，我们也很快被安顿到供客人留宿的小屋里准备过夜。

布赖恩·芬奇为我们画了一张非常详尽的地图，标示出了他在科科达小径上见过棕鹟莺的位置。我们尝试过在该种的栖息地内搜寻，在有分布的某地点用雾网捕捉它们，都没有成功。这次，我们将走到一个已知的棕鹟莺领域里面，守株待兔。棕鹟莺的栖息环境跟其他鹟莺都不一样，是唯一生活在高海拔地区的灌丛和山地次生林里的种类，它们不会出现在原始林的深处。由于低调的羽色，它们似乎常常被忽视，人们对其知之甚少。它们看起来生活在中央山脉山脊的南北两侧，海拔 1 200 ~ 3 000 米有着茂密森林的陡坡之上。有人认为该种会年复一年地留在相同的领域内，我们能否有所突破就取决于它们的这一习性。

第二天一早，我们赶在光线足以看清路的时候就从埃福吉出发，步行前往著名的科科达小径。你很难不对这条陡峭泥泞而富于挑战的小径心生敬畏，但这里又有着绝佳的风景、有趣的体验和满满的收获。小径起始的部分走起来相当容易，在村子的外围我们一路向下，来到一条小溪上由卵石和岩石堆叠而成的渡口。从这之后，我们在当地人开垦出的园地里走了很长的一段，这些园地都被人精心耕作着，但也很容易就被白茅草占据。我们走到了一片长着稀疏的露兜树的林地，这片林地穿过周围的草地向下延伸至一个被砍光了的山头。从这个山头开始，小径进入开阔的森林之中，随后我们又遇到一个陡峭的斜坡。穿过一片废弃的园地，我们来到林间空地的一间小屋边，周围有着一些高大壮观的桫椤。

我们不停地走啊走，穿过森林和林间空地，来到一片巨大的红薯地，看到有只猛隼（*Falco severus*）蹲在地里的一棵枯树上。这是只漂亮且风度翩翩的小型隼类，喉部白色，其余的下体直至尾下覆羽则是浓郁的栗色。它头部有着黑色的“头套”状区域，其余上体直至尾端都是深铅灰色。跟姬隼相比，猛隼显得更短且紧凑。它起飞后沿着山谷急速而下，其力量和速度一览无遗。

棕胸寻蜜鸟

我们已接近布赖恩·芬奇所坚称的一个棕鹟莺的领域，理查德和我各自找了个林间的位置坐下来等。出于多种原因，这样的等待并非易事。最主要的是，其他种类的鸟儿在我们周围不停地发出鸣叫，实在是甜蜜的烦恼。在靠近雨林边缘的地方，可爱的棕胸寻蜜鸟叫声尤为响亮。这种长相引人注目的鸟儿眼周有一块鲜黄色的裸皮，其上方则有一小块肉桂色的羽毛。头部其余区域基本为黑色，除了眼周，仅喙基部有条粉色和肉桂色的长纹，喉部有道醒目的白色横斑。它的胸部有条黑色带，紧接着是一块黄棕色的区域，两肋还带有等宽的黑斑。它的背部则是近乎黑色的深灰色，羽端有明显的白边，灰褐色的飞羽带有浅黄色的羽缘，两翼收拢的时候让人感觉翅上有淡黄色的区域。

有只华美极乐鸟（*Lophorina superba*）也在鸣叫，发出拉长的类似掩鼻风鸟般的刺耳叫声。它在森林的更深处，偶尔会靠近我们一些，到一株高

下：《猛隼》（*Oriental Hobby*），水粉画，21 厘米 × 30 厘米。我们沿着科科达小径往上爬的时候，见到这只猛隼停在一大片红薯地里的一棵高大枯树上。

右页：《棕鹟莺》（*Orange-crowned Fairy-wren*），水粉画，33 厘米 ×24 厘米。为《细尾鹟莺科》所做的棕鹟莺图版。

的灌木上取食水果。华美极乐鸟有着与众不同的轮廓，头顶深色，胸部则有箭头状的羽区。它觅食的动作看起来很慢，小心翼翼地啄食着水果。

林间的静谧被理查德的一声喊叫突然打破，他叫我过去看看他抓到了什么。他大喊着说抓住了一条蟒的尾巴。怎么回事？我完全一头雾水。

等我赶过去才看到他正费力地拽着一条两米多长的大蛇。他紧紧地抓住蛇尾这端，蛇头那端则拼命地想要挣脱。不过，我俩对这条蛇的种类抱有不同的看法。在我看来，它特别像是一条太攀蛇（taipan）[44]。当我向理查德说出这个观点的时候，他原地蹦了起来，一阵风似的飞奔而去，只想离那条蛇越远越好。我没想到自己的说服力竟然如此之强。平心而论，理查德通常对待蛇都是很谨慎的，后来他还声称不记得发生过这么一件事。我的记忆里却清楚地刻下了（他不愿接受的）那个版本。

劳氏六线风鸟

我们又开始了在小径边的漫长等待，紧绷的神经比之前略微放松。我注意到森林深处有些动静，一只看起来像是黑色的鸟滑翔到一棵高的灌木上开始啄食水果。过了蛮久，它跳到了地上，动作和身姿都令人联想到八色鸫。等它在森林地面开始跳动的时候，我瞥到它胸部的铜绿色，暴露了其劳氏六线风鸟（*Parotia lawesii*）的身份。

棕鹟莺

突然之间，劳氏六线风鸟就被我抛在了脑后。我所在地方坡下小径一侧的林下层有了阵骚动。一小群黄褐色的鸟儿迅速地穿过灌木丛，在枝丫之间蹦跳，从植物叶子的背面啄取食物。

这正是我们所期待的。一群正在移动的棕鹟莺，它们左突右冲地向前蹦着，组成了一阵鸟儿“小旋风”。它们的移动非常敏捷，只有通过林下层晃动的叶子才能捕捉它们的轨迹。棕鹟莺像是大号的帚尾鹩莺，半翘着尾羽，但丝毫没有震颤。它们时常横向移动，以保持彼此之间的联络。当接近科科达小径所形成的林间空隙时，它们停顿了一下，随后便喧闹地蹦跳着穿过小径，

左：蓝点辉卷尾（*Dicrurus bracteatus*）的铅笔素描。

右页：坎氏细尾鹩莺（*Chenorhamphus campbelli*）的铅笔及钢笔草图。

[44] 译者注：太攀蛇是眼镜蛇科的一个属，是仅分布于澳大利亚和新几内亚岛的剧毒大型蛇类。

迅速消失在另一侧的植被里面。来得快，走得也快。

跟随着棕鹩莺的路线移动的还有一个由啸鹟、扇尾鹟和各种食虫鸟组成的觅食混群，毫无疑问，它们能够通过捕食被棕鹩莺惊扰起的昆虫获益。

终于，我们得偿所愿了。由于长时间一动不动地坐着，我们的身体变得僵硬，而且奇痒无比。臭名昭著的恙螨（bush mites）让我们领教到了厉害。不过我们的目标已经实现，应该动身赶在夜幕降临前原路返回埃福吉了。

我们租的一架飞机会在第二天上午过来接人。为了表示对热情好客的村民们的感谢，我们提出想去莫尔斯比港的人可以坐机上空余的位置。有位村民对这个邀请分外感兴趣，原来是因为他抓了些马氏鹦鹉（*Neopsittacus musschenbroekii*），希望拿到莫尔斯比港的市场上去卖。这种鹦鹉在类似的村庄周围比较常见。在对这种举动的伦理问题进行了一通反思之后，我俩觉得以（动物保护的）道德为由不让那位村民搭乘飞机，将会使局面变得极为复杂。所以，他跟我们一道飞走了。

对理查德和我来说，到该回澳大利亚的时候了。我们已经实现来到新几内亚岛收集资料的目标。现在需要完成细尾鹩莺的著作了。

细尾鹩莺科

理查德 · 肖德在澳大利亚和新几内亚岛对鹩莺们进行了观察，检视了世界各主要博物馆保存的鹩莺标本，还研究了已发表的文献，由此对于鹩莺的起源有了深入的思考。1975 年，他首次发表了自己的观点，认为鹩莺不仅完全不同于北半球的鹪鹩和莺类（以欧洲为中心的视角曾认为鹩莺是从北半球的种类演化而来），而且跟澳大利亚本土的一些类群有着更为接近的亲缘关系。

理查德还意识到了多种生态位跟鹩莺相似的雀形目鸟类的成功，对于小型食虫鸟而言，这类生活习性有着很强的适应性，以至于在没有亲缘关系的多个类群中都出现了。他识别出了四个这样的类群，分别见于欧亚大陆、美洲、新西兰和澳大利亚及新几内亚岛。它们具有共同的行为特征：在灌丛里翻找昆虫，不愿远距离飞行，持久地占据同一领域，以华丽的鸣唱来保卫领域。他认为这些可能都是趋同演化的产物。

理查德确定了被他称作细尾鹩莺科的鸟类特有的一系列解剖学结构，指出了它们喙形和口须排列的演化趋势。通过检查它们头骨底部的结构，他注意到它们上颚骨的一个特征和耳后听泡的发育形式，能够随着环境的变化增强听觉。他还对羽饰图案的差异进行了分类，认为有一些是用于伪装，另一些则用于传递信号。他记录了在羽饰图案发育中有些标记是如何共有的，例如终止于口裂的深色胸带；而细尾鹩莺宝石般突起的蓝色耳羽簇源于下眼睑，即便是在帚尾鹩莺和草鹩莺身上也能见到残存的痕迹。

上述乃至更多的特质，令理查德意识到这不仅是所有鹪莺之间存在关联的证据，同时也是区分鹪莺与其他所有鹟鹡和莺类的特征。鹪莺独特的常常翘起的尾羽即是一例，其余几乎所有的鸟类都有着12枚尾羽，鹪莺则只有10枚甚至更少。帚尾鹪莺只有6枚，几乎没有羽小枝的长尾羽，质感就像鸸鹋的羽毛[45]。另一个例子是肩胛间隙（interscapular gap）。大多数鸟类的体羽并非随机附着于体表，而是由毛囊排列成线状或块状。毛囊的分布就像我们的手指结构般恒定且能够预测，羽毛从毛囊里生发出来覆盖身体。绝大多数鸟类沿着脊柱都有一个羽区[46]，可以保护背部。但鹪莺的这个羽区在肩部存在中断，是借由两侧肩胛骨部位的羽区长出的羽毛来覆盖背部的。

经过长时间的深思熟虑，理查德得出了结论，应该将这些独特的鹪莺归入一个独立的科，即细尾鹪莺科。他说："正如经常所发生的状况，研究起源的问题变成了探究亲缘关系的问题。"分子生物学的发展确认了理查德的观点。美国鸟类学家查尔斯·西布利（Charles Sibley）在耶鲁大学开创性地利用蛋清蛋白开展的工作支持了理查德的推论[47]，将鹪莺从过去认为的那些亲缘类群中彻底地分开来了，它们之间的亲缘关系其实相距甚远。

在细尾鹪莺科里，理查德划分出外形上区别明显的5组，其中3组见于澳大利亚。他认为鹪莺显然起源于澳大拉西亚的热带雨林，当时这里还是南方超级古陆冈瓦纳的一个岛屿分支。他对鹪莺是如何演化的也做了论述，认为它们要么适应了更为干燥的环境，要么随原初的栖息地一起北上退缩到了新几内亚岛，该岛当时已经从海中隆升而起。留在澳大利亚的种类的喙变得细长，有助于它们在这里干旱化且更为开阔的景观当中依靠体形较小的昆虫生存下去，这些种类的雄鸟只有在繁殖期才会换上对比鲜明的羽饰。而在新几内亚岛的雨林当中，生活在跟起源时的丛林环境相似的种类，保留了较宽大的喙，喙周围长有硬的口须，并且全年都保有鲜艳的蓝色羽饰。它们也继续占据着林下层的生态位，仅有一种（华氏鹪莺）演化出了在树上生活的习性。

对于鹪莺的分类修订引发了一个新的问题：它们的共同祖先是谁？长什么样子呢？理查德已经认识到新几内亚岛的两种鹪莺很容易跟澳大利亚的种类一起，被归入细尾鹪莺属（*Malurus*）。另一种，即华氏鹪莺曾和前述两种里的一种被归入*Todopsis*，而理查德将其列为一个单型属（华氏鹪莺属*Sipodotus*）。但是，他推测在鹪莺系统发育的某个位置存在着一个缺失的环节，是的……缺失了。他认为在某个时期，曾经存在一种典型的新几内亚鸟类，它们的雌雄羽色相近，蓝色的羽饰里还带有棕色。蓝色的头部有一条深色的中央冠纹，还有着宽大且粗壮的喙。他描述这种鸟类有蓝色的耳羽和黑色的髭纹，并预测其背部为黄褐色。在理查德的脑海里，他能看到一种大致类似于阔嘴细尾鹪莺，又带着杂色细尾鹪莺影子的鸟儿。他问我是否愿意根据他的描述尝试着把这个鹪莺祖先种画出来，作为我们专著的卷首插画。我跟他解释说，通常不会画自己从没见过的鸟，但这个想法实在有趣，所以自己也愿意接受挑战。理查德口头上详细描述了他设想的这只鸟，但是我建议他给出一份书面的详尽记述，便于

右页：《坎氏细尾鹪莺》（*Campbell's Fairy-wren*），水粉画，23厘米×18厘米。为《鸸鹋》发表新种鹪莺描述论文所附的图版。

---

[45] 译者注： 鸸鹋的英文名是emu，帚尾鹪莺的英文名Emu-wren即因此而得名。

[46] 译者注： 鸟身体上分布有毛囊，有羽毛着生的部位被称作羽区（pterylae）。

[47] 译者注： 2000年出版的《中国鸟类野外手册》即承袭了西布利的分类观点。

我开始作画。

结果，我从没看到过他的书面描述。相反，他直接发来了一张照片！

缺失的一环

事情原委是这样的。

在巴布亚新几内亚的南部高地省（Southern Highlands Province）及中央山脉以南有一座死火山的孤立坍塌锥。它位于大巴布亚高原（Great Papuan Plateau），是一个约 4 千米宽、1 千米深的巨型火山口。1980 年 2 月 4 日，罗伯特·坎贝尔（Robert Campbell）乘一架轻型飞机降落在博萨维山（Mt. Bosavi）山麓一处偏远的跑道上。他是澳大利亚鸟类环志计划的参与者之一，是为了用雾网捕捉当地的鸟类进行环志研究而来。

他沿着跑道尽头的小路走到传教所放下了自己的装备，一路上要穿过原始雨林被砍伐后形成的茂密次生林。次生林的林下长满了苏铁（*Cycas revoluta*），缠绕着藤条和藤蔓，是喜欢灌木丛的小型食虫鸟类绝佳的栖息环境。

罗伯特回到次生林，安静地架起了雾网。他在稍后巡网的时候，发现较低位置的网兜里躺着两只娇小的艳丽的鸟儿。它们周身为柔和的粉蓝色，头顶黑色，周围镶有一圈亮蓝色。这两只鸟儿不同于罗伯特此前见过或听过的任何种类，倒是完美接近理查德所描述的缺失的那一环。

罗伯特有条不紊地给这两只鸟戴上了有编号的铝制脚环，进行了称重和精确的测量。在仔细拍照之后，他将两只鸟轻轻地放归野外。

1981 年 2 月，罗伯特又抓到一只这种奇怪的鸟儿。第二年 11 月，他跟贝耶河保护区的罗伊·麦凯一起回到当地，又捕获了两只。最终，罗伯特拍的照片来到了理查德手里，他又转给了我。这就是他向我口述，并希望我能画出来的鸟！显然，它与中央山脉另一侧的阔嘴细尾鹩莺关系相近。许多鸟类都被那巨大的地理阻隔给分开了，有的成了亚种，有的则成为独立的物种。

在经过深思熟虑，以及检查过这个新鸟种的独有特征之后，为彰显罗伯特·坎贝尔为鹩莺专著所做的重要贡献，我们很高兴能够用他的姓氏命名新种——坎氏细尾鹩莺（*Chenorhamphus campbelli*）[48]。这也是新几内亚岛 32 年以来描述的第一个鸟类新种。曾有争议认为坎氏细尾鹩莺只是中央山脉以北阔嘴细尾鹩莺的一个亚种，但如今研究获得的遗传距离显示它是一个有效的物种。理查德认为，从该种截然不同的背部图案，就能知道它显然应该是新种。只有坎氏细尾鹩莺雄鸟蓝灰色的背部还搭配有黄褐色的肩羽，也仅有该种才有被一圈浅蓝色勾勒映衬着的黑色头顶。

左页：《坎氏细尾鹩莺》（*Campbell's Fairy-wren*），水粉画，33 厘米 ×24 厘米。为《细尾鹩莺科》所做的坎氏细尾鹩莺图版。

右上：埃福吉以北科科达小径上棕胸寻蜜鸟的铅笔素描。

[48] **译者注：**作者在原文中将坎氏细尾鹩莺归入了细尾鹩莺属（*Malurus*），但近来的分子遗传学证据支持将其归入阔嘴细尾鹩莺属（*Chenorhamphus*），该属仅有两种。

按原计划，我为坎氏细尾鹩莺绘制了插图，用于《鸸鹋》期刊上发表新种的论文，同时也为我们的鹩莺专著绘制了专门的图版。造化弄人，《鸸鹋》上论文的发表被推迟了，在我们的专著出版之后，它才得以见刊，但也早于正式采集到坎氏细尾鹩莺标本的时间。因此，从技术层面上来讲，为《鸸鹋》论文绘制的该种雄鸟和雌鸟的习作原稿（后来也用作专著的卷首插图），是这一新种模式标本的插图[49]，但该原稿如今已经遗失。理查德之前安排了罗伯特去采集一号模式标本，但当罗伊·麦凯告诉他“不过是个亚种”时，罗伯特就临阵退缩了。第二次我们给罗伯特买了去博萨维的机票，他也的确带回来了3号标本。遗憾，为时已晚。

专著出版

1982年8月，《细尾鹩莺科》最终以两个版本出版面世。一本是限量版，皮革质地的封面，带有编号，且有作者和绘者的签名，另外还附有新几内亚岛发现的新种鹩莺的活页图版及其文字描述。另一个则是布面质地的封面，所用纸张较轻，也没有签名。出版时机其实挺好的，圣诞节就快到了。

遗憾的是，书的装订出了问题，甚至放在仓库的新书都因封面灰板的翘曲变成“蝶形”。两个版本都被召回进行重新装订，所有的广告和宣发努力都付诸东流。这本书在圣诞和新年期间根本就买不到。

即便如此，这本专著还是受到了极大的欢迎，较为便宜的布面版本很快就销售一空。它也得到了我们梦寐以求的惠特利奖的肯定，表彰了本书在为澳大利亚鸟类学提供直接相关的新知方面做出的重大贡献。

1982年9月，为该专著创作的绘图原稿在东墨尔本维多利亚艺术家协会以一套单独藏品的形式于画展中展出。其中包括37幅描绘所有细尾鹩莺科种类及重要亚种的图版，以及100幅素描和为文本增色不少的已完成草图。前来参观该展览的人很多，特别是在开幕的当晚，人们为了购得相应的画作偶尔会争得不可开交。

我记得工程师兼作家内维尔·舒特·诺韦（Neville Schute Norway）说过的话。他在为一个政府项目设计并建造了一艘飞艇之后，有人说道：“你一定倍感自豪吧。”

内维尔回答：“我想应该是的，但不知为何，我只是觉得太累了。”

为鹩莺专著所做的研究和野外考察让我在澳大利亚和新几内亚岛进行了持续8年的绘画和旅行。我见识过各种各样的栖息地及景观，有时还去到了此前鲜有白人涉足过的地方。我积累了大量有关地点和鸟类的素描，这对我来说非常重要，

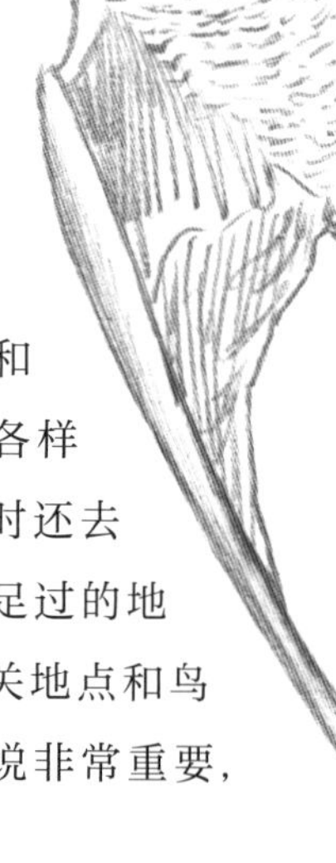

下：一只飞行姿态游隼的铅笔素描，在一次追击猎物的俯冲之后，它翻身胸腹朝上开始爬升高度。

右页：描绘小巧可爱的姬隼“比基船长”（Captain Beaky）的铅笔素描，它常常蹲在颜料盒的盒盖上观察我作画。

它们可以作为绘画的素材。在展出与专著相关的137幅作品的两年之后，我为在科灵伍德（Collingwood）的澳大利亚国立美术馆（Australian Galleries）的画展完成了33幅画作和草图。

我有一个自制的、带金属盖的密封箱，可以放在我的汽车后面给运输画作提供点安全保障。画作都会被仔细地包裹和装箱，以便于运输。两年前举办上一次画展时，我开着自己的旧车从家里出发，非常担心它也许撑不到从墨尔本返回的时候。当然，这很明显，作为一个有家室需要照料的人，我必须卖掉足够多的画才买得起一辆新车。

我的旧车应付过一些糟糕的路况。它伴随我平安地驶过了为鹟莺作画的大约四分之一的路程，所以我从来没有怀疑过它会在送我和画作的路上掉链子。我选择的行车路线需要爬上西门大桥（Westgate Bridge）高耸的引桥，从这里几乎可以看到目的地了。然而，就在我放松且快要爬到引桥最高点的时候，引擎熄火了。我愈发地感到绝望。拉着这么重的货物，我不可能将车推上坡，也不敢留下满车的画作跑去求援。此时距离澳大利亚最早的手机业务开通还有三年。车里面还有我最喜欢的雄性游隼，我发现其他人并不愿意在车内有猛禽的情况下施以援手。可是，驾驶室里“坦布蒂”被戴着鹰帽以防止它到处乱跑，驾驶室外放着我的画作。别无选择之下，我只能寄希望于自己有限的机械技能。谢天谢地，实践证明这点技能派得上用场。当我把车开到美术馆外，开始卸画的时候才算如释重负。

约翰·奥尔森，作为当时在美术馆参展且有名得多的艺术家之一也在场。他很快就对眼前的事产生了兴趣，在我喂“坦布蒂”的时候他坐了过来，开始画“坦布蒂”。观察约翰的素描风格，看他对于鸟的反应及诠释表现令人乐此不疲。可悲的是，我缺乏自信去跟他交换画作！

第二天早上，“坦布蒂”因另一位知名的艺术家而名声大噪。我的展览于1984年12月1日开幕，这天也正是鲍勃·霍克（Bob Hawke）与安德鲁·皮科克（Andrew Peacock）进行联邦大选的日子。一只“鹰”取食一只鸟的场景（实际上吃的也不是孔雀，是只一日龄左右的鸡雏）让伟大的漫画家罗恩·坦贝格（Ron Tandberg）深受启发[50]。他画下了“坦布蒂”撕咬食物的样子，那明显也是鸟类啊，还写上了“明早你会后悔的”（You'll be sorry in the morning）图注。这一作品出现在了《世纪报》的头版，还带有对艺术版面和一篇介绍本次画展文章的推荐。这是多么精彩的宣传啊，我再次期望自己当时有跟罗恩交换画作啊！

[49] **译者注：**按《国际动物命名法规》的明确规定，动物分类学工作应当以模式标本作为命名新种的实物凭证，模式标本也是依据形态特征开展物种鉴定的最根本依据。在坎氏细尾鹩莺的这个例子中，原本计划作为描述命名原始文献发表在《鸸鹋》上的论文被推迟到了1983年，反倒是1982年出版的《细尾鹩莺科》专著成了最早报道这一新种的正式文献。再加上罗伯特未能及时采集到标本，而《鸸鹋》论文的插图原稿遗失，使得该种模式标本的问题进一步复杂化。最终，理查德和作者在论文里将罗伯特于1981年11月拍摄的雄鸟照片指定为了该种的模式标本。

[50] **译者注：**这里有个英文的谐音梗，鲍勃·霍克的姓氏Hawke跟鹰的英文hawk读音相同，安德鲁·皮科克的姓氏Peacock则指孔雀。当擅长政治漫画的罗恩·坦贝格看到游隼“坦布蒂”在吃鸡雏时，不难联想到正在举行的大选。事实上，时任澳大利亚总理、工党领袖鲍勃·霍克的确在选举中击败了身为自由党领袖的安德鲁·皮科克。

06

AMERICA

北美篇

1985 年 10 月下旬，我应邀加入一个艺术家团队，受委托以约翰·詹姆斯·奥杜邦（John James Audubon）[51] 的巨幅画作形式为北美雁鸭类创作类似的作品集，来给北美地区四大候鸟迁飞区的保护工作筹集资金。多位艺术家受到委托，每人绘制一两幅图版。我是其中唯一一位来自南半球的艺术家。这样的机会实在是有意思，不容拒绝，因此我安排了前往美国和加拿大的行程，进行最初的野外观察。

林鸳鸯

团队分配给我的物种是林鸳鸯（*Aix sponsa*），你能想象到的相貌最为奇特的野鸭之一。林鸳鸯跟鸳鸯（*A. galericulata*）亲缘关系相近，它“肯定”是上帝在圣诞节创造出来的鸟类。这是一种羽饰有如精美零售包装的野鸭，它身上的青铜色、绿色和紫色部分还闪着白色的亮光，随着角度和光线的不同，不断地发生变化，像一枚过度装饰的复活节彩蛋。它体形娇小，扮相俗气，看起来有些像廉价的塑料制品。它还有一个浮夸的羽冠，两侧带有白色的饰纹，脸颊还有向上延伸、类似缰绳状的白色纹路。可以说，林鸳鸯的长相“美国范儿”十足。

顾名思义，林鸳鸯是一种栖息于林地的野鸭，它非常依赖美国中西部的橡树林，但其分布区也沿北美的东西海岸向南延伸。那些生活

前页：飞行中的林鸳鸯的铅笔素描。

左页：《晨飞的绿翅鸭》（*Early Flight-American Teal*），水粉画，35 厘米 × 49 厘米。在缅因州雾霭沉沉的清晨里飞翔的绿翅鸭（*Anas crecca*），它们正准备降落在一个池塘里。

右：一只降落中的林鸳鸯的铅笔素描。

下：一对理羽的林鸳鸯的铅笔素描，画作中的雄鸟正在伸展右翅。

在分布区北部寒冷地带的种群会迁徙至墨西哥越冬。它们的爪子很锋利，便于稳稳地停栖在树上，也利于轻松地在树上攀爬和进出洞巢。它们喜欢树木环绕的河流、池塘或沼泽，经常停栖在水边的倒木上。林鸳鸯雄鸟羽色艳丽，雌鸟羽色则暗淡不少，并且后者的羽色和喙形跟澳大利亚鬃林鸭（*Chenonetta jubata*）雌鸟很相似。二者的区别在于，雌性鬃林鸭眼睛上下各有一道白纹，雌性林鸳鸯则是眼周有一个水平向后延伸的泪滴状白色斑纹，同时它背面的灰色羽毛还泛着淡淡的紫色光泽。这两种野鸭在行为和栖息地偏好方面有着明显差异，却演化出了如此相似的形态，实在是令我很感兴趣。虽说鬃林鸭以草为食，林鸳鸯则要么沿着水边取食种子和浆果，要么在地上寻找坚果或橡子，但它们都有着像雁类那样短小的喙。甚至林鸳鸯雌鸟在飞行中发出的叫声，也跟雌性鬃林鸭的惊人地相似。

从野外考察一开始，美国友人们就非常好客，并且乐于助人。我野外考察的时间恰逢美国鸟类学会成立百年庆典，很幸运我也被说服去参加了庆祝大会。我在会上结识了交往一生的好友，他们有的也成了我北美旅行的伙伴，并在未来的许多年里一起开展野外工作。

尽管加拿大野鸭基金会（Ducks Unlimited Canada）的许多成员喜欢狩猎，但事实证明他们也非常关注雁鸭类的保护和栖息地管理。通常，他们要么对像沙丘鹤（*Antigone canadensis*）这样跟雁鸭类栖息地相关的单一物种抱有浓厚兴趣，要么关注某一特定类群的栖息地恢复项目，比如旨在帮助本地分布的秧鸡亚种这样的项目。

我的野外考察始于温哥华，这座城市充满了令人惊异之处。首先它非常温暖，几乎具有热带的植被。我觉得这是由于北太平洋洋流（North Pacific Current），作为黑潮（Kuroshio Current）[52] 延伸出的一支，构成了北太平洋副极地环流（North Pacific Subpolar Gyre）的一部分，可以将亚热带海域更为温暖的海水带到副极地地区。它在北太平洋东部分成了两支，规模稍大的一支向南流动成为加利福尼亚洋流（California Current），另一支则向北流动形成阿拉斯加

---

[51] 译者注：约翰·詹姆斯·奥杜邦（1785—1851），法裔美国人，美国著名画家、博物学家，他绘制出版的《美国鸟类》（*The Birds of America*）被誉为 19 世纪最具影响力的自然题材图鉴之一，不仅是鸟类研究的重要资料，也是不可多得的艺术杰作。

[52] 译者注：黑潮，也被称作日本暖流，是太平洋洋流的一环，也是继墨西哥湾暖流之后的全球第二大洋流。

洋流（Alaska Current），将温暖的表层海水输送到加拿大西南沿海，使得这里比我预想的更加温暖。

另一个让我感到惊奇的地方是，进入温哥华城区扫荡垃圾箱的熊数量之多。彼时，市议会对待这些熊的政策是格杀勿论，此前一年他们就射杀了700多头美洲黑熊（*Ursus americanus*）。但自那之后，他们开始施行更好、更有可持续性效果的办法，包括在垃圾箱的顶部加装防熊扣。

我造访其他每一块大陆的经历，都在提醒自己澳大利亚是个多么安全的地方。尽管澳大利亚有着可怕的名声——这可能是由于蛇类和蜘蛛引发的非理性恐惧——但除了鳄鱼和某些海蛇，澳大利亚几乎没有对人致命的本土动物。而且，人在水里才会碰上鳄鱼和海蛇，实际上驾驶汽车比这危险得多。

我只近距离接触过美洲黑熊一次，当时它

上：《丑鸭》（*Harlequin*），亚麻布油画，40厘米×50厘米。加拿大阿尔伯塔省弗尼附近，一只漂亮的丑鸭雄鸟在利泽德溪（Lizard Creek）浅而湍急的冰川融水里溯流而上。

右页上：温哥华郊外弗雷泽河谷的康尼亚加斯牧场上一只绿头鸭（*Anas platyrhynchos*）雏鸟的铅笔素描。

右页下：黄石国家公园里一头躺卧的北美马鹿的铅笔习作，21厘米×30厘米。

更希望远离我，而非跟我发生冲突。这头黑熊走动的时候没注意看路，突然出现在离我大约3米远的小路上。但它马上就掉头沿原路折回了。即便如此，我还是明白要对美洲黑熊、棕熊、驼鹿和北美马鹿（*Cervus canadensis*）保持警惕。其实我一直很想潜随它们，但这点会让接待我的主人家们忧心忡忡。

我在温哥华附近宽阔且肥沃的弗雷泽河谷（Fraser Valley）开始了自己对林鸳鸯的观察，此处位于皮特河（Pitt River）的支流阿卢埃特河（Alouette River）畔。我住在一个小型的多功能农场，那里有很多供雁鸭类栖息的池塘，其中之一是野鸭们取食的地方。这个农场被沟渠和堤岸分隔成许多小的地块，以便于从阿卢埃特河取水灌溉。人们每年通过轮作，将当中的一两块地种上大麦，并在收割之前用一台滚压机将大麦田压平，然后在地里浇灌上深约200毫米的水。此举会吸引来数量惊人的雁鸭类，其中有很多林鸳鸯。我因此有了充足的机会，近距离观察它们和为它们画素描。

丑鸭

然而，农场毕竟不是林鸳鸯的自然栖息地，我需要去看看它们在真正的野外是什么样。在我动身去找林鸳鸯之前，又被要求完成一幅丑鸭（*Histrionicus histrionicus*）[53]的图画。这是另一种羽色浮夸、颇具吸引力的小型北美野鸭，它们身手敏捷，偏好湍急汹涌的水域。丑鸭在由冰川融水汇成的灰色急流，海拔最高的高山溪流间繁殖。它们的巢靠近水边，有时就筑在垂直河岸里因卵石被洪水冲走，侵蚀形成的一个大小正合适的洞里面。雏鸭孵出之后，会被亲鸟带到下游的某个高山湖泊去精心照料。在几只成年丑鸭的陪伴下，许多丑鸭雏鸟会集成大群活动，就像是个“托儿所”。丑鸭到海上去越冬，通常见于东西海岸边被汹涌的白色大浪不断拍击的岩质海滨。我们去往阿尔伯塔的落基山脉深处，在真正的荒野里，在丑鸭美丽的繁殖地中寻找它们。

丑鸭主要通过潜水取食甲壳类、软体动物或水生昆虫。它们体形小，易受繁殖地严寒天气的影响，其致密的羽毛可以锁住靠近身体的空气。如此一来，丑鸭便具有了很好的浮力，在湍急的水流中像玩具小黄鸭一样起起伏伏，身体浮出水面的部位也较高。它们划水的时候，会像黑水鸡一样不断地前后摆头。观察丑鸭令人愉悦，雄鸟的身上有着鲜艳的图案，羽色以深蓝灰色为主，同时精心点缀着黑色、白色和染着黄褐色的栗色。雌鸟的羽色低调得多，伪装效果也好很多，它们因此承担了更多的孵卵任务。

弗雷泽河谷康尼亚加斯牧场的主人理查德·特雷休伊（Richard Trethewey）带我

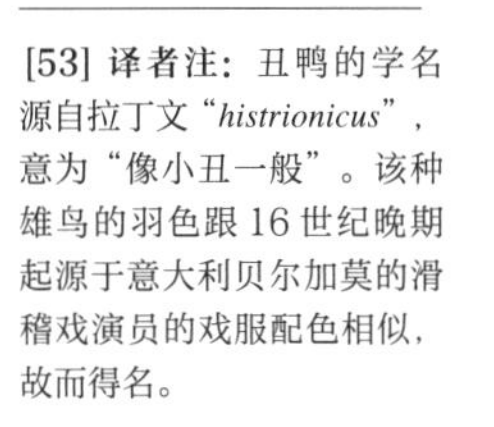

[53] **译者注：**丑鸭的学名源自拉丁文“*histrionicus*”，意为“像小丑一般”。该种雄鸟的羽色跟16世纪晚期起源于意大利贝尔加莫的滑稽戏演员的戏服配色相似，故而得名。

上：为《丑鸭》（*Harlequin*）画的水粉习作，21 厘米 ×30 厘米，这是我在利泽德溪完成的许多习作之一。

右页：为《金秋》（*Autumn Gold*）仔细绘制的铅笔习作，画的是一只林鸳鸯。

去了丑鸭的繁殖地。我们在地球上最为崎岖壮观的荒野中度过了几天。我第一次见到了落基山脉的雪羊（*Oreamnos americanus*），它们有着一身厚厚的双层被毛，这样才能抵御海拔 4 000 米的酷寒。雪羊分开的蹄子也尤为适应在它们偏好的岩壁和冰面上攀爬及保持平衡。

此地的河谷里有一个巨大的碎石坡，偶尔一头棕熊和它的两只幼崽会爬到坡上去。这既给了我一个独特的观察机会，也狠狠压制了我想潜随跟踪它们的念头。棕熊一家在坡上的移动展示出了惊人的力量。要是幼崽受到威胁，出于强烈的母性本能，棕熊妈妈会爆发出可怕的攻击力。

我们找到了许多丑鸭，它们大多表现得很镇定且自信满满。即便是在飞行状态下，丑鸭也不会远离溪流的庇护，几乎会沿着水道的每一个曲折和拐弯来改变自己的方向。它们毫不在意溪水的深浅，或是在急速的深流中潜水，或是在浅水区游动。如果感到疲乏，丑鸭会退到岩石岸边的小回水区休息，这时我就能（比预想的）更容易地接近它们了。

我必须向南前往橡树林观察和绘画林鸳鸯，不得不狠下心来离开如此轻松写意的野外工作地。我的运气特别好，被人介绍给了一位了不起的学者。罗伯特·门格尔（Robert M. Mengel）是来自堪萨斯州立大学的鸟类学教授，他为人温和、善良且才华横溢，是一位深受爱戴的科学家、教师、作家、历史学家，狂热的飞蝇钓爱好者和极有天赋的艺术家。罗伯特是身处现代的文艺复兴式全才。我能够从他身上学到很多很多，但当年还太年轻，没能充分地珍惜这样难得的机会。

罗伯特和他的家人邀请我住到劳伦斯的家中，那里的四周被林鸳鸯最喜欢的橡树林所环绕。罗伯特确实很忙，但还是指引我到了一些极好的林鸳鸯栖息地，其中一处也成了我最终画作的背景。他还带我认识了其他一些有意思的鸟类，比如羽色鲜艳的红头啄木鸟（*Melanerpes erythrocephalus*）。这种啄木鸟生性安静且低调，很容易被人忽视。我对啄木鸟这个类群尤其感兴趣，所以很想看看红头啄木鸟。

我在南卡罗来纳州的查尔斯顿（Charleston）还有联络人，他们是彼得和帕蒂·曼宁戈（Peter and Patti Maningault），一对令人愉快且非常有意思的夫妇。彼得在担任斯波莱托艺术节（Spoleto Festival）主席的时候，曾和帕蒂一起到澳大利亚拜访过我。作曲家吉安·卡洛·梅诺蒂（Gian Carlo Menotti）1977 年在查尔斯顿创办了这个艺术节，作为在意大利斯波莱托举行的“两个世界”艺术节（Festival dei Due Mondi）的北美版。彼得到墨尔本来，是想办一个类似斯波莱托艺术节的澳大利亚版，并且取得了成功。墨尔本的这个活动后来更名为了墨尔本国际艺术节（Melbourne International Festival of the Arts）。

彼得和帕蒂是兴趣浓厚的鸟类学家，他

上：《潜鸟波澜》(*Loon Patterns*)，亚麻布油画，73 厘米 ×105 厘米。这幅画源于我们在缅因州阿卡迪亚国家公园（Acadia National Park）乔丹湖（Jordan Pond）与普通潜鸟的美好邂逅，1989 年和 1990 年先后于澳大利亚国立美术馆和利·约基·伍德森艺术博物馆的“艺术中的鸟类”特展上展出。

右页：缅因州普通潜鸟的铅笔素描之一。

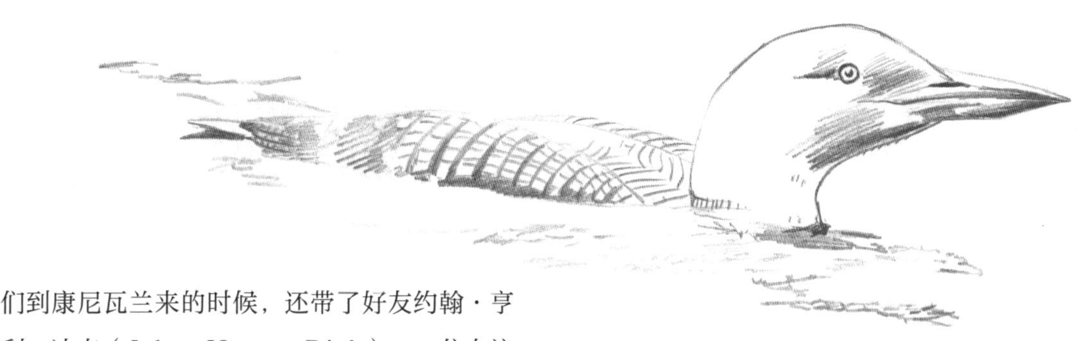

们到康尼瓦兰来的时候，还带了好友约翰·亨利·迪克（John Henry Dick），一位专注于鸟类研究的美国博物学家和艺术家。不巧的是，他们来的时候恰逢大雨滂沱，开车在康尼瓦兰四处走走的尝试，往往以操起铲子挖车失败，不得不走路回家而告终。不过，帕蒂年轻时是住在巴黎的职业艺术家，即便我们困在车里，还是热烈讨论着各种各样的艺术形式，以此也能度过愉快的一天。

彼得和帕蒂在查尔斯顿郊外有一块土地，这片被他们称为“水稻农场”的土地面积1 600多公顷，当中灌水的池塘最初是为了种植水稻，如今则完全服务于野生动物。他们聘请了美国鱼类及野生动物管理局的一位前局长来运营“水稻农场”，并且慷慨地允许我进入。每个池塘的水位都可以通过添加或移除排水口的木板加以控制。因此，早餐时，彼得谈到潜鸭的数量可能很大，他指的是小潜鸭（*Aythya affinis*），一种喜欢深水的潜鸭。同时，他还会哀叹可爱的针尾鸭（*Anas acuta*）数量堪忧，一种迷人而优雅的河鸭[54]。于是，他决定拆除木板，让池塘水位下降200毫米，这样第二天针尾鸭就会比小潜鸭多了。

彼得还设计过帮助火鸡的方案，主要是在郁郁葱葱的林地里沿林间小道和空地播种苜蓿，以利于火鸡雏鸟的快速成长。此外，他还竭尽所能地保护稀有的红顶啄木鸟（*Leuconotopicus borealis*），这是一种只生活在成熟松树林里的小型啄木鸟。因此，我便有了见到这种啄木鸟的绝好机会。

生活在“水稻农场”的林鸳鸯如我所望，野性十足，非常自然。我在它们黎明离开夜宿地时被带去进行观察，等它们返回夜宿地的时候又再次前往。我观察到了它们取食、飞行和游泳等各种行为，在素描本上画满了各种草图。

普通潜鸟

不久后，珍妮和我在一个叫作乔丹湖的湖边散步时，发现了一对普通潜鸟（*Gavia immer*），该种在欧洲被称作“北方大潜鸟”（Great Northern Diver）。它们是一种非常神秘的鸟类，其形象在某些美洲原住民神话中反复出现。普通潜鸟通常见于荒野里的大型湖泊，或是海滨。它们会发出一种高音低音不断转换的独特叫声，一旦听过就不会忘记。

普通潜鸟的体形大于普通鸬鹚（*Phalacrocorax carbo*），背部有白色斑块和黑色线条组成的复杂几何图案，头颈部则是带有光泽的墨绿色。我早就想看看潜鸟了，但此前只在前往堪萨斯机场的巴士上瞥过一眼。此处路边的一个小池塘里居然就有一只，实在是令人惊讶！

那天的天空阴沉而灰暗，水面暗淡，被风吹起阵阵涟漪。接下来的45分钟里，珍妮和我一边沿着湖边漫步，一边观察着那对普通潜鸟。它们时而靠近岸边，时而又游向湖中央，总是静静地向前游动，时不时地潜入水中。随后，它们突然游进了一片宽阔的静水区域，那里远处的湖岸边长着不同样的针叶树。就在那一刹那，我参悟了潜鸟的羽色和身上图案演化的理由，它看起来跟远处针叶林在水中繁复的

[54] **译者注：**潜鸭（diving duck）顾名思义是会潜水的野鸭，河鸭（dabbling duck）则是指不会将身体全部没入水中的野鸭。

倒影相得益彰。这一场景看起来棒极了，也成为我早期从水粉画和水彩画转向油画尝试的参考。

墨西哥的鸟类

最终，我和亚利桑那大学生态学和演化生物学的副教授，也是荣休教授[55]斯蒂芬·拉塞尔博士（Dr. Stephen Russell）一同前往美国边境以南墨西哥的索诺拉（Sonora）。斯蒂芬是一位彬彬有礼且颇具天赋的教师，他花了40年的时间研究索诺拉的鸟类，跟合著者盖尔·蒙森（Gale Monson）合作的《索诺拉的鸟类》（*The Birds of Sonora*）一书已接近最后的完成阶段。他的妻子鲁思（Ruth）是位出色的鸟类学家，也是奥杜邦学会（Audubon Society）极具魅力的领导人物。此次旅行胶结了我们的友谊，斯蒂芬和鲁思夫妇从那之后一直是我最要好的朋友之一。

当时，索诺拉经历了一次长时间的干旱。春天来临，标志着繁殖季节的开始，但持续的干旱意味着热带落叶林和覆盖索诺拉大部分地区的热带荆棘灌丛皆枝叶凋零。当地的鸟类会等到条件好转再进入繁殖状态，还是会在不断变化的光周期的刺激下开始繁殖呢？

为了回答上述问题，斯蒂芬召集了一组自己最为聪敏的研究生来开展一次快速鸟类调查。在飞往南方加入他们的航班上，我从机上杂志里读到了一篇关于三齿团香木（*Larrea tridentata*）的别有趣味的文章。这种美洲沙漠里非同寻常的灌木广泛分布于美国南部，也向南延伸进入了墨西哥境内。它在收集水分方面效率很高，植株周围常常都是裸露的土壤，这种环境下种子吸收不到足够的水分来萌发。

随着灌木的衰老，新的灌木会以克隆的形式产生，就此形成一圈基因完全相同的植株来扩大整个灌木的规模。最近，莫哈韦沙漠（Mojave Desert）里的一棵三齿团香木被确定足有11 700岁，表明它可能是地球上最为古老的生物之一。

美洲原住民将三齿团香木作为草药，用以治疗水痘、蛇咬伤、肠道不适和结核病。因此，它在墨西哥很受欢迎也就毫不奇怪。然而，由于它跟肝肾损伤之间的联系，美国政府相关部门警告公众切勿食用。

我在飞机上仔细阅读了这篇文章，降落到位于图森（Tucson）的机场之后，就跟斯蒂芬和鲁思夫妇碰头。斯蒂芬一边将我领上他的货车后座，一边说："我们正准备去沙漠里尝试搜寻一只本氏弯嘴嘲鸫（*Toxostoma bendirei*）。"本氏弯嘴嘲鸫和更为常见的弯嘴嘲鸫（*T. curvirostre*）相似，但体形更小，喙更短更直。本氏弯嘴嘲鸫的分布范围远小于弯嘴嘲鸫，但是谁知道呢？反正我也没见过，便欣然表示要加入搜寻队伍。

斯蒂芬开车出了城区，来到一个军用机场后面的灌木丛，然后停下来拉开货车的侧门让我们下车。我踉踉跄跄地撞上了一株沙漠灌木的树枝。"啊哈，"我得意地喊出，"三齿团香木。"

斯蒂芬惊讶地问道："你怎么会认识？"

"喔，在野外工作之前做点儿功课总是好

右页：《墨西哥记忆》（*Mexican Memories*），水粉画，30厘米×21厘米。从上左顺时针依次是：沟嘴犀鹃（*Crotophaga sulcirostris*）、红头拟鹂（*Icterus pustulatus*）、站在一株仙人掌上晒太阳的红头美洲鹫（*Cathartes aura*）、凤头巨隼（*Caracara cheriway*）、纹背啄木鸟（*Dryobates scalaris*）、绿鱼狗（*Chloroceryle americana*）、墨西哥鹪鹩（*Catherpes mexicanus*）、黑喉鹊鸦（*Calocitta colliei*）、棕曲嘴鹪鹩（*Campylorhynchus brunneicapillus*）、暗背金翅雀（*Spinus psaltria*）、黄色斑翅雀（*Pheucticus chrysopeplus*）和优雅美洲咬鹃（*Trogon elegans*）。这幅画是在墨西哥阿拉莫斯（Alamos）进行了一次难忘的旅行之后，送给接待我们的主人的礼物，画中的背景都出自旅程中我们最喜欢的地方。

[55] **译者注：**荣休教授（Emeritus Professor），在美国教授体系中一般会将声誉良好的教授在退休之后称为荣誉退休教授，有时这一荣誉也会颁给副教授，这里应该就是这种情况。

Ruth and Steve -
Mexican memories
10th - 15th May, 2005

上：《冲出云端》（*Out of the Clouds*），表现一只美洲的游隼的细部，水粉画。

的嘛。”我暗自得意地回答。几天之后，我在亚利桑那大学的一次烧烤聚会上跟几个学生聊天。其中一位注意到了我的口音，就问我是从哪里来的。当我回答之后，她脱口而出：“澳大利亚人？所以，那个家伙就是你啊！”显然，斯蒂芬一直在苛责他的学生们于前期研究上表现出来的懈怠。他举例说，自己有个从澳大利亚飞越半个地球而来的客人，仍然很用功地在了解当地植物。这让我感到只有老实坦白才算公平。

很快，我们就开始了南下前往墨西哥的旅程。对于这次旅行，大家心中还是抱有些许不安。不久之前，就在我们打算调查的区域某所大学的一行六人惨遭杀害，没人知道祸从何起。我们计划不停地转移宿营地，绝不在距头天晚上夜宿地几千米之内的地方扎营。

在索诺拉度过的第一晚实在是太棒了。我们就在当地典型的植被环境里宿营，对我而言，所见都是异国风情。圆柱掌属（*Cylindropuntia* spp.）、仙人掌属（*Opuntia* spp.）、巨人柱仙人掌（*Carnegiea gigantea*）、上帝阁仙人掌（*Pachycereus schottii*）和茶柱仙人掌（*Stenocereus thurberi*）组成了一幅严酷环境下的壮美景观，此等场景会被偶尔出现的牧豆树属（*Prosopis* sp.）或扁轴木属（*Parkinsonia* sp.）灌木稍加调剂。黄昏降临时，巨大仙人掌拱形侧枝的剪影，映衬着被渲染成金色和粉色的天空。我左右腾挪着走出宿营地，小心翼翼地在拳骨团扇仙人掌（*Cylindropuntia fulgida*）的尖刺间前行。这种仙人掌自然是不会动的，但冷不丁被它“守株待兔”的刺戳到，确实会让人跳起来。没走多远，我就惊起了一只加利福尼亚兔（*Lepus californicus*），也被称作美洲荒漠兔。此前我没有意识到周围有这种野兔的存在，不期而遇，令人心生窃喜。

对于不熟悉它们的人而言，看似普通的加利福尼亚兔体形显得很大，在昏暗的光线下更是如此。它的耳朵很大，在夜晚的暗光里散发着幽光，就显得更大了。有那么一瞬间，我试图在自己澳大利亚农场里消灭的每一只野兔都从脑海里闪现，它们全都咬牙切齿，眼露凶光[56]。我随即悄悄地撤回了营地。

跟加利福尼亚兔的短暂邂逅令人感到尖刻，甚至有些心悸，但沙漠里的经历倒也并非每次都如此。我很喜欢可爱的棕曲嘴鹪鹩，它跟我们澳大利亚独特的鹩莺完全没有关联。它有着伪装效果的羽饰会让人想起生活在沙漠里的草鹩莺，却完全不害羞怕人。这些胆大不惧生的鸟儿能在仙人掌尖刺构成的屏障之间自如地穿梭。它们活泼又喧闹，观察起来总是让人感觉愉快，自20世纪30年代开始就成了亚利桑那州的州鸟。

沙漠中生活着各种鸠鸽类，哀鸽（*Zenaida macroura*）、白翅哀鸽（*Z. asiatica*）和体形较小的印加地鸠（*Columbina inca*）。这里还有黑腹翎鹑（*Callipepla gambelii*），一种跟更为人熟知的珠颈斑鹑（*C. californica*）相似的鸟

[56] 译者注：澳大利亚本没有兔子分布，欧洲移民将家兔作为食物引入此地。19世纪后半叶，移民将家兔作为狩猎动物释放到野外，结果这些兔子既非常适应当地的环境和气候，又缺乏天敌控制，数量激增。一方面，数量庞大的兔子挤占了习性相近的本土物种的生存空间，并且会破坏植被；另一方面，兔子供养了更多的外来捕食者，增加了本土物种被捕食的风险。因此，澳大利亚政府和民间都将野化的家兔视为入侵物种，想尽办法加以消灭。

类，前额上同样也有向前探出的滑稽的逗号状饰羽。它的身上有着灰色、黄褐色和栗色搭配而成的迷人图案，头顶栗色，脸颊黑色，中间还镶有白色的纹路。它们常常集群活动，奔跑着穿过开阔区域，或是在仙人掌根部周围刨食。沿排水沟边缘深深扎根的豆科牧豆树给它们提供了良好的掩蔽。

我们从沙漠里的营地出发，驱车沿一条穿过玉米地的土路，前往埃莫西约(Hermosillo)附近的低海拔地区。就在我们驶近一个十字路口的时候，一辆破旧的汽车突然从斜刺里杀出，别过我们的车头之后，在飞扬的尘土里停了下来。斯蒂芬跟着也减速停了车，两个衣冠极其不整的墨西哥人从卡车上走下来，留着一头油腻长发的那个，手里拿着一支锯短了枪管的霰弹枪，另一个留着典型的、下垂的墨西哥式胡须，扬着一把点44口径[57]的柯尔特左轮手枪。他俩迅速地移动到我们车的两侧，霰弹枪对准了斯蒂芬，左轮手枪则顶着我的右耳。枪都上了膛，一触即发。他们似乎很不高兴，我们很快就意识到自己在无意之中驶入了毒品种植地里，副驾上的我出了导航错误。

我们的车后座上坐着阿尼·穆尔豪斯(Arnie Moorhouse)，他是墨西哥农业部的雇员，说一口流利的西班牙语。我慢慢地建议阿尼向眼前的两位“绅士”解释我来自澳大利亚，被称为“地球另一面”(down under)的那里，确实一切都是头朝下颠倒过来的。或许，我还提议，这正好也解释了为什么我手里的地图拿倒了。我们现在非常清楚地意识到，目的地确实是在相反的方向！

墨西哥人的脸上慢慢地露出了灿烂的笑容，他们向后退去，看着我们的车掉头，沿着来时的方向消失不见。社会、经济和宗教多种复杂原因，导致当时墨西哥种植毒品的现象迅速剧增。从我们的角度来看，这就意味着必须随时警惕误入毒品种植地的可能性。从毒贩的角度来看，带着双筒望远镜和相机的我们，像是危险的“官方来人”。

说起来近乎怪论，这次是我跟斯蒂芬和鲁思结伴前往墨西哥的数次旅行中最为安全的一

右：《匆匆》(*In a Hurry*)，一幅描绘林鸳鸯在水面游动的水粉习作，这是为《金秋的北美洲雁鸭类》(*Autumn Gold in Waterfowl of North America*)做准备的练习之一，成品由加拿大野鸭基金会于1987年出版。

[57] **译者注：**点44口径指10.9毫米口径。

回。后来的几年当中，我们遇到的小规模毒品种植者已被置于贩毒集团的控制之下，毒枭们面临着来自当局的更大的压力。对他们而言，一颗子弹是守卫自己非法帝国的常用手段。第一次旅行中我被带去过许多美丽的地方，现如今任何心智正常的人都不会再涉足了。

在索诺拉的橡树林里，稀疏的树叶正在努力地生长，但林间的能见度还是相当通透，非常适合观鸟，却没那么有利于鸟类繁殖。

灰腹棕鹃

通常情况下像灰腹棕鹃这样难于观察的鸟，在这里也更容易见到了。它在受到惊扰时会沿着树枝迅速跑动，大胆地从一根树枝跳到另一根上面，或是以令人联想到松鼠的方式从一个树冠跃入另一个树冠。它格外延长的尾羽和赤褐色的羽毛更是突出了形似松鼠的特质。这种大型的杜鹃，生性活泼，喜欢在热带落叶林茂密的灌丛里活动，沿着树枝悄然地搜寻毛虫和蜘蛛。它跟许多杜鹃类一样，多数情况下都沉默寡言，所以很难被发现。

细纹黑啄木鸟

细纹黑啄木鸟（*Dryocopus lineatus*）是一种不同寻常的鸟类，在索诺拉的热带落叶林里很少能见到。我对啄木鸟尤为着迷，因为它们对一个澳大利亚观鸟者来说是稀罕之物。我们的阔叶林里面根本就没有啄木鸟。细纹黑啄木鸟外形出众，是个黑白相间的大家伙，还有着火红色的羽冠，下体则密布横斑。一条醒目的白色条纹，从它的喙基部开始一直向后延伸至颈侧，雄鸟在这条白纹下还有一条较短的红色髭纹。它们在树枝上勤奋地啄洞，有时为了觅食会留下相当大的凿洞，主要是寻找蚂蚁和甲

左页：水粉习作，21 厘米 × 30 厘米。描绘在索诺拉圣拉斐尔（San Rafael）见到的军绿金刚鹦鹉（*Ara militaris*）。

上：铅笔素描，21 厘米 × 30 厘米。在圣拉斐尔的橡树林里见到的一只优雅美洲咬鹃。

下：石膏板油画，29 厘米 × 40 厘米。帆背潜鸭（*Aythya valisineria*），一种有着独特头部曲线的潜鸭。

虫的幼虫。它们还会在枯树上凿出大的洞穴来筑巢。它们觅食的时候总是积极而忙碌，飞得既快又直，很难长时间地被锁定和观察。不过，干旱导致的树叶稀疏倒是极大便利了我的观察。

棕腹小冠雉

棕腹小冠雉（*Ortalis wagleri*）是另一种生活在覆盖着茂密树木的山坡上的鸟类，它的叫声洪亮，尾羽很长，看起来像火鸡，但腹部为深红褐色。小冠雉、冠雉和凤冠雉都属于凤冠雉科（Cracidae）。我此前对这类鸟唯一的经验就是观看戴维 · 里德 - 亨利创作有关某种已灭绝冠雉的画。我仍保留着他画的草图，对我而言它是全新的种类，却因为长得像只大的家鸡，又有隐约的熟悉感。观看这样的物种以绘画的形式重现，是非常有意思的体验。小冠雉的羽色大多相当浅淡，棕腹小冠雉是当中最为浓重的一种。作为墨西哥的特有鸟种，它们有着强健的双腿和长长的后趾，利于在树上停栖和攀爬。它们不易被发现，但有着非常响亮且刺耳的叫声。这种叫声可能会突然地爆发出一阵，然后戛然而止。叫声可以传得相当远，听起来很近，但实际上鸟却离得比较远。棕腹小冠雉大多集为小群，站在山脊附近远高于地面的栖枝上发出鸣叫。如果在这样的时刻发现了它们，其向前耸立的独特羽冠和裸出的红色喉部在斜射的阳光下会清晰可见。虽说棕腹小冠雉会在地面觅食，但也经常藏身于高高的果实丰茂的树上，在树枝间跑动，直至消失不见。作为在墨西哥可能会被吃掉的大型鸟类，确实需要处处小心啊！

优雅美洲咬鹃

这次墨西哥之旅中我最喜欢的是造访西马德雷山脉（Sierra Madre Occidental）的部分，尤其是探访其中的针叶橡树混交林，或是去到海拔更高的针叶林。海拔变化带来的鸟类组成差异一目了然，从娇小的领霸鹟（*Mitrephanes phaeocercus*）到蜂鸟科（Trochilidae）的各式蜂鸟，再到令人过目不忘的军绿金刚鹦鹉。其中我最喜欢的可能要数优雅美洲咬鹃（*Trogon elegans*），这种羽色如宝石般明艳的鸟儿，却有着让人难以置信的伪装效果。它的头部和背部是闪亮的深绿色，跟深红色的腹部和尾下覆羽相映成趣，胸部有一道整齐的白色条纹将红绿色的区域分开。翼上覆羽和尾羽腹面则是白色底上带有细密的黑色虫蠹纹，同时尾羽腹面还有三道宽且明显的白色横斑。这样的特征使得远远看去优雅美洲咬鹃的翼上和尾下像是柔和的灰色。其尾羽背面是带有光泽的淡红棕色，因此该种也被称为“铜尾咬鹃”（Coppery-tailed Trogon）。雌鸟的羽色较为暗淡，雄鸟身上绿色的区域在雌鸟为灰褐色，红色的区域则颜色较浅。雌鸟的耳羽区还有一道向下延伸的白色条纹。

这些华丽的咬鹃通常会以小而孱弱的腿为

左上：优雅美洲咬鹃雄鸟，水粉习作，21 厘米 ×30 厘米。

支撑，挺直地站在一根水平伸出的树枝上，一动也不动，藏在树荫深处。优雅美洲咬鹃偏好峡谷溪流旁的栎树林或悬铃木林，但我也经常在高海拔森林里零散分布的栎树上找到它们。该种发出的一系列嘶哑的“呱呱呱”（oik-oik-oik）的音节可能会暴露自己的行踪。事实上，根据叫声来定位也是发现它们最为常用的方法。繁殖季节，雄鸟在清晨就开始鸣叫，并且会令人厌烦地持续一整天。它们的身形颇具特点，显得有些大腹便便，又有些弓腰驼背，没有觅食的时候通常会保持一动不动。它们以昆虫为食，偏好个体较大的猎物，例如螳螂、蛾类、蚱蜢和蝉，甚至包括小型蜥蜴。优雅美洲咬鹃也喜欢小的水果和浆果，取食这样的食物时往往也是观察它们的最佳机会。我在其取食的灌木上找到过它们，而且发现它们折回来继续进食的间隔出奇得短。靠近了仔细观察，会注意到它们鲜红色的眼圈和黄色喙上的锯齿状凸起。停栖时，它们的姿态仿佛两腿被设置得太过靠前了，几乎像是在树枝上做引体向上。

优雅美洲咬鹃长而宽的尾羽和深红色的腹部，有时会让我想起红玫瑰鹦鹉，它们从一棵树上跳下来，起伏地飞往下一根栖枝的样子就更像了。若是真的受到惊扰，优雅美洲咬鹃可以迅疾地飞离。

我第一次见到优雅美洲咬鹃的时候，它们所处的优美环境也构成了其吸引力的一部分。从山顶望出去，都是一道道延伸至地平线的壮美山脊，目之所及皆是荒野。当然，事实并非如此。在每道山脉和每条溪流边，都有以微薄收成勉强维持生计的农家。他们通常都种植花生，驱使牛和瘦弱的马匹拉动简易的单铧木犁耕地，为播种做准备。

眺望山间壮丽景色的感受无与伦比，观看一小群嘈杂的军绿金刚鹦鹉缓缓地飞过，像鹭一般慢慢拍打着双翼，从一道山脊飞到另一道更是锦上添花。它们绚丽的羽色，洪亮且带有回响的叫声，长长的尾羽和巨大的喙组成索诺拉不同寻常的景致。它们喜欢在山脊顶部和悬崖峭壁上活动，往往未见其影，先闻其声。

这些山脉上有许多峡谷，即有着陡峭或垂直侧面的深沟，底部通常是小块的肥沃之地。很多这样的地方有着不常见于别处的鸟类栖息地，所以清晨我们时常沿着高耸入云的悬崖上的一条狭窄小径小心翼翼地往下走，期望赶在昏暗光线下鸟类依然活跃之时抵达谷底。

就在一个这样的清晨，我正沿着一条狭窄的小径往下走，从靠崖壁一侧的浅凹处走出一位表情严肃的墨西哥男士。他身着破烂的卡其布衣服，腰间还缠着一个子弹带，其中可能有两包大口径的弹药。他胸前斜挎着一支很沉的军用步枪，站在小路上，拦住了我的去路。

一副旧的双筒望远镜和一个相机包就是我的全副武装了。我看着来人的眼睛，他毫不退缩地回望着我。所以，我用自己最不擅长的澳大利亚式问候朝他点头致意，然后转过身不慌不忙地沿着小路折返。完美的谈判就意味着双方都要做出妥协，因此我们沟通得不错。直觉告诉我，这条小路尽头的谷底可能有一小块耕地。事实的确如此，那块耕地仅半公顷左右大。我在另一天偶然有了这个发现，耕地周边很简易地用了一股带刺的铁丝围住，以阻止游荡的牛群进入。

猛禽

参加本次野外考察的鸟类学家们必须要收集索诺拉鸟类分布、行为和生态方面的信息。斯蒂芬·拉塞尔关于当地鸟类的书基于个人的观察，以及他的同事和可信赖的观鸟者的记录。每一份记录都必须经过仔细的审查，综合评估鸟类辨识所需要的相关专业知识、观察者的能力和具体种类出现的可能性。当遇到罕见鸟类出现在其分布区边缘的情况时，可想而知进行上述的评估会有多困难。

有天早上，我们各自都在选定的栖息地内进行调查，记录所见到的鸟类。我在萨瓦里沃（Sahuarivo）附近的科拉斯峡谷（Barranca las Colas）底部做调查。突然，我注意到一只个体很大的猛禽在头顶盘旋。在我看来它是只雕，刚从峡谷低处的栖枝起飞，边寻找热气流，边从峡谷中缓缓升起，直到消失在高耸的悬崖和树冠层之后。从它的腹面，也是我唯一能观察到的角度来看，它的个体似乎很大，两翼宽大，看起来基本都是黑色。我在它的翼下没有注意到任何纹路。它的双腿显然是黄色的，明显很短的尾羽中部有一道宽且醒目的白色横斑。就自己对墨西哥鸟类有限的了解，我认为它是一只孤冕雕（*Buteogallus solitarius*）。这种大型猛禽有时也被称为“山地孤冕雕”，栖息于墨西哥和南美洲中部的山地森林。它时常会跟黑鸡鵟（*B. anthracinus*）相混淆[58]，后者体形要小得多，并且在初级飞羽的基部有一块白色区域。在低海拔地区许多的孤冕雕都源自对黑鸡鵟的误认。大黑鸡鵟（*B. urubitinga*）跟孤冕雕也有不少相似之处，但前者体形较小，初级飞羽基部有一块浅灰色区域。同时，它的尾羽上有两道白色横斑，但靠近尾上部的那一道并不总是清晰可见。粗心的观察者可能会忽略掉上述关键识别特征。

回到营地之后，我发现另有三位调查人员也见到了同一只鸟，我们的这些目击事件可能是索诺拉自 1958 年以来唯一的孤冕雕记录。可怜的斯蒂芬，他一定非常急切地想为自己的书里加上这么一笔记录吧。有没有可能是其他什么种类呢？

我们四个人都接受了斯蒂芬仔细地单独询问，以确定辨识的基础是否准确。孤冕雕曾是索诺拉极南部罕见的留鸟，1947 年和 1949 年有过繁殖记录，1948 年也有过目击记录。在墨西哥境内的任何地方，该种都是罕见的鸟

下：水粉速写习作，21 厘米 × 30 厘米。在墨西哥哈利斯科州埃尔图托见到的一只鹟唐纳雀（*Rhodinocichla rosea*）。最初的习作并不准确，但附上了正确的注释之后仍有其价值所在。

右页：纯顶星喉蜂鸟（*Heliomaster constantii*）的水粉习作，21 厘米 × 30 厘米。

[58] 译者注：孤冕雕虽然被称作雕，其实跟黑鸡鵟和大黑鸡鵟都同属鸡鵟属（*Buteogallus*）。

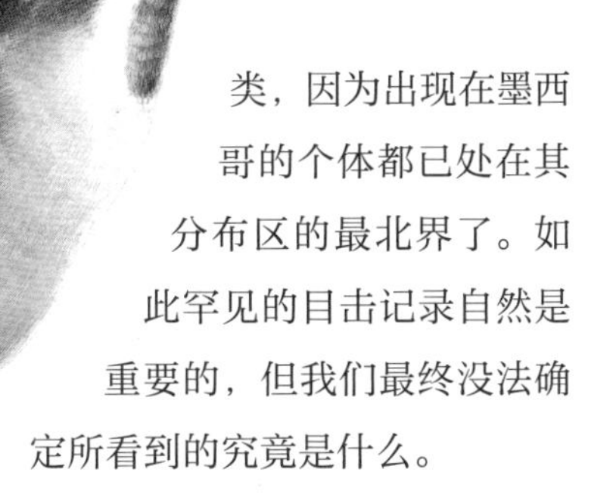

类，因为出现在墨西哥的个体都已处在其分布区的最北界了。如此罕见的目击记录自然是重要的，但我们最终没法确定所看到的究竟是什么。

鸫唐纳雀

多年之后，我跟斯蒂芬和鲁思在哈利斯科州的埃尔图托（El Tuito），距索诺拉以南约 1 100 千米的地方再次遇到了目击记录的麻烦。某天下午，我外出寻找一只鬼鬼祟祟、极其难观察的鸫唐纳雀之后返回住地。我兴奋地向他俩描述了近距离仔细观察这只不好对付的家伙的情形，同时提到在那附近还见到了一只棕林鸫（*Hylocichla mustelina*）。出乎我的意料，他们对棕林鸫最为感兴趣。事实上，我声称的棕林鸫目击记录遭遇了完全的不信任，他们还建议我仔细翻阅鸟类图鉴，弄清楚看到的到底是什么。

棕林鸫的身形和羽色都很独特，尽管有着很多明显的区别，也还有褐弯嘴嘲鸫（*Toxostoma rufum*）这个唯一可能与其混淆的种类。褐弯嘴嘲鸫身形瘦长，虹膜浅色，跟棕林鸫明显不同，也很难会弄错。褐弯嘴嘲鸫通常见于美国东部，仅在墨西哥北部的索诺拉有过 4 次游荡个体的记录。

无可否认，棕林鸫的情况也是如此。它也是常见于美国东部各州的一种鸟类，虽说该种会前往尤卡坦半岛以南的中美洲越冬，但墨西哥境内仅在索诺拉北部，距离亚利桑那州边界约 15 千米的地方有过一次记录。自 20 世纪 70 年代以来，棕林鸫的数量一直都在减少，它偏好的有着低矮灌木、落叶层、郁闭潮湿的阔叶林的破坏及片段化，造成的栖息地丧失被认为是导致这一现象的主要原因。

我的棕林鸫记录看来注定是一个无法解开的谜团了，不过鸫唐纳雀引起了斯蒂芬和鲁思再去看看的兴趣。第二天晚上，当我们碰头的时候，他俩看起来非常开心。是的，他们见到了鸫唐纳雀，还看得很清楚。而且，他们也见到了另一种，一只棕林鸫。

蜂鸟

在墨西哥很难不提及蜂鸟这样杰出的鸟中瑰宝。据记载，索诺拉至少有 16 种蜂鸟，当中的有些种类我只在别的地方见过。鲁思·拉塞尔是研究蜂鸟的专家，每年她都要捕捉和环志很多蜂鸟。我在遇见鲁思之前没有见过蜂鸟，并且倾向于将它们认作昆虫，而非鸟类。不过，经过鲁思的指导，我开始见识到它们是多么的迷人，繁殖季节还会做出华丽的飞行求偶炫耀。它们翅膀的主要结构几乎都包含在身体之内，因此蜂鸟并不是从肩部开始拍打整个翅膀，而是只鼓动腕关节之外的部分。这让蜂鸟能够以非同寻常的速度振翅，并且可

以扭转翅膀实现悬停、向后飞行，甚至是上下颠倒着飞。

蜂鸟本身的羽色和对金属质感反光的运用既迷人又美丽，它们求偶炫耀的某些飞行堪称壮观。在索诺拉，正值花期的丝兰会吸引多种蜂鸟来吸食花蜜，从最小的体重仅两三克的星蜂鸟（*Stellula calliope*），到更大的重达8克的蓝喉宝石蜂鸟（*Lampornis clemenciae*）。

蜂鸟的羽色往往依赖于虹彩，颜色的变化取决于羽毛被观察或照亮的角度，这种效果是由羽小枝中多重的黑色素和角蛋白薄层反射光线而成。羽小枝上这样的薄层越多，产生的色彩就越亮丽，经过多层反射叠加在一起的光会比任何单层反射产生的光更为明亮。

蓝色、紫色和靛蓝色这样的冷色系都是结构色，而非色素色。蜂鸟具备所有鸟类当中最为丰富的结构色。它们展现出了令人惊叹的结构色范围，其产生的基本机制人们仍然知之甚少，也是正在研究的主题。蜂鸟在求偶炫耀时会本能地利用光线的角度来产生不同的颜色。我觉得观察这些变化，要比理解其缘由更加容易。

对我来说，跟斯蒂芬和鲁思夫妇及他们的一些合作者共事是难得的机会，而且就理解鸟类学和生态学而言，这或许跟我一生里遇到的其他机会同等重要。自从我在墨西哥的几次旅行以后，我和他俩又结伴进行过各种野外考察，我们在泰国、保加利亚和罗马尼亚所做的考察都相当深入，还对美洲的阿纳萨齐文化（Anasazi culture）进行过探究，也在澳大利亚做过短期旅行。

上：纯顶星喉蜂鸟的水粉及铅笔习作，21厘米×30厘米。

左：白头海雕（*Haliaeetus leucocephalus*）习作1号，亚麻布油画，23厘米×30厘米。这幅海雕头像习作绘制于蒙克的绘画《呐喊》（*The Scream*）被盗之时，同样的标题也可以用于该习作。在纽约双子塔蒙难之后，它又被称作《"9.11"呐喊》。标题能够用来表达一个富于情感的观点，并且能改变画作的含义和影响，哪怕画本身并没有变化。

右页：铅笔和水粉素描，23厘米×30厘米。为名为《早餐》（*Breakfast*），表现白头海雕捕猎的小型油画所做的准备。

07

ANTARCTICA

南极篇

在美洲的冒险经历给自己增添了许多绘画的题材，但我也意识到在即将开启的南极之旅中作画的方式需要从水彩转为油画。我已经完成了一些油画作品，澳大利亚国立美术馆同意为我举办一个 1989 年 11 月 2 日开展，当月 21 日闭幕的画展。展览结束之后，我仅有一个月的时间为出发去南极做准备。

回想起来，我很惊讶自己竟有如此多的油画作品。澳大利亚国立美术馆灵机一动，将画展安排在他们的“纸上作品”展厅（Works on Paper gallery）。很幸运这批画作的销路不错，一个月之内我就重回野外工作了，留在家中的珍妮贴心地为我打理了各项事务。

我非常幸运能够在南极开展工作。自己参与的是由南极海洋生物资源保护委员会（Commission for the Conservation of Antarctic Marine Living Resources，缩写为 CCAMLR）制定的生态系统监测项目（CCAMLR Ecosystem Monitoring Program，缩写为 CEMP）。该项目是为了应对商业捕捞磷虾和鲸等物种给南极生态系统造成的威胁，旨在对相关物种的种群健康、数量和分布方面的变化做出早期预警。这些物种本身并不是商业捕捞的对象，但可能会因对其他物种的捕捞或保护受到影响。拟议中的国际商业捕鲸禁令的传导效应就是这样的一个例子，预计鲸的数量会随着禁令的实施而增加。如果作为磷虾捕食者的鲸与磷虾的商业捕捞同时增多的话，那么对磷虾的过度利用将会减少其他依赖于磷虾的物种可获取的资源量。

鉴于同时监测所有物种及其相互之间的关系是过于艰巨且无法完成的任务，所以选定一组“指示物种”进行监测，可以有效地反映更为广泛的情况。繁殖、个体生长及状况、摄食生态、行为、数量和分布都是监测当中应当搜集的相关参数。这些参数里任何一个发生的变化，都可能是由于环境条件的异常或食物供给的改变所致。因此，同时监测磷虾的数量，对于评估任何问题的可能缘由尤为重要。

我是通过澳大利亚南极局（Australian Antarctic Division）[60] 参与南极研究项目，该机构正在开展支持

前页： 阿德利企鹅（*Pygoscelis adeliae*）和帝企鹅（*Aptenodytes forsteri*）。

左下：《出海觅食》（*Going Fishin'*），水彩画，76 厘米 ×57 厘米。阿德利企鹅离开集群营巢地，前往海中觅食，它们营巢地的周围很少如此整洁。

右页：《飞过惊涛骇浪》（*Still Flying*），亚麻布油画，41 厘米 ×50 厘米。这幅画受委托而作，是赠给马克斯·布鲁克斯（Max Brookes）的礼物，以对他在抛饵机方面取得的成功表示感谢[59]。非常不幸的是在画作完成之前，他就因罹患癌症去世了。

[59] **译者注：** 抛饵机是一种安装在船舷上抛撒鱼饵的机械，该装置的使用可以减少钓绳的缠绕、鱼饵的脱钩和对海鸟的误捕。马克斯·布鲁克斯在发展该设备上起了重要作用，从而对海鸟保护做出了很大贡献。

[60] **译者注：** 澳大利亚南极局是隶属于该国环境、水资源、文化遗产与艺术部的政府机构，负责在南极和南冰洋开展科学研究。

生态系统监测项目的研究。我的任务是启动对阿德利企鹅的先期研究。众所周知，这种企鹅很容易受到干扰的影响，因此我选定了贝舍韦斯岛（Béchervaise Island）上一个小的繁殖集群进行研究，它们就在莫森站（Mawson Station）附近。我跟一位名叫格兰特·埃尔斯（Grant Else）的年轻人一起工作，他具备许多我所欠缺的技能。对我来说，一起工作除了年龄，更大的优势在于如果出了什么岔子，要是不能明显地归咎于我，那就肯定是其他人的责任。在贝舍韦斯岛上就只有我们两个人！

显然，一旦生态系统监测项目全面铺开，为了确保不同季节来自不同地点的数据具有可比性，每个参与其中的实验都必须使用相同的方法。不过，在我们的先期研究阶段，这样的标准化操作尚未成型。我们最初的任务就是验证基本概念的可行性。

我们的任务繁多，并且相互关联。我们要设计一个系统，让繁殖集群中企鹅的体重可以被自动称量，并记录下它们的个体编号，再通过岛上小山顶的发射器将数据用无线电信号同步传输给霍巴特（Hobart）的一台电脑。这套系统需要在至少10年内保持无故障地运行，

以避免人类对繁殖集群造成干扰。技术层面主要是格兰特来负责了。

我们还要为大约100只被选为核心研究组的企鹅分配编号，并给它们戴上无线电信标，以此监测幼鸟补入繁殖集群的比率，确定参与繁殖成鸟的食谱依赖于磷虾，并且要研发一种基于视觉就可以准确判断每只企鹅性别的方法。我的能力更适合应对项目里这部分实践工作。

从霍巴特到南极莫森站的海上旅行情景对我来说非常有意思。此前，我没有在公海上航行的经历，所以对海鸟基本一无所知。虽说乘客当中有很多南极科考的老手，但也有精力更旺盛，也更不安分的青年男女，“冰鸟号”（Icebird）的娱乐活动能让大家都别闲着。在货舱里打排球，曾流行了一段时间，但公海上的海况让船体晃动得很厉害，乘客跟排球一样都在舱壁上撞来撞去，受伤的人们在船上的医疗室前排起了队。于是，排球运动被禁止了，但还可以踢毽子。许多乘客在甲板下温暖安全的房间内聊天、打游戏或是看视频，我则决定只要情况允许就待在甲板上，睁大眼睛搜寻任何可能出现的南极生灵。

起初的情况很令人失望。离开

上：《逆光》（*Against the Light*），亚麻布油画，40厘米×50厘米。展现南极浮冰的颜色和灰背信天翁飞行的身姿，后者是南冰洋技艺高超的“空中杂技演员”。在室外的强烈光线下绘画确实是个挑战。

左：灰背信天翁的上色水粉草图，21厘米×30厘米。在静态绘画中表现它们高超的飞行技能实属不易。

右页：粗略的铅笔素描，21厘米×30厘米。在“极地女王号”（Polor Queen）的船尾完成的一幅灰背信天翁素描。

霍巴特的四天航程里，海面非常平静，湛蓝的海水十分清澈，但没什么海鸟。我推测即便已经处于南纬 57° 30' 以南，海水温度依然高达 5.7℃，水中几乎没有鸟的食物。日复一日，海面平静如镜，低垂着阴沉的雾气。当然，我们还需接受重要的野外生存训练，这些训练也让我相当受用。诸如躲避冰缝及脱险、绳索攀爬和绳结技术等训练看起来就是打发我们时间的明智之举。其他训练主题还包括建造临时掩体、冰川救援和高级导航等。

海鸟

向南航行五天之后，我逐渐熟悉了某些海鸟。第二天出现了首只漂泊信天翁（*Diomedea exulans*），看到它就令人为之一振。不久之后，一只皇信天翁（*D. epomophora*）开始跟着我们的考察船飞行，巨大的身形令黑眉信天翁（*Thalassarche melanophris*）、白顶信天翁（*T. cauta*）和灰头信天翁（*T. chrysostoma*）这些较小的信天翁相形见绌。乌信天翁（*Phoebetria fusca*）和可爱的灰背信天翁（*P. palpebrata*）也比我预想的更早出现了。霍氏巨鹱（*Macronectes halli*）、白颏风鹱（*Procellaria aequinoctialis*）也开始跟船活动，并在后面的航程中变得相当常见，还有棕头圆尾鹱（*Pterodroma solandri*）、淡足鹱（*Ardenna carneipes*）、灰鹱（*A. grisea*）、短尾鹱（*A. tenuirostris*），后者也被称为“羊肉鸟”（Mutton Bird）[61]。

[61] **译者注：**短尾鹱是澳大利亚海域数量最多的海鸟，该种的雏鸟会被人捕猎用作食物、油脂及绒羽来源，因其肉质和气味跟羊肉相近，而被称作“羊肉鸟”。实际上“羊肉鸟”还可以指代多种其他的海鸟。

大多数时候，会有一只信天翁或某种鹱跟在船后，有时离得很远，偶尔会靠近船尾。它们知道船上可能会刨出鱼内脏，除此之外，在水中搅动推着船只向前的螺旋桨必定会击伤某些海洋生物，由它激起的混乱尾流往往还会将食物卷到海面上来。信天翁、鹱及其同类是秉持机会主义的捕食者，会利用浮出水面的任何死鱼或残破的鱿鱼。正是这样的行为使得延绳钓对它们的生存造成了极为严重的威胁。

延绳钓

商业化的延绳钓是由一艘船或是一个浮标拖拽一条主绳，其上附有支绳，每条支绳都有一个带饵的渔钩，主绳的长度可达 100 千米。使用这等规模的延绳钓具，许多上钩的鱼在被捞上船之前已经死去数小时甚至好几天了。

对非目标物种的捕获被称为“兼捕”（bycatch），受害者包括鲨鱼、海豚、海龟，当然还有海鸟。延绳钓能被设置于海中的任何深度，靠近海面的对海鸟来说尤其危险。延绳钓的鱼饵可以加上配重，这样当其从船上被释放入海时就能更快地沉到水中。但是，当钓具入水之后，会随着螺旋桨搅动起的尾流再次浮出水面，海鸟飞来啄食鱼饵时，如果被钩住，就会被扯入水下，从而溺亡。

奈杰尔·布拉泽斯（Nigel Brothers）是一位富有责任心的海洋生物学家，作为代表澳大利亚政府登临日本延绳钓渔船的观察员，他可以看出延绳钓投放鱼饵的方式正在导致渔获数量的减少。他也非常担忧海鸟的兼捕已经

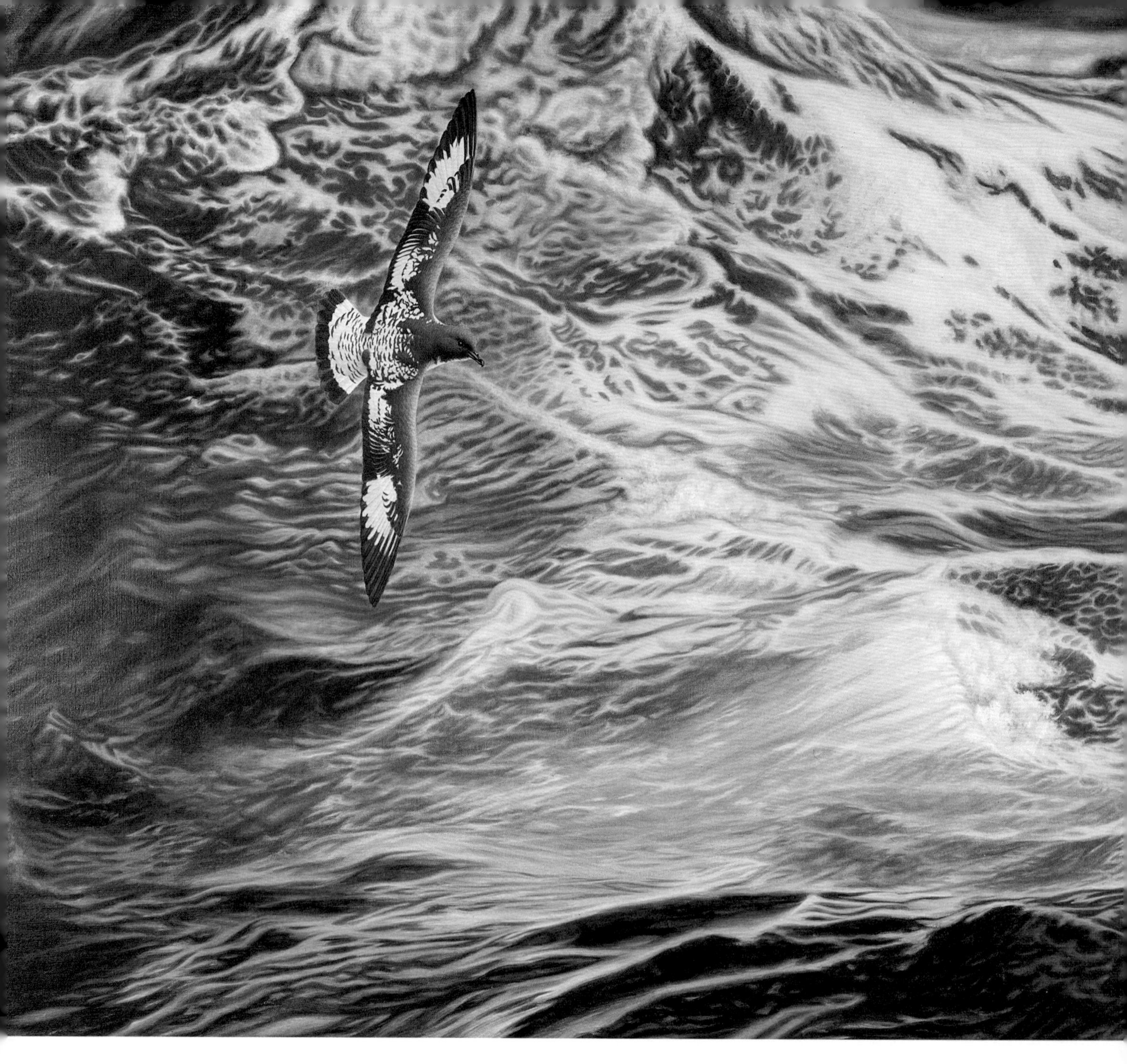

造成多种信天翁大量减少，并将有些种类推到了濒临灭绝的境地。延绳钓每年导致超过 30 万只海鸟死亡，其中许多是鹱和海燕。

如今，在南冰洋捕捞犬牙南极鱼（toothfish）的挪威人有着规模超大的捕鱼船队，在 20 世纪 90 年代初，日本捕鱼船队规模最大，并且被认为既是世界上造成兼捕危害第二严重的船队，也是导致信天翁死亡最多的船队。奈杰尔・布拉泽斯保守估计每年有 44 000 只信天翁殒命，其中超过 20% 都是漂泊信天翁。现有的 22 种信天翁里面已有 17 种濒临灭绝，它们缓慢的繁殖速度完全无法弥补如此大的种群损失。

万幸的是，奈杰尔・布拉泽斯和日本渔民能够合作起来寻找解决方案。如果鱼饵可以从船的两侧投放出去，抛到船后尾流四五十米之外的地方，它们就会迅速沉入水中，从而减少信天翁啄食的机会。初步的尝试结果令人鼓舞，但是人们需要设计出一种抛鱼饵专用的机械装置。

上：《斑斓海面》（*Pintado Patterns*），亚麻布油画，75 厘米 ×100 厘米。这幅画表现了花斑鹱（*Daption capense*）演化出的羽色使它能很好地隐身于所处环境之中，跟北美篇的《潜鸟波澜》异曲同工。花斑鹱经常会伴随南冰洋上的船只活动，观察它们在船后方上下翻飞很是令人愉快。

右页：《御风而行》（*Chasing Down the Wind*），细部，亚麻布油画。一只南极鹱沿着一个波浪全速向下疾飞，风从它的尾下掠过。

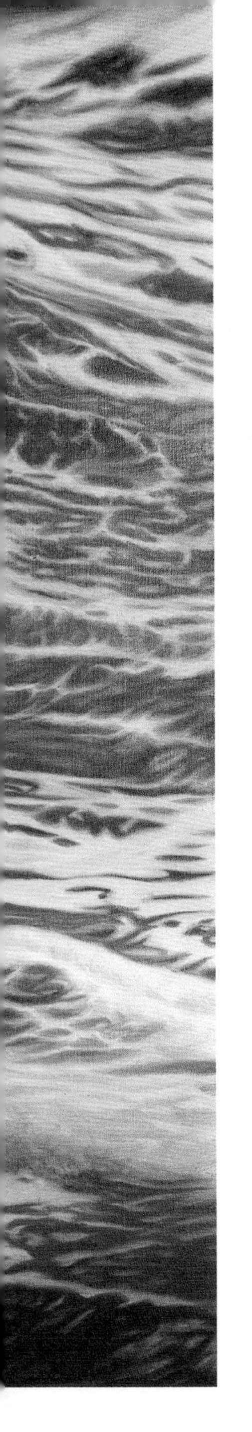

回到岸上之后，他们又试了用飞碟射击运动里的飞碟抛靶机抛饵，但是在恶劣的海上环境之下，这种抛靶机经常出现故障。奈杰尔·布拉泽斯为墨尔本的《世纪报》撰写了一篇文章，分析说这样的设备很可能只有在日本才能被设计和生产出来。

巴拉瑞特市的一家小型机械制造公司对奈杰尔的文章做出了回应，专业的讨论很快就导向了专利申请和早期原型设备的开发。门罗工程公司（Munro Engineers）负责制造和销售这种设备，并且还开拓了一个商业化的出口市场。

退休工程师马克斯·布鲁克斯提议采用新的液压原理来应对海上的恶劣条件。在渔船上进行的实地测试促进了试用型设备的改造升级。各类渔船上参与测试的从业人员对设备的反响都很积极，这项新技术也通过人们的口口相传迅速地传播开来。在巴拉瑞特市成立了“陀螺铸造有限公司”（Gyrocast Pty. Ltd.），生产用于延绳钓中，专为大幅减少误捕海鸟而设计的抛饵机。

遗憾的是，这些设备现在已经停产了。日本公司也开始制造抛饵机，门罗工程公司在东京被卷入了代价高昂的专利诉讼。然而，在他们的保险公司宣布破产之后，诉讼的成本变得令人无法承受，门罗工程公司无力再为保护自己的专利打官司了。现代的延绳钓作业越来越多地使用抛饵机，但当下的技术更多侧重于提高捕捞效率，而非保护海鸟。

第六天，我们乘坐的“冰鸟号”遇到了冰层，只能小心翼翼地缓慢前行，直到又回到无冰的开阔海域。第十天，应该是在吃午饭的时候，我们突然被大约300只鸟包围，其中大部分都是仙锯鹱（*Pachyptila turtur*）。它们会聚集在船尾，随后沿着船舷掠过，突然从一个方向转到另一个方向；又或者在浪尖疾飞，突然拉升冲向空中，再折回海面。一些可爱的灰背信天翁、南极鹱（*Thalassoica antarctica*）、雪鹱（*Pagodroma nivea*）和一只花斑鹱也混迹其中。当天晚上还出现了一只蓝鹱（*Halobaena caerulea*），它跟锯鹱类很相似，但明显头部羽色更深，两翼更长且更窄，飞行轨迹也更平直。它跟船并驾齐驱，给了我绝佳的观察机会，尾羽末端的白色看得清清楚楚。

当天目击到鲸的频率很令人满意，南极小须鲸（*Balaenoptera bonaerensis*）最为常见，随着经验的累积，也就更容易识别出它们。在遇到的一群南极小须鲸里有一头幼鲸，我们观察到灵活的虎鲸（*Orcinus orca*）试图进行拦截，但渐渐涌起的浓雾和零星飘落的雪花降低了能见度，我们没能看到这场捕食与反捕食大戏的结局。我还看到了一头长须鲸（*B. physalus*）和一些塞鲸（*B. borealis*），除此之外，其他的鲸类就比较少见了。但到快天黑的时候，要是不费力加以记录，我根本记不清楚总共见到了多少头鲸，因为确实有很多。

随后，出乎意料的是阳光又照耀了起来。我发现持续的雾气以及偶尔零星降雪的日子越来越令人沮丧。我渴望看到阳光照射下冰山的颜色，但却惊讶地发现，冰山在暗光下比被完

上：《老水手》（*Ancient Mariner*），亚麻布油画，122 厘米 ×183 厘米。

两幅关于保护及保全海洋资源的大型油画之一，暗合古代大师的史诗作品和柯勒律治的《古舟子咏》（*The Rime of the Ancient Mariner*）[62]。这幅画探讨了暴力与和平之间的关系，描绘了一只漂泊信天翁雄鸟，其白色羽饰可能会唤起人们对于和平鸽的不安联想。只要有信天翁跟在船后，航程就会平安无事。"船后吹起了南来的顺风，信天翁就跟着我们"。但是信天翁被杀死之后，可怕的后果接踵而至。当水手为美丽的海蛇祈福时，信天翁从他的脖颈上掉落下来，一切都有了答案。"只有兼爱人类与鸟兽的人，他的祈祷才能灵验"。我的画还呼应了葛饰北斋的浮世绘《神奈川冲浪里》（*Great Wave off Kanagawa*）[63]，出自他的《富岳三十六景》系列（*Thirty-six Views of Mt. Fuji*，在我的画中则以一个巨浪作为代表），以此来唤起我们与海洋以及日本对于我们海洋环境影响之间的联系。几乎被巨浪所掩盖的信天翁，从濒临灭绝的黑暗之中现身，从近乎《圣经》中所描绘的狂风暴雨，从这种人类无法控制的自然伟力里脱身，飞向前景中明亮和平静的海面。抛饵机的出现，可以帮助信天翁免受延绳钓的伤害了。

全照亮时呈现出更为丰富的色彩。强烈的光线往往会压制冰山的颜色，但对其形状则不会有影响。更明亮的光照会突出一定程度的冰山结构之美，使其非凡的、无限多样的雕塑形状被显现出来。从带有深深折痕的波纹状表面，到有着拱券和圆顶的巨大哥特式造型，没有哪两座冰山的结构是相同的，哪怕相似的都很少。在这无声的皇皇大观里蕴藏着一种引人入胜的精神气质。

第七天早上，我们在南纬 66° 48’ 以南，一道被冰山环绕的水道里遇上了厚厚的浮冰。许多浮冰上都有阿德利企鹅，或蜷缩躺着，或是像平底雪橇似懒散地趴着。黄蹼洋海燕（*Oceanites oceanicus*）在开阔海域如燕子点水般活动，但它其实是在用喙从水面叼取食物。它会降落在海面，保持两翼向上展开，以近似舞蹈的动作啄取食物。

到了早上 7 点 30 分，我们的船开始静静地倒退，从已被证明是死胡同的地方原路返回，去别处寻找冰层薄弱的地方，以便离莫森站更近一些。恶劣的天气正在逼近，能见度也在降低，我们不大可能登陆了，直升机的起飞和降落都需要晴朗天气作为保障。虽说等待令人沮丧，但安全第一是所有工作的基础。

这一天的大部分时间，我们都被浮冰所包围，尽管一度接近距离莫森站 77 千米以内的位置，但基本是被困在了 88 千米之外的海湾。最终，我们突破了阻碍，进入无冰的海域，在不断恶化的天气中沿冰山围成的航道前行。晚上大约 9 点的时候，我们抵达冰盖的边缘，此时四周已是白茫茫的一片，强风从高原上吹下来，卷起碎冰块砸到人脸上。这样的疾风，就

[62] **译者注：**《古舟子咏》是英国诗人塞缪尔·泰勒·柯勒律治（1772—1834）最著名的作品，这首叙事长诗发表于 1798 年，讲述了老水手所在的帆船被风暴吹到了南极海域，后来在一只信天翁的引导下离开了冰封的海域，老水手不知何故将信天翁射杀，此后船上的人开始遭遇各种厄运。人们将不幸归咎于老水手杀死信天翁的罪恶，将它的尸体挂在他的脖子上作为惩罚。直到老水手在心里默默为海蛇祈福，信天翁的尸体才掉落了下来，象征人类灵魂中最为本质的爱让他从自己的罪孽之中得到了救赎。这首诗被认为是英国浪漫主义文学的开山之作。

[63] **译者注：**葛饰北斋（1760—1849），日本江户时代的浮世绘大师，《神奈川冲浪里》是他于 1832 年出版的著名木版画，被认为是世界上最负盛名的日本美术作品之一。

更凸显出花斑鹱的飞行技巧了。它们飞行的速度极快，两翼向后掠，如弓弦一样绷紧，当风从其身上呼啸而过时，它们几乎全身都在震颤。看起来精彩极了。

直到天气放晴，我们才能登陆。第八天一整天，船都停在冰封的海面上，我们只能等待。强风和降雪持续，能见度很差。各种海鸟不断展示着它们在空中的灵活性，绕船飞行或是从海面到天空做陡然的弧线爬升，在铅灰色的背景下如星星般光芒闪耀。南极鹱、雪鹱、花斑鹱、巨鹱（*Macronectes giganteus*）和黄蹼洋海燕在船周围翻飞，但它们都被阿德利企鹅抢走了风头。阿德利企鹅终日都在冰缘逡巡，或是结成小群，腹部着地，双脚轮番蹬动，似雪橇般在冰面上四处转悠；有些则像玩偶盒里的小人一样从海里弹出，冲上冰面。它们偶尔还会蜿蜒前行，排在冰上仔细打量我们的船，然后慢悠悠地走开，像是想起了有什么事还没做完。时常有大块的冰面崩裂入海，上面往往还带着一群群企鹅。那样的时刻，我才看出来它们是多么地不愿被孤立，无法忍受孤独。尽管群体里的企鹅之间经常爆发争吵，单只的企鹅也不会自己独处，几乎总是会加入集体之中。阿德利企鹅个头虽不大，脾性却不小。

第九天上午，天气终于放晴，阳光明媚。下船亲身踏足南极洲的时候到了。现在我们距离陆地不到 60 千米，每架直升机都可以单独飞行，到再远的地方则必须三架编为一队行动。我突然被通知只有 15 分钟的时间做准备，然后就要乘机登陆。在空中俯瞰脚下南极壮美景观的感觉无与伦比。因为地面上没有任何东

上：《海上“狼”群》（*Wolves of the Sea*），亚麻布油画，122 厘米 ×183 厘米。

第二幅探索和平与暴力的大型画作。画面中基督教和哥特式大教堂般的冰山“拱门”，旨在提醒我们《创世记》和指导人类的“要治理这里……和地上各样行动的活物”。直到后来，当我们摆脱了教会的统治，才开始与自然重新建立联系，尽管仍未理解我们与自然世界的联系是多么紧密。我试图让人们感受大自然的浩瀚及我们面对它时的无能为力。虎鲸扰乱了宁静的场景，它们深色的身影会让包括人类在内的大多数物种感到恐惧。

西可以作为参照物，所以这里景观的浩瀚之势并不会即刻显露。人的眼睛会被地貌特征所吸引，黑色的山峦依次从白色的冰盖上突起：北马逊山脉（North Masson Range）、鲁姆杜德尔峰（Rumdoodle）、亨德森山（Mt. Henderson）和戴维山脉的方峰（Fang Peak）。第一次看到莫森站的时候，我睁大了双眼，这就是接下来几个月自己活动的基地，并且已从照片里知道了它会是什么样子。我突然就看到了它，它就这样出乎意料地映入眼帘。这种感觉非同寻常，想象一下你正在观察周围的环境，手里还有一台单筒望远镜，你把它拿反了，端端地放在眼前。我惊讶于莫森站显得如此的渺小，如此的脆弱，又如此的无关紧要。天地之大，无边无际，完完全全地凌驾于下方的红色小楼之上！从空中看，马蹄港（Horseshoe Harbour）就像是一湾小池塘，贝舍韦斯岛则是能够想象到的最为贫瘠的岩块。

当天下午，我可以自由地在莫森站闲逛，了解它的布局。站附近有几只哈士奇，这些可爱且友好的狗是站里非常重要的角色。在任何的极地营地里，总会有人感到孤独、沮丧、被忽视或是悲伤。跟其他的南极科考站相比，莫森站里的心理困顿更少，因为每当有人情绪低落的时候，总能找到哈士奇倾诉一下。其中有只叫作“熊”的对人特别友好，它跟到站的所有探险队员都保持着特殊的关系。

哈士奇们兴高采烈地期望着有人与它们打打闹闹，当有人靠近的时候，拴着链子的它们也显得活力四射。哈士奇可以卧倒，将鼻子藏在毛茸茸的尾巴里抵御暴风雪的侵袭。在它们皮毛的针毛外会形成一层冰霜，将温暖的空气保留在靠近皮肤的浓密柔软的毛发里。这种情况下，谨记不能轻拍或是打扰它们，否则会破坏它们的保温层，让风吹透毛发带走热量。

这些狗在20世纪90年代被人从南极带走，送到了加拿大，理由居然是它们是一种带有破坏性的外来影响，会污染南极大陆。事实上，企鹅身上已携带了微量的多氯联苯（polychlorobiphenyls，PCBs），臭氧层正在变薄和海鸟被塑料垃圾所窒息都不足以鼓励人类来保护我们的星球，“该死的”哈士奇反倒是个大问题！

马蹄港边有一排三个发人深省的白色十字架，标志着三位没能活着登上回国船只的探险

下：我的一本南极素描本上保存的从俄罗斯飞机上对北马逊山脉进行观察后画的铅笔素描，完成于从莫森站出发的一次快乐旅行中。

右上：莫森站拴着链子的哈士奇的铅笔素描。

[64] 译者注："内尔·丹"是丹麦劳里岑航运公司旗下的破冰船，在澳大利亚南极科考探险的早期阶段扮演了重要角色，1987年12月3日它在执行任务过程中触礁受损，尽管人们随后做出了很多努力想要挽救该船，但它最终仍在当年圣诞前夜沉没。

者。每个十字架前都有一堆石头，盖着逝者的遗体。墓地位于马蹄港的西翼，始终提醒着人们南极洲的生活充满了挑战与危险。

澳大利亚的每个南极科考站都有人罹难，但莫森站对逝者有着更为清晰的记忆。实际上，这里已经有第四座坟墓了，安葬着菲利普·劳博士（Dr. Phillip Law）和他妻子内尔·劳（Nelle Law）的骨灰。探险船"内尔·丹"[64]（Nelle Dan）就是以内尔女士的名字来命名的。菲利普·劳博士在1954年2月13日建立了莫森站。

第十天下午早些时候，我们接受了求生训练和冰缝救援的现场示范。这给人留下了绵长的印象。我们用绳索结组，然后出发进入冰原，绕过一个明显的冰缝后，停下来对其进行细致探究。我们从边缘小心地观察，尽可能看到冰缝的深处。

突然间，随着一声巨响，有名见习的探险队员消失不见。克里斯向前移动想更清楚地观察冰缝内部，他站到了一个悬空的冰桥上，很快冰桥就崩塌了。我们的教官尼克·德卡（Nic Deka）反应如闪电般迅捷，他意识到克里斯必定是和另一个人用绳索绑在一起的，此人可能对绳子另一端的叮当作响毫无准备，也会被拽进冰缝。尼克向后跳了一步，将冰镐插入地面，同时将绳索捆在冰镐上。克里斯的坠落被制止了。我们大受震撼，有位队友此时正悬吊在冰冷狭窄的冰缝里面。大家都害怕如果再出什么状况，他还可能再向下跌落60米。

接下来的操作就是让克里斯摆脱困境。这可不像听起来那么容易。绳索挂在冰缝的边缘，被雪掩埋。要靠近边缘相当危险，绳索可能会进一步滑落，或是将第二个人拖入冰缝。设置绳索回收系统，并将克里斯救出又花了两个多小时，重回地面时，他已经冷得不行了，而且非常非常害怕。

当天晚上我们滑雪横穿了贝舍韦斯岛，去评估在企鹅栖息地需要开展的工作。海冰依然坚实，但其上的冰雪和泥浆已经开始融化，给行动增加了难度。我们必须使用雪橇来运输装备，这时就会"陷车"，拖拽起来非常不容易。海冰上有些潮汐裂缝开始扩大，所以我们需要

迅速行动。

贝舍韦斯岛是地球上最为荒凉的地方。它不过是一大块没有表层土壤的岩石，不出所料也就没有比地衣还要大的植物生命[65]。黄蹼洋海燕利用岩石上的裂隙形成的安全壁架来休息、夜宿和筑巢，偶尔还有雪鹱为邻。岛的东北角有一个阿德利企鹅的集群营巢地，其与南极大陆相隔的海峡端口还有一个上岸的位置。这处营巢地由一个主要和两个卫星集群组成，巢内已经有不少企鹅卵和雏鸟了。只要我们待在营巢地的外围，企鹅们似乎就不太关注人的存在。周围总是有南极贼鸥（*Stercorarius maccormicki*）的身影，它们试图找到任何一个机会，偷走企鹅卵或劫掠未被亲鸟保护的企鹅雏鸟。因此，我们必须注意不能打扰成年的企鹅父母。

回到莫森站，我们领取了生存物资和口粮，为搬到贝舍韦斯岛扎营做准备。接下来两天，天气很糟糕，我们只能等待情况好转，以便搭乘直升机飞往新的营地。我抓住这个空档滑雪去了趟东湾（East Bay），为帝企鹅画些素描。海岸线附近有 15 只等着换羽的帝企鹅聚在了一起。其中有 10 只已经开始换羽，看起来有些狼狈。我的出现似乎并未令它们感到惊慌，人接近到 3 米之内时，它们也没有表现出任何紧张或想要躲避的迹象。它们显然已经在那里待了一段时间，冰面上留有非常明显的痕迹。这些帝企鹅之间相处得很融洽，跟阿德利企鹅形成鲜明对比。

天气仍没有好转的迹象，项目的启动却是箭在弦上，不得不发了。为此，我们重新整理行李，取出足够支撑几天的必需品。这样一来装备重量减到了 195 千克，我们申请到两架人力雪橇，将物资装好之后准备滑雪前往贝舍韦斯岛。供我们执行任务的时间窗口很窄，现在的海冰依然足够坚固，可以支撑住人的体重。我们准备了可供四人使用的滑雪板和挽具，并得到了其他乐于助人和对此感兴趣的探险队员的帮助。当晚 8 点吃过晚饭后，我们预计此时的海冰应该会更坚硬一些，一行人拖着雪橇出发了。抵达贝舍韦斯岛西北角的过程还算顺利。每次雪橇划破冰面之后，都只是冲入海冰层上深约 30 厘米融化的淡水里。此时需要四个人协力将卡住的雪橇抬回冰面，再开始拖行。抵达之后，我们就面临着要穿过海峡和企鹅营巢地，将装备搬运到岛的东北角的问题。我们期望一旦天气好转就可以借助直升机将剩余的装备空运过来，但不能让直升机打扰到阿德利企鹅也非常关键。我们还需要将食物、帐篷、无线电设备和修建容纳企鹅围栏的大量材料运输过来。作为一名农场主，建围栏自然是我的工作了。预计冰层很快就会融化，我们会被困在岛上，到那时需要一架直升机才能带人离开。因为分配使用直升机的时间有限，飞行成本也很昂贵，所以我们可能会在岛上待几个月，而非

左页：描绘莫森站帝企鹅的水彩习作，21 厘米 ×30 厘米。

上：《东湾的王者》（*Emperors at East Bay*），亚麻布油画，60 厘米 ×90 厘米。莫森站附近东湾海滨的帝企鹅，背景里的冰崖就是我们离开后，在船上收到信息说发生崩塌的地方。

[65] 译者注：地衣是由真菌和藻类复合互惠共生而形成的一种共生体，严格意义上并不属于植物。

最初计划的几天了。

在我们选定的宿营地旁边有两对贼鸥，其中一对有两只雏鸟，另一对则仅有一只。亲鸟非常具有攻击性，仅一只雏鸟的那对尤其如此。它们总是恶狠狠地攻击我们的头部，偶尔停在附近的一块岩石上恢复体力。它们也一直没有真正地跟人熟络起来，自然我们也要避免类似情况的发生。在亲鸟咄咄逼人的同时，雏鸟总是压低身子躲在石头的背后或附近。

我们在贝舍韦斯岛离莫森站最近的位置登陆，距离选定的靠近企鹅营巢地的宿营地约 2 千米远。举个例子可以说明我们的工作条件，有一种需要进行测试的围栏材料是镀锌防兔网，90 厘米高，一卷则有 100 米长，重量为 75 千克。想要在崎岖不平的岩石地貌上搬运这样的东西可一点都不好玩。最终，我们设法将所有的物资都转运到了宿营地，以符合要求的方式搭起了金字塔式极地帐篷，开始了工作。格兰特和我都暗下决心要在尽可能短的时间内完成任务，以便赶在海冰融化前滑雪离岛。

建好营地之后，我们的首要任务就是确定企鹅们是否会受到围栏的影响或控制。如果围栏可用的话，那么它们能否被诱导着排成一列穿过地秤再抵达营巢地呢？离开霍巴特

之前，格兰特一直忙于改造由诺尔斯·克里博士（Dr. Knowles Kerry）和查尔斯·奇彭代尔（Charles Tippendale）发明的为牛称重的地秤。他要保证其在南极极端恶劣的条件下也能正常工作。格兰特想出了一个全新的概念来实现这点，我没法解释清楚其中的奥妙，但确信它是极具创意的解决办法。

阿德利企鹅

阿德利企鹅是可爱的小家伙。我跟它们第一次亲密接触的时候，肩上正扛着一卷围栏网，从营巢地外约6米的地方走过。有只潇洒的雄鸟冲了过来，用它非常有力的喙叼住了我的腿，接着还用它那小巧又结实的鳍状肢猛烈地拍打了一阵。它在我的腿上留下了一块葡萄柚般大小的淤青，持续了好几天。

在如此“热情”地开始跟阿德利企鹅打交道之后，我们需要发展出一套捕捉它们的方法，以便对个体进行后续的编号、测量和标记。我年轻的时候打过橄榄球，这种运动所用的球形状设计得很奇怪，似乎就是为了让它在湿泥这样的不利条件下变得更难把持。大自然的设计一如既往地优于人类所为，阿德利企鹅的形状让它在冰冻条件下根本不可能被抓住。它们看似随和，甚至文静，但能像鼬科动物一样蹦跳、滑行、扭动与折转，还会啄人、挣扎和用翅膀扇人。它们可是出人意料的有劲儿。

我想要补充一点，在前往南极之前，我们的项目必须得到伦理委员会的批准，他们有一项要求正是我需要具备把控企鹅的专业技能。为此，我专程到菲利普岛（Phillip Island）帮忙环志了100只小企鹅（*Eudyptula minor*），它们是阿德利企鹅的近亲，但体形小了不少。然而，我已有的经验对于抓捕阿德利企鹅毫无用处。

为了识别不同的个体，我们选用了绵羊标记染料，这种染料为满足羊毛工业的要求能够被洗脱，因此在研究结束后很快就会从企鹅身上消失。我们需要选择一款不大可能改变鸟类行为的合适颜色。由于看起来像是受伤了，可能会引发同种或其他种类的攻击，红色显然是不合适的。阿德利企鹅有着闪闪发光的白色胸部，而且还有将身体正面冲着任何威胁的倾向，于是我们将计就计，用蓝色染料在它们的前胸写上了数字编号。

第二天早上，格兰特出去架设一个气象站，我则去观察阿德利企鹅，试图确定它们进入营巢地的惯用路线。但眼下，这点似乎比我们此前所希望的严峻得多。主要和卫星营巢地里的多数阿德利企鹅看起来是从随机的地点上岸的，不可能用围栏来加以引导。在格兰特要架设通信设备的小山丘顶，有许多阿德利企鹅筑巢，它们会使用一条主要的通道回巢，这条路有处变窄的地方，是一个设置自动地秤的可能位置。遗憾的是，它们在返回大海的时候则倾向于选择多条路线。更让人担忧的是，山顶筑巢的这些阿德利企鹅大多会在不同的地方上岸，然后经由跟之前不同的路线回巢。

在有足够多的能够被识别的个体之前，我们没办法知道每只阿德利企鹅每次是用相同的路线，还是交替使用不同的路线。我还担心一

左页：《黄蹼洋海燕》（*Wilson's Storm-petrels*），亚麻布油画，60厘米×90厘米。这是一幅描绘黄蹼洋海燕在三天暴风雪之后从掩蔽处飞出的油画细部，海面上到处都是这些身形娇小的海鸟，它们在油亮的水面翻飞起舞，从水中啄取浮游生物碎片时，会投射下美妙的倒影。

上：仙锯鹱的水粉画习作，它们飞行的姿态很独特，不断地在空中穿梭或是突然地转向，跟大多数的海鸟种类都不相同。

左：贝舍韦斯岛上阿德利企鹅的钢笔素描。

右页：钢笔水彩画习作，21 厘米 ×30 厘米。这是从莫森站的狗场后方上岸的一只帝企鹅，它一点儿不怕人，给了我进行观察和素描的极好机会。

旦海冰在一两周之内融化，阿德利企鹅的行为很可能也会发生改变，海冰的位置看起来会影响它们靠近陆地的方式。

不过，阿德利企鹅看起来也可以加以引导，它们在陆地上似乎不愿意或者不能跳过任何自己看不到的东西。然而，我们搭建围栏的大部分材料都是网眼状的，不知道能否改变阿德利企鹅的行为。

风变得越来越大，风速已达到每小时 70 千米左右，令人感到厌烦。天气很冷，我们也不打算在这样的状况下摆弄阿德利企鹅，以免增加它们的压力。相反，我们爬上了小山顶看看有没有足够好的视野来清点一下营巢地。事实证明，我们的希望彻底破灭，在那上面连一只阿德利企鹅都看不到。

次日早上，在美美地睡了一觉之后，我很早就溜了出去，留格兰特在帐篷里继续睡觉。我以海峡的西端作为基准点，开始绘制一张阿德利企鹅营巢地的地图。我计数阿德利企鹅的数量，而不是它们的巢。我发现要是不让阿德利企鹅站起来就很难确定巢里面有什么，但这样就会惊扰到它们。巢是由什么筑成的呢？许多阿德利企鹅会用石子来筑巢，但似乎都是没有经验或是没有在繁殖的个体。有些阿德利企鹅还在孵卵，营巢地里已有很多的雏鸟，它们要在一周或者更长的时间之后，才会大到足以进入“托儿所”（creche）的状态 [66]。我最终数到了 2 169 只阿德利企鹅。

在南极越冬的探险队员认为我到莫森站的那年似乎一切物候都推迟了，他们指出营巢地里的阿德利企鹅直到 10 月下旬和 11 月初才出现。我在的时候已经是 1 月的第二周了，仍看到有阿德利企鹅在交配。当然，它们不一定就是当年会参与繁殖的个体。

似乎还有没被阿德利企鹅占据的外围“迷你营巢地”。虽然这些地方可能还是会被没有经验或没能繁殖的阿德利企鹅使用，但我觉得前一年的繁殖情况可能很糟，或者有什么因素抑制了我们研究这一年阿德利企鹅的繁殖。按真正科学的讲法，就是感觉不对劲 [67]！

格兰特起床之后，我们开始对阿德利企鹅进行测量。我们花了一些时间，建立起一套操作流程，后来则“随遇而安”了。我们的游标卡尺失去了调校能力，特别难用。它似乎掉了一个在校准过程中发挥作用的咬合齿，导致规律性地出现 0.5 毫米的误差。我们用的秤也令人失望，它的称量精度是 50 克，而不是我们更喜欢的 25 克。测量阿德利企鹅的腿特别麻烦，因为它的骨头上附着了太多的肉，因此很难分离出跗跖 [68] 进行精确测定。毫不配合、不停挣扎的阿德利企鹅更是让情况雪上加霜。

对它们进行身体测量的原因之一是希望以此找到判断阿德利企鹅性别的可靠方法。我们在阿德利企鹅身上似乎找到了跟小企鹅相似的二型性，但前者的这种差异很小，且形式也有所不同。事实证明，在这两种企鹅当中，雌鸟的喙较为细长，上喙端的钩曲也不发达；雄鸟

[66] **译者注：**像阿德利企鹅和帝企鹅这样在地面营巢的种类，相同或相近日龄的幼鸟会聚集在一起，由外围的多只成鸟集中照料和保护，这样的幼鸟集群就被称作“托儿所”。

[67] **译者注：**感觉显然是不科学的，作者在这里开了一个自相矛盾的玩笑。

[68] **译者注：**鸟的跗跖是指连接脚趾和小腿之间的部分，其实是它的脚掌骨。

左页：水粉画习作，21 厘米 ×30 厘米。描绘两只企鹅雏鸟，我给它俩起了绰号"乐观"和"悲观"。

右下：水粉画习作，21 厘米 ×30 厘米。描绘一只阿德利企鹅的雏鸟，它被探险者们戏称为"笨蛋"（schmoo）。

的喙则更为粗壮，钩曲更加明显且发达。我们还测量了它们鼻部的宽度和高度，但困难在于找到一系列可以清晰反映雌雄差异的量度。嘴峰（上喙基部到喙端最长的量度）的长度似乎是可用的。

我们对阿德利企鹅翅膀的测量显示出不同寻常的一致性。每只被测量的企鹅都有着几乎一样大小和宽度的鳍状肢。

当天我们跟莫森站进行了多次无线电通话，以便确定能否调用直升机。最终，在下午 3 点 45 分的时候，我们被告知可以在 4 点 25 分对阿德利企鹅的集群营巢地进行航空调查。我俩立刻收拾好装备，步行前往岛的东南角，穿上滑雪板后赶紧溜回莫森站。我们的运气很好，海冰很牢固，比来的时候情况还好一些。

一回到莫森站，我们就将留在站上的装备放入网兜，然后用两架松鼠型直升机吊运到了贝舍韦斯岛。着陆之后，我们卸下了货物，还将有架直升机的一扇舱门给拆了下来，这样我就可以稳坐于机舱的地板上，两脚则踩在起落架上。随后，我们在 60 米的高度沿着海峡飞了两个来回，借此拍摄了营巢地的航拍图，等我回到澳大利亚之后可以将图放大来计数阿德利企鹅的个体数量。说坐在直升机外面很冷，其实只是轻描淡写的讲法。直升机旋翼产生的下沉气流带来的风寒效应（windchill factor）非常惊人。寒冷减轻了我对从 60 米高空跌入刺骨海水，撞上坚硬岩石和冰面的恐惧。航拍结束后，我才如释重负。

待直升机返航莫森站之后，我们穿过阿德利企鹅群，试图确定标记过的个体返回营巢地时经过的位置。然后，在阿德利企鹅离开营巢地的路上垒出一道石墙，想要引导它们通过我们打算设置地秤的地点。通过测量见过的阿德利企鹅跳过自然障碍物的地方，我们确信它们不愿跳过任何高于自己视线的障碍物，也就是 45 厘米高的东西。

基于这样的观察，我们开始竖起围栏。将任何竖立物打入岩石以支撑围栏的想法都不在考虑范围之内，因此我们使用钢制网作为立柱，其上再加防兔网，底部放上石块来保持网面展开。地面并不平整，所以网下方的缝隙是个需要解决的问题。我们发现阿德利企鹅并不愿意从网下钻进钻出，仅 2 只个体做了这样的尝试。它们只在网下的缝隙大于 26 厘米且感受到压力的情况下，才会钻网底。阿德利企鹅正常的反应是在离围栏蛮远的地方就停下来，然后转身沿围栏前行，找寻可以通过这一障碍物的地方。有些阿德利企鹅（我们观察到有 4 只个体）会冲向围栏，并用自己的胸脯推挤防兔网，不过都是些半推半就的举动，于事无补。

格兰特确实报告说见到一只阿德利企鹅越过了围栏，由于支撑物的间距太大，那处围栏松散而摇晃。除此之外，还有一只试探性地啄了防兔网，但是没有试图跳过或是翻越围栏的阿德利企鹅。我们用午餐盒里的铝制托盘建了一个“假地秤”，将其放置在适合装地秤的地点。我们还用石块遮住了“假地秤”的边缘，想让它更容易被阿德利企鹅所接受。但多数阿德利企鹅都比较抵触这些掩蔽物，当我们移除石块之后，交通就流畅多了，上坡的时候尤其明显。这启发了我们更多的思考。

当天下午早些时候，有只巨鹱飞临营巢地，即刻被南极贼鸥驱赶，而且还被一路撵出了贼鸥的筑巢领域。巨鹱沿着海峡蜿蜒而上，又在岛的上空徘徊了一阵，然后折返回来再次遭到了贼鸥的攻击。最终，它飞走消失不见。我们则忙于在地秤靠近莫森站方向一侧的缺口架设延伸的围栏，试图阻止阿德利企鹅从另一条路线上山，鼓励它们使用主要路线。起初，它们继续在围栏的末端躲躲藏藏，但当围栏进一步延展之后，起到了很好的效果。随着我们的围栏安装到位，我去探访了营巢地的各个角落，把编号个体的位置在地图上标注出来。

我们的下一个任务就是给阿德利企鹅装无线电信标。这些内含识别标签的信标以黑色塑料封装，约半盒火柴大小。我们的目的是将信标粘在阿德利企鹅背部的羽毛上，这样就不会对它们的活动产生任何影响。下一次换羽的时候，信标会随之脱落在海滩上，可以使用阿姆斯卡（Amscam）接收机搜寻回来。在寒冷的气温下，胶水凝固需要的时间太长了，因此我们只有在比正常气温更暖和的条件下，才能安装信标。阿德利企鹅非常强壮，它们可以用于战斗的鳍状肢能够产生力量惊人的击打。我腿上第一次跟企鹅亲密接触留下的淤青都还没有恢复。它们的喙也是有力的武器，测量的时候，我手上的伤口越来越多。

阿德利企鹅之间冲突频发，它们之间的气场让我想起了酒吧里人们起冲突的状态。正常的反应是使用胸脯互相推挤（“你说什么？到外面去练练，看我怎么收拾你！”），进一步升级的对抗则是将鳍状肢扇得呼呼作响，直到失败者掉头逃走。

阿德利企鹅的营巢地似乎是在一个资本主义体系下运转。它们的货币则是鹅卵石和小石头，这些石头在岛的贫瘠表面很罕见。小石头是受到高度追捧的筑巢材料，而有些阿德利企鹅的道德水准又实在堪忧。偷盗石头的现象很普遍，走起来摇摇摆摆的阿德利企鹅，兴高采烈地在喙里叼着一块合意的石头，这场景看起来很滑稽。在营巢地范围之内，这样的盗窃行为会遭到全社群的报复，每一只待在巢里的阿德利企鹅对“小偷”都是又啄又咬。受

左：每个企鹅的营巢地附近都有一对虎视眈眈的南极贼鸥，它们对没有看护的卵或雏鸟来说是无情的捕食者。这幅 16 厘米 ×21 厘米的铅笔草图表现了贼鸥之间的仪式化问候，原图发表于 1991 年出版的《保护南极海洋生物：南极海洋生物资源保护委员会——起源、目标、功能及运转》（*Conserving Antarctic Marine Life : CCAMLR the Commission for the Conservation of Antarctic Marine Living Resources-its origins, objectives, functions and operation*）。

右页：我的一本素描本上保存的从小屋里描绘鲁姆杜德尔峰的铅笔草图，完成于从莫森站出发的一次快乐旅行之中。

下：莫森站的阿德利企鹅的钢笔素描。

到围攻的罪魁祸首则在其中左躲右闪，想要躲避攻击。

我们给阿德利企鹅戴上了信标，阿姆斯卡系统似乎运行良好。阿德利企鹅却不大配合。被标记的第一只企鹅当时正在下坡，在走到地秤之前我们突袭抓住了它，之后又在坡上将它放归了，希望能在它通过地秤的时候测试一下信标。谁知道，它一溜烟地就跑回了坡顶，后来我们发现它在“P”营巢地里孵出了两只雏鸟。我们抓到的第二只企鹅则正在上坡，所以在地秤的入口前放归了它。这只鸟直接冲下了山坡。但还是有些企鹅被引导回了原来的路线上，成功穿过了地秤的入口，第一次给了我们正确读数。

与此同时，我们重新捕获了标记的第一只阿德利企鹅，并设法让它穿过地秤的入口两次。可是两次都没有获取读数。第一次它弯腰把身子压得很低，从红外光束的下方钻过，没能触发读数。第二次，它将鳍状肢向后完全展开，挡住了红外光束与背上信标的接触。这让我们意识到必须把信标粘在阿德利企鹅的颈背上，而不是背上，如此才能使它们更好地被读取数据。

有两只缺乏经验、没能繁殖的阿德利企鹅在地秤入口附近筑了个巢。几天来，雄鸟都在为筑巢收集搬运石头，我们也观察到了它俩之

间的交配。考虑到它们可能会频繁地使用地秤，我们标记并测量了这两只阿德利企鹅，并据此判定各自的性别。我们将两只企鹅带到海边的测量操作点戴上信标，希望它们不要像其他企鹅那样害怕地秤。在进行过测量和标记之后，两只企鹅都变得非常激动。被释放之后，雄鸟急匆匆地跳到海里游走了。雌鸟则沿着海边徘徊，看起来伤心而沮丧。

傍晚时分，它俩都回到了巢里，经过地秤时也有了有效的读数。雌鸟还是显得害羞。显然，这些阿德利企鹅不喜欢被人摆弄，因此我们在当晚花了些时间寻访其他被标记过的个体，评估它们是否受到了任何不良的影响。我们马上就发现46号正在“P”营巢地里愉快地照料着两只雏鸟，35号则在“Q”营巢地里照顾孵卵的配偶。我们找到的其他阿德利企鹅也表现得很自然，看起来已经从被抓捕的经历中完全恢复了。所以，阿德利企鹅似乎是可以安全地被标记的。

我们还被指示要采集5只阿德利企鹅的胃内容物样本，以评估它们是否完全依赖于磷虾。这是我们非常不情愿进行的影响更大的一种操作。在我们捕获的阿德利企鹅里面，未参与繁殖的年幼企鹅胃里只有少量的磷虾，而喂养雏鸟的更年长的个体胃里则装着满满的磷虾、蠕虫、鱿鱼和各种鱼类。

上述结果提出了一些有意思的问题。是经验丰富的年长个体能捕捉到更多种类的猎物，还是因为它们有雏鸟要喂养，所以必须放弃搜寻偏好食物，而满足于有什么吃什么，以便尽可能快地返巢替换配偶？前往能捕获磷虾的地区可能要花费太多的时间和精力，所以它们只选择离巢更近的食物。要想在南极的繁殖周期中幸存下来，依赖于一种微妙的平衡。无论答案是什么，格兰特和我都不愿意再强迫阿德利企鹅将食物吐出来，任务的完成让我们如释重负。这样的操作对企鹅来说很难受，对生物学家而言也是令人反感的，我们在最终的报告里明确指出了这点。阿德利企鹅在处理过程中出现了休克的迹象，并且因此出现了体温过低的症状。它们显得虚弱而沮丧，摇摇晃晃地走开后，独自地瑟瑟发抖。我想使用没有加热的冰水灌胃让情况雪上加霜了。

我们花了些时间定位前一天被标记的阿德利企鹅，成功找到了高处营巢地里除一只外的所有标记个体，它们都会经过地秤，信标就会被读取数据。其中还有一只阿德利企鹅的信标出了故障，海水渗漏了进去，除此之外，整个

上：水粉画习作，21厘米×30厘米。一只阿德利企鹅正在从巢内盗取鹅卵石。

右页：水粉画习作，21厘米×30厘米。这只阿德利企鹅喙里叼着一块偷来的卵石，得赶紧跑回家，一路上它若是靠近其他阿德利企鹅的巢就会遭到攻击。

系统似乎都运转正常。渗漏的信标确实是项目需要面对的一个问题，电池电量在低温下衰减得很快，这些正是我们到贝舍韦斯岛进行测试的意义所在。基于上述问题，接下来的几年里信标更换为了植入皮下带有突出式天线的型号。

是时候评估我们努力的成效了。我们坐在地秤附近观察往来的阿德利企鹅大军。每小时大概有 70 只企鹅穿过地秤的入口，从其他地方走的约有 10%，最不理想的情况则会有 15%。这促使我们将西边围栏的顶部和底部都加长了，以便引导更多的企鹅上道。

阿德利企鹅显然很排斥被人摆弄，我们经手过的个体相比那些没有受到干扰的，要怕人得多。有些个体似乎变得相当敏感。它们看起来记得住自己在什么地方被测量过，甚至能记住是被谁操作的。

它们对围栏的反应比较积极，似乎已经在精神上适应了绕过物理屏障，并且安然地接受了围栏的存在。大多数情况下，它们可以在围栏的指引下沿我们需要的方向移动。偶尔它们会像鸸鹋一样，在快到缺口的时候转身离开。它们看似没有意识到缺口的存在，或者是认定缺口存在于另一个方向。

阿德利企鹅对防兔网的反应最为理想。在使用绵羊拦网的时候，网眼的缝隙刚够它们钻过去，而非使它们转身沿着围栏移动。跟它们朝夕相处的有意思之处在于破除了阿德利企鹅总是成群结队移动的谬误。我们从来没有见到 5 ~ 7 只阿德利企鹅一起从海里冒出来，通常只有 1 ~ 3 只。登陆之后，它们倾向于单独行动，先在岸上走一小段将自己理羽弄干，然后爬坡上到营巢地。有时它们似乎失去了思路和信心，如果遇到一群从反方向回来的阿德利企鹅，可能就会转身随大流往下走 8 ~ 10 米，然后再下定决心掉头回去爬坡。

阿德利企鹅非常不愿意单独下水，也尽量避免成为群体里第一个下水的。这点完全合理，因为第一只下水的最有可能成为豹海豹（*Hydrurga leptonyx*）或者虎鲸的猎物。正是这种想成为第二或第三的本能，使得阿德利企鹅能够依次走过地秤。我们需要确保多只阿德利企鹅不会同时通过地秤，那样的话就没法区分数量或个体重量。通过将地秤抬高至成为障碍物的高度，我们诱导阿德利企鹅表现出了自然的礼让行为。三四只阿德利企鹅可能会一同抵达地秤，但它们会站到一旁喃喃自语：“您先请，乔治！”“不用，不用，在您的后面，

亨利。”直到有一只跳上地秤，其他阿德利企鹅则排成一列紧随其后。

我们已经完成了所有的指令，所以傍晚时分我俩拆掉了围栏，并仔细标记了围栏的位置，然后开始收拾营地。再没有必要的理由留在岛上了，我们最好在海冰（或者如果）仍有足够强度时撤退。否则的话，我们就可能在海冰融化之后依靠直升机离岛，这或许需要几个月的时间。我们不太可能被指派一架直升机用于非紧急状态下的运送，所以现在只能在“赶紧离开或准备久留”之间二选一了。

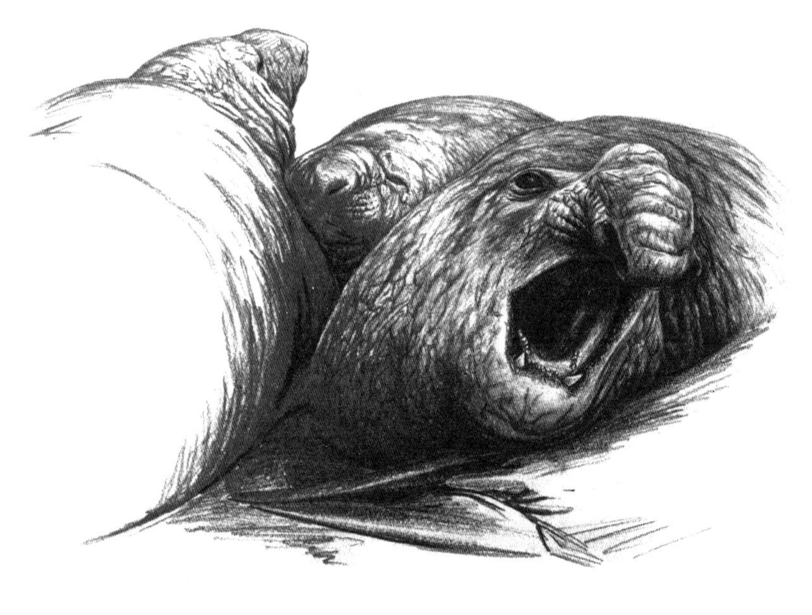

第二天早上我们很早就起床了，希望能够利用较低的温度渡过海冰。我们收拾好营地之后，就背着滑雪板步行穿过小岛。虽说通

往莫森站的海冰相当完好，但格兰特也曾一度消失在潮汐冰缝之中。有八头韦德尔海豹（*Leptonychotes weddellii*）躺在冰面上，大概是从反方向的潮汐冰缝里游过来的。其中一头正在“歌唱”，发出一连串的颤音，有点儿像鲸的歌声。它叫声的多样实在令人惊讶。

就这样我们离开了贝舍韦斯岛。这是一次令人着迷的经历，我也设法填补了我们科研项目里相当多的空白。

左页上：铅笔画，18厘米×27厘米。在莫森站附近东湾海滨换羽的帝企鹅，引自《保护南极海洋生物：南极海洋生物资源保护委员会——起源、目标、功能及运转》。

左页下：铅笔习作，15厘米×19厘米。戴维斯站海滨年轻的雄性南象海豹（*Mirounga leonina*），引自《保护南极海洋生物：南极海洋生物资源保护委员会——起源、目标、功能及运转》。

上：磷虾的铅笔画，9厘米×15.5厘米。出自搭乘“极地女王号”在戴维斯站和凯西站之间进行磷虾研究航次时所作的素描本，引自《保护南极海洋生物：南极海洋生物资源保护委员会——起源、目标、功能及运转》。

外光派绘画[69]

南极的条件给作画带来了一些挑战。通常当我们在莫森站外的时候，需要用绳索结组以免误入冰缝。这种情况下要勘察景观并向同伴建议作画的好地方绝非易事。没人喜欢在0℃以下的环境为了取悦一位深受感动想画风景的艺术家而等待。这种情况下，人工作的速度会变快，对线条的确定性会更强，对想要记录的关键特征的理解也更为清晰。寒冷中不太能活动的剧烈不适也加强了这种急迫感。我很快发现，在刚到莫森站的时候可能需要10分钟来完成一幅画，在上述限制之下则只需两三分钟了。在贝舍韦斯岛上的自由可以让我独自作画。我很快也意识到只能暂时忍受静坐不动的状态。一小时或一个半小时之后，我就能敏锐地感觉到这样是多么的不舒服。两小时则会变得非常痛苦，三小时就完全无法忍受了，所以我绘画的速度也加快了。

为了给待在南极做准备，我对作画的材料进行了实验。我用毛巾将颜料、画布和画笔包裹起来，然后放入冰箱狠狠地冻上三小时，以此来测试它们的表现。结果，材料的性状出奇地正常，我在冰上使用的时候，它们也表现得非常出色。

[69] **译者注：**即直接在日光下作画，回到室内之后也不会做出任何的修改。

我大部分的素描都是用墨水、铅笔或油画颜料完成，由于显而易见的原因（温度太低），水性颜料是不适用的。出发之前，我准备了一系列为油画置办的素描帆布。实践证明，我想用它们来记录南极景观的色彩极其困难。“白色”的南极由许多明亮干净的色彩组成，包括蓝色、绿色和粉红色，在极强的光线下很难记录这些颜色。多数情况下，当我回到科考站再看一幅油画素描的时候，在人造光源下颜色都被夸张了，显得很可笑。

贝舍韦斯岛是许许多多黄蹼洋海燕的理想家园，我也有了很多的机会来画它们。傍晚天黑的时候，它们会返巢，在岩架前振翅翱翔，有时会落下来，但时常转身飞走，或是降落在巢上方的岩石上休息。我们找到了很多的巢，其中一些是雪鹱的，我也经常能看到南极贼鸥、南极鹱和花斑鹱。当然也包括阿德利企鹅和其他南极鸟类。能够造访这样几乎仍处于原始状态的荒野，实在是一种荣幸。

我待在莫森站的其余时间也非常有意思。我们的工作已经完成，所以在科考船返回之前一直处于动向不明的状态。科考船当时在做磷虾研究航次，作为往返戴维斯站（Davis Station）和凯西站（Casey Station）之间运送乘客时的一部分工作。我还留在莫森站的时候，可以在站上的任何地方溜达，这使我能按照自己的意愿来积累素描和草图。在站外活动需要申请许可，并且要有一位用绳索结组而行的同伴。

经常有人想到较远的地方走走，马逊山脉、鲁姆杜德尔峰和亨德森山总是受欢迎的去处。这样的旅行通常都会使用赫格隆履带式全地形车（Hagglund BV206D），每次都要求参与人员达到一定数量，所以总是会有同去的邀约。格兰特和我由于比较空闲，幸运地参加了多次旅行，我甚至在经验丰富的尼克·德卡的陪同下攀上了霍登山（Mt. Hordern）。山顶不过是一道狭窄的冰脊，宽不到一米，但是沿戴维山脉（David Range）至科茨山（Mt. Coates）和劳伦斯山（Mt. Lawrence）的风光绝好。我们的东面是马逊山脉，南面则是一座有着漂亮彩色碎石斜坡的山，看起来非常有意思。

那是我们在莫森站的最后一天。待我们回到基地时，“极地女王号”已经停泊在岸边等待入港。然而第二天我们醒来时发现天气变恶劣了，气温为零下5.8℃，风速为50节（92.6

左页：暴风雪之后出现在凯西站的一只黄蹼洋海燕的铅笔素描。

右：黄蹼洋海燕的另一幅铅笔素描，摘自我的一个素描本。

下：《水精灵之舞》（*Dance of the Water-Fairy*），亚麻布油画，60 厘米 ×76 厘米。描绘黄蹼洋海燕在暴风雪之后出现的场景，海水温度大约为零下 3.5℃，因此水面的波动显得凝重而缓慢，海燕的倒影也非常有趣——是个神奇的瞬间。

千米 / 小时），阵风可达 60 节（111.12 千米 / 小时）。这虽说不是一场大的暴风雪，但待在户外依然很不舒服。从马蹄港的西岬看过去，科考船在一片白茫茫中显得壮观而引人注目。甲板上没有人影。我观察的时候，注意到附近岩石背风处的冰面上有一个小的呼吸孔，一只韦德尔海豹正在其中透气。于是，我悄悄地摸了过去。当我靠近的时候，海豹游走了，进入一片更为开阔的水域。它开始有规律地浮出水面呼吸，每 6 ~ 10 分钟一次。它浮上来的时候，呼吸很有节奏，每次呼吸之间会把头埋在水里。最终，它浮出水面在距离我一米半远的地方呼气，看到我之后悄悄地调头潜入水中。

它摆动着后肢，几乎没有在水面留下任何涟漪或旋涡来泄露行踪，然后再也没有现身。

随着风势的减弱，我们开始等待船进港。天气晴朗，就像我们最初登陆的那天一样，但我们还是得等着。终于，船开始移动，绕着圈来对准马蹄港的入口。一旦驶入海湾，它就开始用船首推进器调整位置，然后放下一艘水陆两栖艇将缆绳牵引到码头的系船柱上。船系留好之后，我们的信件也被艇带上了岸，等到大

家都开始阅读家书的时候，科考站陷入了一片沉寂。

莫森站很快就挤满了穿着鲜亮、干净的极地装备的新面孔，人们走着去参观墓地，跟雪橇犬打招呼或是寻找附近的企鹅。我们准备离开了，新的工作轮替又开始了。

隔天下午 5 点，我们登上了科考船。我们爬上跳板的时候，可以望见东湾，那里站着长长的一排阿德利企鹅和帝企鹅，它们正朝着海边进发。海豹们也在移动。我还记得自己转头对跳板上站在身后的人说：“你觉得它们是不是知道什么我们不清楚的事情？”三天过后，科考船上的无线电公告通知了大家当天发生了什么。

来自莫森站的消息：在晚餐上最后一道菜的时候，我们听到了从科考站附近悬崖方向传来的冰川坍塌发出的轰隆声。我们基本上蜂拥而出，聚集到马蹄港东岬的制高点上。让人们大吃一惊的是，东湾乃至更东边的冰崖都层层叠叠地崩落入海。这一奇观持续了大约 15 分钟……将这独特景观拍摄记录下来的想法，因不愿将视线从大自然母亲伟力的绝佳展示上移开而落空……科考站以东的海湾里，水位上涨了 1.8 米，席卷邻近岛屿斜坡的海浪高达 6 米。马蹄港内上涨超过了 1.2 米的海水，叠加最近日食引起的异常高的潮水冲向了“市场广场”，横扫了“克利普商店”和周围的系船柱，并且翻过了旧发电机房的墙壁。

我在船上的时间都用于观摩磷虾研究，并尽可能地提供帮助。很不幸，超高科技的水下相机被证明无法使用，研究小组不得不回归更为原始的技术设备——磷虾网。这是一种绑在绳索上的纱布鼓网，缠绕在一个旧电缆盘上，经由一块破木板来开合。我目睹了从高科技切换到低科技的跨越程度，不由得暗自窃笑。起初，他们抓到的磷虾很少，但到了午夜时分捕获量开始增加。最开始捕获的是磷虾幼体，随后成体的数量见涨，最后抓到了一些带着卵的雌性磷虾。当晚的最终成绩为 5 000 ~ 7 000

左页上：我喜爱的哈士奇“熊”的铅笔草图，摘自我的一个素描本。

左页下：仔细绘制的铅笔草图，9 厘米 ×17 厘米，描绘莫森站马蹄港的一头韦德尔海豹，引自《保护南极海洋生物：南极海洋生物资源保护委员会——起源、目标、功能及运转》。

上：《下海去》（*Down to the Sea*），水彩画，57 厘米 ×76 厘米。描绘阿德利企鹅的画。

只，远远超出了预期，磷虾研究小组也慷慨地允许我仔细观察，以绘制素描和草图。

不少雪鹱来到离船非常近的地方，有时会集成多达 200 只的大群，边上还有大约 250 只南极鹱聚成的密集编队。偶尔还有南极贼鸥、巨鹱、黄蹼洋海燕和一只时不时现身的灰背信天翁。

大海在一夜之间变得更加波涛汹涌，接下来的一天依然如此。我们的船继续前行，越来越多的银灰暴风鹱（*Fulmarus glacialoides*）出现。雪鹱和巨鹱开始跟在船后。黄蹼洋海燕也经常出现，像燕子一样飞翔，速度跟船相当，或者超过了船。它们偶尔会突然悬停在海面，两脚下垂拖在水里，然后从水面啄取一些食物碎屑。

隔天早上我醒来的时候，发现被薄雾笼罩的船停下来不动了。雪下得很大。船长认为我们抵达了戴维斯站。我问道，如果跳过午餐，可否登陆上岸。我坐上了下一班的水陆两栖艇，并且设法在前往霍普岛（Hop Island）的直升机上找到一个空位。有两名科学家正在岛上研究阿德利企鹅和贼鸥。

鹱

霍普岛上有花斑鹱、南极鹱和银灰暴风鹱的集群营巢地，我踏访了这些地方。沿路我还穿过了阿德利企鹅的营巢地，这里企鹅的繁殖状态比贝舍韦斯岛上的领先不少。雏鸟们已经发育完全且身处“托儿所”之中，甚至还有去年诞生的小企鹅已经在岸边开始换羽了。

花斑鹱的营巢地内约有 20 只个体，非常温驯和安静。它们已经在为半大的雏鸟暖雏，巢和巢之间的距离较大。亲鸟并不太活跃，但在雪地背景里看起来分外精神。银灰暴风鹱的营巢地更为常见，在岛上的许多地方都能看到。该种的营巢地内更加活跃，成鸟之间的互动更多，也有更多的繁殖对。银灰暴风鹱的繁殖状态滞后于花斑鹱，许多仍在孵卵。它们的配偶之间有大张着嘴的问候仪式，跟领域受到入侵时的威胁炫耀很像。

南极鹱在营地下方靠近银灰暴风鹱的地方筑巢，它们的巢紧紧挤在一起。所有的南极鹱雏鸟年龄都一样，发育程度过半，许多都没有亲鸟在旁边看管。成鸟非常温驯和优雅，受到惊扰的时候多数个体只是会将头转开。从近处看，它们是非常美丽的鸟儿，羽色尤为柔和。

回到戴维斯站，我们看到了一艘中国船只，是从劳 - 拉克维泽站（Law-Racoviță）另一侧的中国科考站驶来的[70]。尽管这艘船很大，但并非破冰船，由于海冰而无法靠近自己的科考站。斜射的光线静静地照亮了冰山巷（Iceberg Alley）[71]，它看起来光彩夺目，闪闪发亮，如同是由黄金铸造而成。而等它漂近之后，光线发生了变化，冰山成了锈迹斑斑的老旧巨物，没有任何视觉上的可取之处，令人大失所望。这就是恰到好处的光线的魔力！

在岸上，或者说在离戴维斯站不远的地方，我们看到一头豹海豹抓到了一只阿德利企鹅，上演了一场残忍的猎杀秀。豹海豹从下方旋转而起，用嘴咬住阿德利企鹅，然后将猎物甩到 5 ~ 10 米之外的海面，并不断重复这一过程。阿德利企鹅变得越来越虚弱，不久便死去了。但是豹海豹继续这个摔打的过程，以此来脱去阿德利企鹅的外皮，方便自己进食。

我设法找到了另一架直升机飞往霍普岛，花了更多的时间研究企鹅和银灰暴风鹱。有两片区域暴风鹱筑巢的密度较大，它们时常大张着嘴冲向彼此，这是种内相互威胁的一种形式。但通常来说，它们是相当平和的。许多暴风鹱都趴在空空如也的巢里，或是照顾着孵卵的配偶，营巢地里总有鸟在进进出出。

从霍普岛返程是个真正的意外之喜。有一

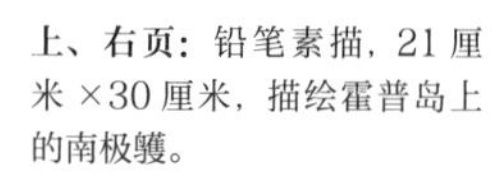

上、右页：铅笔素描，21 厘米 ×30 厘米，描绘霍普岛上的南极鹱。

[70] 译者注：劳 - 拉克维泽站最初由澳大利亚于 1986 年建立，后转交给罗马尼亚，成为该国在南极洲的第一个永久性研究站。这里提及的中国科考站是指中山站，它是中国在南极设立的第二个科考站。

[71] 译者注：狭义上指从南极冰盖上崩解下来的冰山会被南极绕极流推向南极半岛，受半岛的阻碍会折向北并且逐渐消融，这片处于南极和智利之间的区域被称作“冰山巷”。广义上的“冰山巷”则指任何可以形成冰川通道的地方。

[72] 译者注：飞行器重量与机翼面积的比值，称为翼载。翼载是决定飞行器机动、爬升和起降性能的关键指标。一般而言，较小的翼载对应较高的机动性，较大的翼载则有利于高速飞行和降低阻力。

位官员与大家同机，他是财政部的代表，前来评估我们缴的税是否得到了妥善的使用。沾他的光，我们有了一次对戴维斯站周边清晰且详尽的参观。这里的景观比莫森站周围复杂得多。戴维斯站坐落于韦斯特福尔山（Vestfold Hills）脚下，这是一个低矮起伏的岩丘，常有黑色的岩石突起，还被峡湾和沙丘所分割。山的一侧是冰原，另一侧则是索斯达尔冰川（Sørsdal Glacier）。这条冰川因遍布冰缝而显得千沟万壑，我们低空盘旋着飞过一个巨幕影片的摄制组，他们正在拍摄其中一个巨大的冰缝。冰川当中一定有着巨大的张力才能产生这般塑形效果，有时冰缝崩裂呈棋盘状，偶尔整个冰川都被虬结扭曲了。从空中观看这样的景观感觉非常震撼。戴维斯站的气候通常都比较温和，周围黑色岩石所吸收的热量想必大大调节了当地的温度。

在戴维斯站享用过一顿自助晚餐之后，我们又登上了科考船，到晚上 10 点已驶出冰山巷了，朝着凯西站驶去。冰山的数量和种类都令人叹为观止。在前往凯西站的途中，再次出现跟船的海鸟，一整天都有数量不等的花斑鹱相伴。它们旋转着快速地往复飞过船尾，偶尔乘着尾流跟船并驾齐驱。然后，它们像风筝一样向上且向后爬升，或者绕着船头前进，再向后退。风很大，它们在船尾上空高高地划着弧线，振翅的幅度很小，或是将两翼举成“W”形。它们是身形粗短的鸟儿，两翼显得短而直，翼载（wing-loading）较大[72]。花斑鹱很可爱，考虑到其身上鲜明的图案，你会惊讶于它们竟有如此良好的伪装效果。

偶尔，会有白颏风鹱加入花斑鹱的行列。这些大而深色的鹱有着一个闪闪发光的浅色喙，颏部有一小块白色羽区，用又长又宽的两翼毫不费力地在空中滑翔。它们通常会不动声色地飞在船后大约 200 米的地方，时不时也会冒险靠近，尤其是在观察到花斑鹱跌入水中觅食的时候。白颏风鹱体形更大，身体更宽，脖颈更壮实，从外形上不难看出它们是潜在的劫匪。

经过几天恶劣的天气（有天晚上被迫停船，迎风停留了 5 小时），我们最终抵达了凯西站。但是天气依然很差，无法靠岸。第三天天气平静了许多，有海鸟聚集在船后的海面，寻找表层的微生物或浮游植物。6 只花斑鹱游来游去，从水面啄食。还有许多黄蹼洋海燕在“水上飘”，以近乎失速的速度迎风前进，双脚踩水，同时俯身下去啄食物碎屑。它们的动作很有节奏感，可怜的鸟儿一定是饿坏了吧。过去几天的糟糕天气迫使它们蜷缩在岩石下和洞穴中取暖，现在则是饱餐一顿的好时机。海水的温度接近冰点，约为零下 3.5℃，海水的移动缓慢而

“黏稠”。海鸟们在海面留下了最为有趣的倒影。

第二天早晨一片死寂，天灰蒙蒙的，海面平整如镜。我立刻登上一艘水陆两栖艇登岸，趁着这个机会四处走走，画下不同景色的素描。我走过即将被拆掉的旧房屋，向里瞥了一眼，看到这么一大片承载着历史的建筑就要消失，感到很难过。屋内的陈设跟人们搬离时的一样，桌上还放着餐具和陶器。

距离凯西站不远的地方是位于克拉克半岛（Clarke Peninsula）威尔克斯（Wilkes）的废弃的美国科考站。我很有兴趣参观下这个遗址，看看还剩下些什么。它是美国在1957年1月建立的一个研究基地，1959年2月转交给澳大利亚。由于最初作为一个临时科考站而建设，它的状态很快变得糟糕。渗漏的燃料让建筑物成了火灾隐患，一年中的多数时间，降雪掩埋了建筑。

到了1969年，位于海湾另一边的新的凯西站投入使用，威尔克斯站则被关闭了。隧道式建筑的旧站被全新的凯西站所取代。渐渐地，旧站被降雪形成的冰所覆盖。我们一群人滑雪去探视旧站。许多建筑和物品还清晰可见，但最重要的见证是科考站运营12年间形成的垃圾场和废弃物。人们撤离的时候什么都没有带走，留下了一片废墟。死去的哈士奇被堆在金属托盘上，遗体有被烧过的痕迹。另一个托盘里装着海豹尸体（用作狗粮？）。还有装着果酱、肥皂、铁屑、碳酸氢钠（用于制备气象气球需要的气体）、废焦油纸、旧机械零件的箱子。所有的东西都散落在最后一次被使用的地方。此情此景既美丽又令人作呕。我们滑雪小分队的每一个人都为所见所闻深感耻辱。

小小的纽科姆湾（Newcomb Bay）边缘是具有特殊科学价值的地点（Sites of Special Scientific Interest，SSSI），但这块令人惊叹的大陆上的栖息地变化是一个冷峻的提醒，我们在从南极清理废弃物和保护当地环境方面，态度的改变是如此的迟缓。就连新建的凯西站也发生了柴油泄露到下方冰融湖

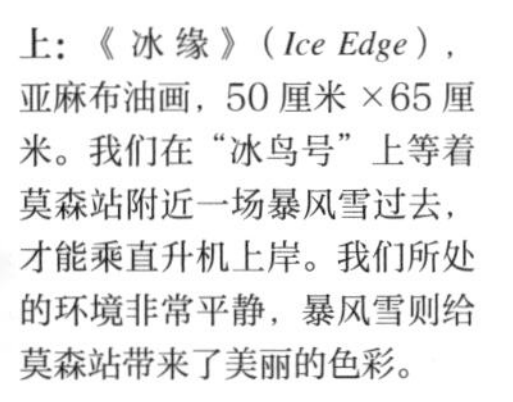

上：《冰缘》（*Ice Edge*），亚麻布油画，50厘米×65厘米。我们在“冰鸟号”上等着莫森站附近一场暴风雪过去，才能乘直升机上岸。我们所处的环境非常平静，暴风雪则给莫森站带来了美丽的色彩。

左页下：以在凯西站附近观察到的景观创作的铅笔画，我俯瞰着下方的冰融湖和山上废弃的房屋。

右：铅笔草图，19厘米×25.5厘米。凯西站附近一处小冰山上休息的食蟹海豹（*Lobodon carcinophagus*）。

的污染恶行。

自这个晴天之后，天气逐渐恶化，但最后船上搭载的贝尔206型直升机可以在不利的气象条件下把我们送出去，可以起锚出发了。待我们进入开阔水域的时候，出现了几只灰翅圆尾鹱（*Pterodroma macroptera*）。它们体形比白颏风鹱小，喙呈黑色，飞行姿态也更为飘逸，不断变换方向，划着弧线爬升。有一次，一只可爱的白头圆尾鹱（*P. lessonii*）很快地从船边飞过。它的飞行姿态像暴风鹱，这是一种黑白相间的美丽鸟儿，羽色的反差要比图鉴上给人的印象鲜明得多。深色的两翼和浅色的身体显得干净利落，白色的头部映衬着黑色的眼周和喙。可惜，它没注意到我们的船，径直消失在前方的雾气之中。

夜晚，在驶往霍巴特的途中，我们见到了绚丽的极光，虽说不是特别的明亮，甚至色彩也不那么鲜艳，但它就像是一首柔美的视觉交响乐，以精妙的方式不断变化。时而以木管乐器为主，时而又主打弦乐，一直在悄悄地改变着形状和特征。当人觉得它会以渐强的方式上升时，最终它却只是逐渐消失，留下一片黑暗的天空和一种悲伤的气氛。我的南极之旅就此结束了。

从南极洲归来，我犯了一个应该并不少见的错误。回到家，我满脑子都是冒险故事和美妙景色，几乎没听进去珍妮说的话，没有感谢她为了我能去南极所做的一切。她一手打理着我们的营生、财务和这个家，独自抚养两个年幼的孩子。她有条不紊地承担了所有的这些责任。

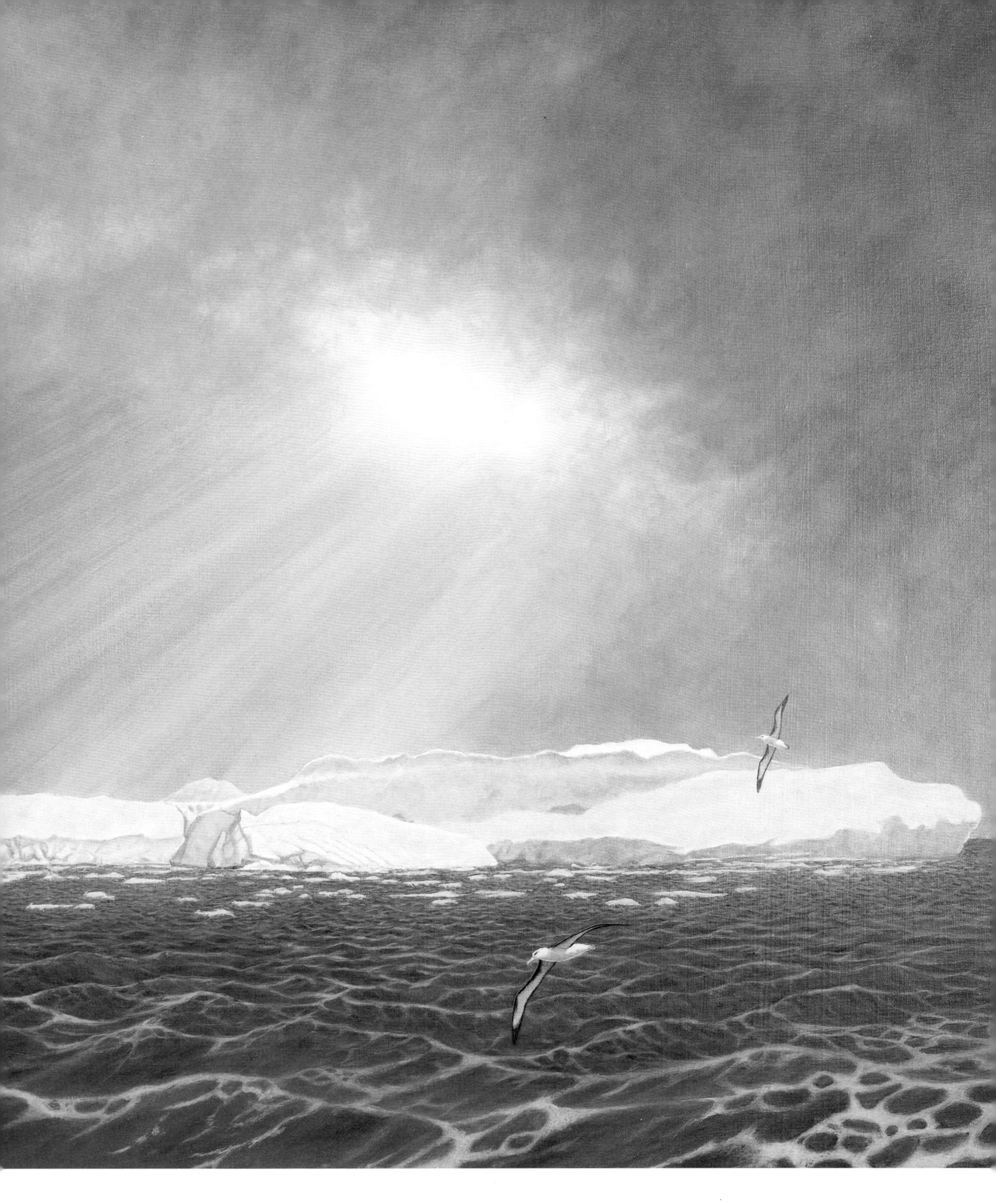

左页左上：飞行中的黄蹼洋海燕的小幅水粉素描，不过澳大利亚元20分硬币的大小，这样的素描对把握鸟的神态和气质很有帮助。

上：《南冰洋的光》（*Southern Light*），亚麻布油画，60厘米×90厘米。穿透云层的光柱点亮了一座冰山，海面波涛汹涌，黑眉信天翁在冰山后方的背风处避风——南冰洋并非每日都有好天气。

08

FIRE AND WATER

水与火

格兰屏－加里维德

在澳大利亚从事农业有一点未得到大家的充分认识，即家庭生活日复一日地跟生意交织在一起，终年无休，总有记不完的账，打不完的电话，做不完的计划。这样的生活会变得愈发封闭，令人窒息。

珍妮建议我们应该在维多利亚州西部的格兰屏山脉买下一块地，如此便能在相去不远的地方有一个避世的天堂可供放松。它应该是容易去达，并且能够满足我们各自对于自然美景和周遭环境的兴趣。于是，我俩就开始物色理想的隐居之地了。我们的预算有限，要求却又如此具体，所以可供选择的地方并不多。其中一处被相中的地方就在我们探访时被卖出了，实在扫兴。不过既然已经身处格兰屏了，我们就去查看了另一处明知负担不起的地方。那里叫米拉纳瓦拉（Mirranawarra），一处灌木丛和石南荒地生境交错的地方，两侧被格兰屏（加里维德 Gariwerd）国家公园所环抱。

那真是一个给人以惊喜的地方，方方面面堪称完美，但也正如我们所知晓的，买不起哪！我们花了很多时间闲步穿行其间，在广袤的湿地边放松自己，享受着这片土地所给予的一切。随后，我们就默默地回家了。沉闷压抑的气氛笼罩了家里两三天，直到我们下定决心，如果非要在格兰屏买块地，那就只能是米拉纳瓦拉。否则，其他的选择都让人很难欣然接受，总会有退而求其次的难堪。

最终我们跟卖家进行讨价还价，用低于最初要价的成本买下了米拉纳瓦拉。2005 年 11 月初的一个夜晚，我们搬进了新家，当时还碰

前页：一只黑凤头鹦鹉雏鸟的铅笔素描。

上：《飞越山脊》（*Over the Range*），亚麻布油画，60×90 厘米。当我在 1974 年 1 月首次为格兰屏塞拉山脉的壮美景观写生时，这里自欧洲移民定居以来仅遭受过一次山火的侵袭。如今，这里发生火灾的频率变高，也变得更为干燥而易燃。我在山脊上画的第一张草图描绘了准备从岩石上的栖处起飞的一只游隼，它随后向飞过塞拉山门（Serra Gap）的一对游隼发起了俯冲攻击。2007 年这里再次被火烧之后，我转而开始描绘黑凤头鹦鹉，它们看起来是韧性十足的鸟类，能很好地从火灾中恢复过来。我想画出跟它们一起飞翔的感觉，于是从想象中离地 100 米高的视角重绘了景观。我绘出了几块突出的岩石，作为前景中的一个视线焦点，它们像是某种巨石阵，权作纪念这里被野火焚毁景观的纪念碑。我在 2016 年才完成了这幅油画，距离开始创作它已经过去 42 年之久。

上了一次骇人的雷暴天气。尽管外面有肆虐的暴风雨，但房间有着巨大的玻璃窗庇护，我们仍感到温暖又安全。强烈的闪电照亮了我们上方若隐若现的山崖。一蓬蓬的球莎（*Ficinia nodosa*）在狂风中摇摆不定，就像是波涛汹涌的海浪。我们感到自己是属于这里的，这些则是对我们乔迁新居的热烈欢迎。

第二天清晨，房前的湿地一片宁静，随着许多燕类离开芦苇间的夜宿地，竹荸荠（*Eleocharis sphacelata*）中升腾起一阵有些瘆人的薄雾。燕子们低飞喝水或是捕捉水表的昆虫，让水面泛起了阵阵涟漪。伴随着气温的升高，昆虫也开始爬升高度，鸟儿们则跟着飞得更高了，直至飞到我们头顶约 60 米的上空不停地盘旋。

如果所住的地方有水域，它会是绝佳的注意力焦点。水坝一整天都会吸引有意思的鸟类前来。沼泽鹞是其中的常客，它在湿地上空飘忽不定地飞着，两翼上翘，期望给芦苇丛中毫无还手之力的不幸猎物以措手不及的突袭。通常，它会从西北角注入湿地的一股泉水处开始搜寻，再晃晃悠悠地冲着我们的屋子飞过整片湿地，因此便时常给了我绝佳的机会观察其行为。它先在湿地上空徘徊，然后突然扎进芦苇丛，再爬升回空中继续其行踪不定的巡猎。

有只年轻的麝鸭（*Biziura lobata*）雄鸟已在水坝这里生活了好几年。它显得有些神经质，不停地查看水下的状况，我想它是在留意是否有大型的虫纹麦鳕鲈（*Maccullochella peelii*）。有时，它像是发现了什么开始躲闪，要水花四溅地蹿到 90 米开外才会安定下来。而当它在水下觅食的时候，会像软木塞一样突然从水下跳弹出来，疯狂地逃到更为安全的地方。我一直认为它肯定是在水下遭到过某些潜伏掠食者的惊吓。

它的担忧并非没有来由。有一天我们在户外烧烤，有位姑娘钓到了一条虫纹麦鳕鲈，在打理这条鱼的时候，她突然喊道：“嘿，看哪，妈妈。鱼肚子里有只小鸭子！”果然，鱼肚里面有只太平洋黑鸭雏鸟，是被鳕鲈从水下突袭的受害者。我相信这种情况发生的频率比人们想象的还要高。钓到鳕鲈的姑娘给我留下了深刻印象，她热心于养鸡养鸭，但对鱼捕食鸭雏却抱有完全顺其自然的务实态度。

左：早期的水粉画作品，60 厘米 ×90 厘米，描绘了一次洪水期间，太平洋黑鸭飞向霍普金斯河边水淹平地的场景，我从小就对这样的场景习以为常。

左页:《帚尾鹪莺》(*Southern Emu-wrens*), 水粉画, 33 厘米 ×24 厘米。为《细尾鹪莺科》一书在格兰屏的石南荒地完成的图版。

右: 黑凤头鹦鹉雌鸟和雄鸟的头部习作, 水溶素描。

有次午餐的时间, 我和家人悠闲地坐在邻水的阳台上, 突然听到一阵躁动, 一只东尖嘴吸蜜鸟 (*Acanthorhynchus tenuirostris*) 翻滚着从天而降, 落在我们脚边。它被身后的两只黄翅澳蜜鸟穷追不舍, 后者想要以武力使东尖嘴吸蜜鸟屈服。黄翅澳蜜鸟很快意识到了我们的存在飞走了, 东尖嘴吸蜜鸟则躺在原地歇息了很长时间。儿子轻轻地弯下腰将它捡了起来, 用自己的手指托着东尖嘴吸蜜鸟。它还是没有动弹, 于是我去取来相机。待我回来之后, 它仍没有移动, 我拍下了儿子将东尖嘴吸蜜鸟凑在眼前仔细观察的样子。我非常珍视这张照片。最终, 东尖嘴吸蜜鸟醒了过来, 整理了一下自己被啄乱的羽毛, 然后飞进了灌丛。

我一直很喜欢看着东黄鸲鹟 (*Eopsaltria australis*) 沿阳台嗖的一下飞过, 在就要撞到我们头上的最后一刻才转向。它们就在屋前的草坪上觅食, 有时会在窗户外筑巢, 非常易于观察。它们还喜欢跟吸蜜鸟、细尾鹪莺、刺莺和扇尾鹟共享专为鸟儿准备的水浴盆, 距离人坐的位置不到一米远, 似乎完全无视我们的存在。玫瑰鹦鹉则喜欢在距离较远的一个盛有水的碟子里洗澡, 灌丛铜翅鸠 (*Phaps elegans*) 和铜翅鸠 (*P. chalcoptera*) 会小心翼翼地飞来饮水, 离我们就更远了。

到了晚上, 有几处是黑凤头鹦鹉喜欢飞来饮水的位置。它们落到地上, 戒备着四周, 直到有一两只开始接近水边。像它们这样大体形的鸟儿在视野受限的情况下, 很容易遭天敌捕获, 处境想必十分危险。若是受到威胁, 它需要花费一些时间才能爬升到空中。红冠灰凤头鹦鹉则喜欢选择垂到水面的一根树枝, 它们可以顺着爬下去饮水, 然后再慢慢原路返回。多数时候, 它们都待在茂密的相思树丛里, 静静地剥食其赖以为生的种子, 互相之间以粗粝的尖叫和吱吱声交谈, 听起来像是一扇旧橡木门没被油润滑的铰链发出的声响。

我们新买的土地上有着 120 公顷的石南荒地及灌丛生境。其中的多数区域, 尤其是石南荒地对人而言都太过茂密了, 很难穿越。即便是能穿过去的地方, 也会弄出太大的声响, 周遭的动物在被看清之前就先被吓跑了。出于这个原因, 我们在这片生境里开辟了精心设计的步道。首先, 我们辟出了一条靠近该生境边缘大致呈环形的步道。每隔一段距离, 又开出了外围步道和房屋之间的连接线, 如此一来人们就有了可供选择的路线, 或者能够搭配组合成更长的折线式路程。所有的步道都故意做得

蜿蜒曲折，便于遮蔽前进方向上可能出现的动物。这样做是为了两点：一来可以让人在不打扰野生动物的情况下，更为接近它们以便观察；二来还能让整个路程看起来更长，让这片区域显得更大。这是我在津巴布韦一个很有意思的小型保护区学到的技巧。那里跟我们这片石南灌丛面积差不多大小，我在其中一次又一次地不断看到同样的动物，直到自己开始怀疑黑马羚是不是总会3只一群地休息，斑马都是7匹一组地吃草，长颈鹿则总是避开同伴孤零零的一头。

开辟步道有一个缺点，这种行为给澳大利亚的外来物种和野化有害生物敞开了大门。赤狐和马鹿无疑都利用了这样便利的通道，不过我们从未看到过兔子，也只见过一只野化家猫。我们也没观察到任何杂草的侵入，若有需要的话，步道确实提供了进入整片土地的通路。

沿着步道走动，你很快就能熟悉周遭的环境，并对在哪里能见到哪些物种建立起良好的认知：猛鹰鸮白天休息的地方，帚尾鹩莺繁殖的领域，以及一只澳洲裸鼻夜鹰白昼时利用的树洞。有些种类出现的地方不那么确定，但你会知道在哪里更容易碰上

左上：在格兰屏为一只东黄鸲鹟雄鸟取食普石南（*Epacris impressa*）所做的铅笔素描。

上：《醒来的格兰屏》（*Grampians Wakening*），亚麻布油画，60厘米×90厘米。我们前往米拉纳瓦拉的途中经常会看到阿布普特山（Mt. Abrupt）和威廉山脉（Mt. William Range）的景色。有一天，它们就显现出这样的奇妙光影。画中的湖泊其实并不存在，但山峰的景象需要平衡，所以我凭借想象添上了水面，如此一来又可以引入从天而降的澳洲鹤。我曾多次回到同一地点，画下了许多草图，但再也没见过和那天相同的光影效果。

蓝翅鹦鹉（*Neophema chrysostoma*）或鸡雀鹟（*Falcunculus frontatus*）。这种令人愉快的亲切感进一步拉近了我们与这片土地的关系。

我们对这里的景观及影响它的自然事件愈发地熟悉起来。刚来的时候，尽管所处的季节比往常更干燥，但仍给人一种潮湿，甚至有些像沼泽的感觉。即便是在初夏，在某些区域行走也一定会湿脚。四处有着许多稳定的泉水，这片土地看起来相当健康。

然后，山火来了。

山火

最初是由闪电引发了山火。在过去，当地人会架上马鞍，自发骑马上山去灭火。然而，我们的地被国家公园所环抱，这样的行为不再被允许。小火苗越烧越大，蔓延至一些崎岖不平的荒原，焚毁了大面积的灌丛。至此，山火显然还是无足轻重，因为没有人的“财产”受到损失。人们只在意此处灌丛处于哪家的地界。在我看来，遭山火肆虐的地方都是国家公园，是属于全民的“财产”。

我是当地消防队的一名志愿者。实际上当山火延烧之时，我们大部分时间都是无所事事，等待着指挥中心的某人来批准我们早已心知肚明必须采取的行动。通常情况下，指令都来得太晚了，应采取的行动无法再发挥作用，必须重新商议对策。

雷击造成的火势最开始无人问津，据说是派人前去扑救不太安全。当然了，救火总是存在一定程度的危险，但从数据上来看，超过200 辆消防车及其配署的队员在 16 天当中与超过 8 万公顷的火情搏斗所造成的人员伤亡，很有可能比两三个人半天时间处置 0.2 公顷的火灾要大。

尽管山火的威胁持续了两周，却一直没有延烧到我们的土地。但是，它引起了本地区管理部门的注意，政府决定在第二年预防性烧除毗邻我们的大片区域。我们忧心忡忡地看着上千公顷的地方被放火焚烧。让我们担心的是，从山脚下沿路人为点火焚烧这片区域，迫使野生动物逃往山坡上。接着，一架直升机会飞来，在国家公园的山脊上投下燃烧弹，使逃散的动物们身陷两堵火墙之间[73]。

人为点火的目的在于“减灾”，可是在大家的记忆中，并没有从那片灌丛里蔓延出来的大火损毁人们财物的先例。这样的行为被贴上了“环境清理焚烧”（environmental burn）的标签，我只能认同这么做的确是烧毁了环境。我平生第一次在现场见证了人为活动对生态系统的影响不仅限于火灾发生的当天，也绵延至火灾之后的数年当中。来自管理部门的某位开朗年轻的女孩，因城市生活而肤色发白，她告诉我说“黄脂木属（*Xanthorrhoea*）的植物会喜欢这样的操作”。我猜想这意味着黄脂木属经历了数百万年的演化，已经能够经受住山火的“考验”，并且在大多数情况下都能存活下来，通常还会在火灾之后开花绽放[74]。这点像许多植物在异常压力导致的死亡之前会进行的最后尝试，抓紧开始繁殖。

那些多年没有遭过山火的区域会被挑选出来，进行人为点火。我没能找到任何事先对目标区域进行调查评估的结果。可悲的是，这里的生态系统跟火并没有任何与生俱来的情感，焚烧会给其带来许多重要的变化。灯芯四郎草（*Tetrarrhena juncea*）会剧烈地燃烧，它们本来稀疏分布于灌木丛之中，但在火灾之后会以巨大的生命力强势反弹，重新长出密度更高的植株，挤占了许多更为脆弱的本土植物的空间。这样的变化往往会让环境在每次过火之后变得越来越容易燃烧。

视火灾燃烧的剧烈程度，土壤表层的有机质可能会遭到破坏。地表天然的落叶覆盖层、

上、右页：水粉画，21 厘米 × 30 厘米。一夜之间，许多迎燕（*Hirundo neoxena*）来到米拉纳瓦拉的芦苇丛中夜宿，每天清晨它们都会飞出来觅食，先从接近水面的地方开始，随着气温的升高，则跟着昆虫一起逐渐爬升高度。

---

[73] 译者注：这里采用的方法即“以火攻火”，原理是人工引燃火势，使之与相向而来的山火对接，两股火势结合的地方会骤然缺氧，同时也会由于可燃物已被燃烧消耗，失去了燃烧条件而使相遇的火势自然熄灭。

[74] 译者注：黄脂木属是澳大利亚特有植物，其老去的枝叶并不会脱落而是会包裹住主干，由此起到隔热的作用，在火灾中能形成保护，有些种类开花甚至受到山火影响，会在火灾之后绽放花朵，开始进入繁殖周期。这应该就是文中城里来的姑娘认为山火有利于黄脂木属的缘由。

苔藓或地衣被焚毁后，土壤就变得容易受到侵蚀。通常，落叶覆盖层会发挥屏障的作用，减缓降雨径流的速度，让更多的水分渗透土壤，有利于保持森林的潮湿，保障溪流的水源补给。

最早拓殖植物的萌发加剧了水分的缺乏。白千层、鱼柳梅属（*Leptospermum*）和相思树，以及其他对过火后环境最先响应的植物，其幼苗往往根系比较浅，对水分有着很强的竞争力。桉树苗萌发的时候，主根会深深扎入土壤之中，以确保自己能获得充足的水分。由于桉树在生长初期具有很强的蒸腾能力，它们会从土壤里带走惊人的水量。等它们长到 15 年左右，主根就开始萎缩，逐渐被在地里扩展开的营养根所取代。

如此一来，地面变得比自然条件下更为干燥，被许多更加脆弱的林下植物所覆盖。这些植物的叶子中含有易燃的植物油，在商业上颇受青睐。而在周围的集水区里，天然泉水的流量也会减少或消失，灌木丛变得干燥且更容易着火。

2019 年至 2020 年春夏两季，澳大利亚发生了灾难性的山火之后，人们开始强烈呼吁增加预防性人为焚烧来“减灾”。然而，这些举动往往会对野生动物和生态系统造成极大的伤害。火灾之后重新长出的植物通常更为易燃，而且由于过火后的灌木丛更为干燥，遭焚烧的地区发生火灾的风险会大大增加，在第 4 ~ 6 年情况最为严重。澳大利亚近期的山火是由长期干旱所致，据信是人为原因造成的这种干旱状况，但我认为，在政治上颇受欢迎的人为“减灾”焚烧可能才是导致森林火灾更容易爆发的人为活动。

还有人呼吁恢复原住民所采用的主动焚烧做法，我完全支持这种观点，而且原住民依然保留着这方面的知识。与驾驶直升机沿山脉投下燃烧弹，在一天内烧掉 5 000 公顷的区域相比，原住民的“火—棍耕作”（fire-stick farming）要温和谨慎得多[75]。我的理解是原住民对火的使用极其谨慎，他们利用小规模的纵火来焚烧小块的区域，并且对当时的天气状况，可能导致“以火攻火”的变化，或者哪里有水坑，以及是否有其他的灭火措施控制火势都有着很好的认识。大量的证据表明，多数的原住民焚烧都发生在平原地区，很少贸然进

[75] **译者注：**“火—棍耕作”指澳大利亚原住民用火有规律地焚烧植被，以此来改变当地的动植物组成，减少山火灾害，增加生物多样性，更有利于狩猎。这种操作其实并不包括严格意义上的农业耕作。

入山区。

原住民主导的焚烧火势较缓，温度也较低，火焰高度很少超过膝盖，而所谓现代的“减灾”焚烧火苗会延伸到树冠，产生巨大的热量。

原住民焚烧的另一个特点是精心安排的规律性。通过频繁的焚烧，他们创造出更多的开阔区域，以增加食物资源的供给。反复地进行焚烧，而非过火的规模，才是这种方式行之有效的关键所在。

我能明白为什么从政治上来看，呼吁更多的“减灾”焚烧受到欢迎。大多数的选票都来自城市，而那里的人对于火缺乏足够的认识和经验。如果某样东西已经被烧过了，它就不会再着火了，这样的观点看起来合乎逻辑。但是，如果焚烧让灌木丛变得更加干燥，火势会变得更为严重，我相信这就变成了火灾自我延续的闭环。正如有人（不是爱因斯坦）讲过：“疯狂就是一遍又一遍地做着同样的事情，却又期待会有不同的结果。”

一般对重大的山火会进行调查。这些调查无可避免地会在灭火后不久即展开，那时受火灾影响的人尚处于某种程度的惊魂未定，正在经历复原、悲伤、愤怒、责难和其他的消极心态阶段。最近，山火及自然灾害合作研究中心（Bushfire and Natural Hazards Cooperative Research Centre）的首席执行官理查德·桑顿（Richard Thornton）写了一篇短文。他在其中引用了美国学者亨利·门肯（Henry Mencken）的话，认为“对于每个复杂的问题，总有着一个简单的解决方案，简洁又貌似合理，实际上却是错误的”。在当

下的政治机会主义和人们对于山火的恐惧之下，就很容易出现类似的解决方案。

“减灾”焚烧的广泛使用，对澳大利亚灌丛林下层野生动物的影响令人担忧。我们许许多多的鸟类已演化为适应于这样的栖息地，皮之不存，毛将焉附？为了延长进行安全焚烧的天气窗口而在春季开展的行动，将对林下层小型鸟类的成功繁殖产生严重影响。

多年来没有遭受火灾的灌木丛似乎比经常被火烧的区域更加潮湿和不易着火。被焚毁区域的栖息地会发生很大的变化，其林下层变得稀疏且开阔，空心的树枝、倒木或树这样的天然隐蔽场所也消失了。许多鸟类、哺乳动物和爬行动物都依赖于这些天然洞隙来躲避天敌或繁殖后代。

一个常见的误解是人为控制焚烧吞噬森林的时候，鸟类和其他野生动物会迁移到没有着火的区域继续生活。人们对这种动物向未遭破坏栖息地的迁徙已经耳熟能详。在一段时间之内，“人满为患”的栖息地能够庇护新迁入的种群，但是正如托马斯·洛夫乔伊在他的研究中所指出的，种群的数量会迅速减少，直到生态系统恢复自然的平衡。要么是新来者继续迁走或是消亡，要么就是旧居者必须离开。没有足够的资源能够支持两者共存。

山火还有第二层影响。它打开了灌木丛原本郁闭的树冠，阳光可以长驱直入导致进一步的干燥化。栖息地的改变使得外来物种、入侵物种和杂草有了可乘之机，它们当中的有些种类得以扎下根来，抑制了栖息地的复原。我们发现原有的许多物种在“受控焚烧”后再没有出现过。有只南鹰鸮雄鸟在着火之后的第一个晚上不停地发出叫声呼唤自己的伴侣，但没有得到回应。自那之后的 12 年当中，人们再也没有见过它或听过它的声音。动物种类还发生了其他变化。火灾前，赤颈袋鼠（*Macropus rufogriseus*）在我们屋前的草坪上很常见，那之后就被黑尾袋鼠（*Wallabia bicolor*）所取代，再也没出现过。

管理部门进行人为焚烧后有了 7 年的恢复期。这是安静地重新生长和拓殖的 7 年。2013 年，当我正在莫特莱克的工作室里作画的时候，珍妮进来告知我们格兰屏东北部的土地遭受了雷击，引发了一次山火。她几乎第一时间就在网络上发现了这个消息。

我们马上抓起装着消防服和一些基本工具的包，跳进一辆车斗里带有小型消防水箱和装备的汽车，尽可能快地驶回格兰屏的家。等我们到了之后，眼睁睁看着一切重蹈覆辙。由于消防部门没去处理当时还不大的火势，“星星之火”在几天内逐渐蔓延开来。本地的消防

左：《搏斗中的鸸鹋》（*Fighting Emus*），水彩画，74 厘米 ×56 厘米。为创作一幅更大的油画，在水彩画中练习色彩的平衡。

右上：红眉火尾雀（*Neochmia temporalis*）的铅笔水彩素描，13 厘米 ×9.5 厘米。

队队长花了很多时间通过无线电请求支援到现场去扑灭火情。随后，在火灾开始形成更为明显的威胁时，可以进行空中洒水作业的直升机和固定翼飞机被派来了。有长达一小时的阶段，由埃里克森公司生产，被澳大利亚人亲切称为“猫王”的S-64型空中吊车直升机每隔几分钟就来我家门前的水坝取水。其他的同型直升机悬停在空中，排队等候着。它每次能携带9 500升水，大约30秒就能把水装满。每隔一两分钟，就会有一架“猫王”前来取水。如此一来火势被成功地控制住了，但是接下来……不知为何，空中灭火的行动戛然而止。我们眼看着山火几乎被扑灭了，飞机却都被召回，火势将再次熊熊燃起。这种令人沮丧的状况时常反复出现，我们把它视为即将发生之事的严重警告。

与此同时，我们开始了准备。用喷水装置对房屋本身及周围的环境加以妥善保护。我们关闭了房屋的喷水装置，集中精力给周围喷水直到山火袭来。我利用车上的消防设施，尽可能地扩大喷淋的范围。我们打算等到火势逼近之后，再启用房屋的喷水装置。我俩一致同意如果火势蔓延到北边的山顶，就采取行动。

左上：20世纪70年代初，我首次回到澳大利亚最初受委托时，为一只黄翅澳蜜鸟创作的铅笔水彩画。

上：《西部平原上的鸸鹋》（*Emus on the Western Plains*），水粉画，56 厘米 ×74 厘米。受汉密尔顿艺术画廊基金会委托所作，描绘了距邓凯尔德（Dunkeld）不远的景色，从格莱内尔格高速公路（Glenelg Highway）上可以看到。出于某种原因，大群的鸸鹋会聚集到靠近格兰屏的草地上。

火烧到山顶的时候，我们正在吃晚饭。那时，我们已经做好了充足的准备，走进泵房启动了水泵和备用泵……然后就等着山火袭来了。在这之前的一段时间内，我们的北面生成了一个低压系统，其强度之大已超出了常见天气的范畴。风助火势，我们北边的土地上燃起了大火，形成长达数千米的咄咄逼人的火线。

随后，风向转北。整个火团也转向了我们，火焰的高度已经是森林树高的一倍半到两倍，它以极快的速度从山顶呼啸而下，发出犹如数架大型喷气机齐鸣的轰隆声。熊熊的山火气势汹汹地冲着我们来了。

好在房屋的北边有一个筑坝而成的湿地。水里原本有几棵耐看的枯树，距离岸边有四五十米远。此时，枯树都消失了，被山火辐射的高温点燃，露出水面的部分皆被焚毁。

山火被湿地分成了两半，各自沿着岸边蔓延。奇怪的是，西岸的火势比东岸的早了几分钟蹿到我们眼前。现在回想起来，我觉得是直升机在每次注水离开时泼洒出来的水润湿了东岸的土地，阻滞了这边的火势。

接着，山火就冲着我们来了，我们跑前跑后忙得不亦乐乎，扑灭星星点点的火苗和闪烁的火线，竭尽所能阻止火势蔓延。但一部分的灌丛还是着了火，火势会扑向房屋。我们一度控制了局面，但不久之后，火苗又蹿了起来。随着时间流逝，灭火的工作变得越来越棘手。

西侧的火势在火线前约 50 米处突然燃烧起来，我们必须多多少少忽略这部分的干扰，但又得保持对其的关注。这部分逐渐变成了迎面火（back-burn），朝我们后方推进的速度也慢了下来。我们最终在距离小屋不到一米的地方将火扑灭了。

随着主火线从身后的山坡上扫荡而过，我们面前火势的威胁开始逐渐减弱。但在建筑物之间和周围还没着火的区域面临着被飘散的火星引燃的巨大风险。我们发现距离地面很高的树木会自发地燃起来，得找一把可伸长的梯子来接近树冠着火的地方，再用车上的消防栓泵水喷洒。最危急的时候，着火的树冠距离房屋

上：一只南鹰鸮的铅笔草图，最初是为格雷厄姆·皮齐所著《鸟类的庭园》画的插图。

左：铅笔画，22 厘米 ×28 厘米。有一天下午，我在康尼瓦兰的湿地，3 只鸸鹋走了过来，蹚进浅水开始洗澡，完全忽视了我的存在。

右页：《火灾的后果》（*A Consequence of Fire*），水彩画，21 厘米 ×29 厘米。这是在我们格兰屏的地从头到尾被火烧了之后，我充满情感创作的一幅画，许多哺乳动物和鸟类都死于这场山火。

不足 4 米，正悬在屋顶上烧着。

最终，一切都结束了。经过两个半小时的辛劳，我们已经筋疲力尽，但又为取得灭火的胜利而欢欣鼓舞。我们还不能放松警惕，需要继续巡视冒烟的残骸和仍在燃烧的木头。湖对岸的桉树树干上还闪烁着星星点点的火苗，就像夜里的中国香港或新加坡，海湾边灯火通明的城市。倒映在水面的火光更是加深了这种感觉。如果我们能忽略紧张的情绪，一定会觉得此情此景非常美丽。当晚深夜，我们倒头就睡着了。

第二天的黎明时分，大地一片寂静，只有缕缕青烟从灰烬中袅袅升起。我们在周围走了走，可能都有些大受震撼。所有的事物都显得陌生了，从最不起眼到最高的树，这样的地标都已消失或发生了变化。受伤的动物挣扎着求生。有只岁数蛮大的黑尾袋鼠站在水里，以此来减轻脚被烧伤的痛苦。它的皮毛已经被烧焦了，耳朵上也烫出了水疱。如果能安乐死就可以帮它解脱了，可是我们没有枪支或合适的药品。不管怎样，我们对它能从山火里幸存下来深表同情。

别的动物就没这么幸运了。站在一处，我们就能数到 19 具被烧焦的小小尸体躺在灰烬之中。有一两只将头伸进洞里，想要努力钻到地下躲避，可是洞口太小了，钻不进去。一只松果蜥（*Tiliqua rugosa*）看起来没什么事，但我们很快意识到那只是带着鳞片的躯壳了。

接下来的几天过得很糟。山火仍在附近区域肆虐，消防人员需要持续的水源补给。每一位前来取水的消防员都有很多的问题。火灾当时的状况如何？现在的火线在哪里？还有哪些消防队也来了呢？随着时间推移，我们看到越来越多的消防车从新南威尔士州和首都特区开过来，他们似乎有着更好的装备，消息也更加灵通。

终于，事态多少安定了下来。我们设法弄到了一些水维持生活，也徒步走过了某些被烧毁的区域。我们几乎看不到鸟类了，头顶偶尔会飞过一只小渡鸦或一只楔尾雕，其他的基本没有幸存下来。比尔·米德尔顿（Bill Middleton）是一位深受爱戴和尊敬的植物学家及鸟类学家，他曾在旧的林业委员会工作，于 2003 年维多利亚州东北部发生的可怕山火

之后，计算过鸟类的死亡率。他使用了森林栖息地里的平均鸟类密度数据，主要引自乐卓博大学（LaTrobe University）生命研究学院的理查德·洛恩（Richard Loyn）所做的数值估计。比尔为任何高估的数量、季节变化、干旱的影响和栖息地变化等因素留出了50%的变动余地，并且假设所有的鸟类都死了（后来的研究往往指出像在沟谷植被这样的未过火区域，鸟类会有一定的概率存活，它们的活动能力也有助于逃生）。然而，在考虑到数据变量之后，比尔计算出2003年的火灾中有4 820 050只鸟类不幸丧生。

在世界范围内，鸟类的数量正在直线下降。最近《纽约时报》报道了《科学》杂志发表的一项研究，指出自1970年以来，北美地区总共减少了约29亿只鸟类。美国奥杜邦学会的主席和执行官戴维·亚诺尔德（David Yarnold）认为这是一个“全面的危机”。来自长期观鸟记录的数据显示，多数鸟种的数量都在下降，气象雷达记录到的迁徙鸟群的数据也支持这一观点。

造成这一局面最重要的原因被认为是鸟类栖息地的丧失，以及农业中大量施用的杀虫剂。正是由于草原被大量改为农业生产用地，双重打击之下，依赖草原生境的鸟类受到的影响也就最大。在美国，许多如林莺类这样的小型鸟类都有迁徙习性，诸如新烟碱类杀虫剂（类似于尼古丁的神经活性化学物质）会抑制它们在迁徙前增加体重的能力。

包括蜜蜂的减少在内，新烟碱类杀虫剂被广泛地认为对昆虫和鸟类种群有着负面影响。其中三个主要品牌的杀虫剂如今已经在欧洲被限制使用，出于对蜜蜂和其他传粉昆虫的担忧，美国有几个州也限制了使用。有些鸟种则逆势而为，种群数量增加了。莺雀类的数量就变多了，原因尚不明确。其他类群，如雁鸭类和某些猛禽的数量正在增加，则是得益于良好的保护措施让它们从较低的基数恢复了起来。

欧洲鸟类的数量也呈现类似的下降，其原因跟北美地区大同小异。我没找到任何在澳大

左上：水粉画，21厘米×30厘米。在我们格兰屏的房屋之外画的素描，这只华丽细尾鹩莺总是一个很好的模特。

右页：《火灾之后》（*After the Fire*），水粉画，20厘米×16厘米。绯红鸲鹟（*Petroica boodang*）是最早返回被焚毁荒原的鸟类之一，它们的羽色看起来跟刚绽开的荣桦果的颜色很配。

左页：《想飞的澳洲钟鹊幼鸟》（*Baby Magpies Attempting to Fly*），钢笔水粉画。幼鸟的飞行技能总是有需要改进之处，我喜欢画澳洲钟鹊幼鸟时的简单直接。

右下：水粉画，21 厘米 × 30 厘米。某天清晨，在康尼瓦兰的前门栏上站着的一只澳洲钟鹊幼鸟。

利亚完成的如此复杂和分析严谨的研究，但至少从传闻来看，我们的鸟类数量似乎也正在减少。气候变化、栖息地的破碎和丧失，以及一系列的干旱加剧了这种状况。

我们不应对鸟类的减少过于漫不经心。世界各地的昆虫数量已经显著地下降，再加上鸟类的减少，将会对生态系统造成破坏，产生严重的连锁反应。

那么，火灾之后又会发生什么呢？会快速地恢复吗？在 2013 年格兰屏火灾之前，我已经有过多次扑火的经历，但从来没有在现场见证过恢复的过程。这是一种全新的体验，我将与山火带来的改变发生关联，见证从彻底破坏之中产生的恢复。这个我们如此熟悉的地方，历经火灾后已变得面目全非。

很明显，复苏需要很长的时间，而且整个区域内的恢复也不会同步。在有些地方，火灾的热量太强而破坏了土壤中的有机质。令人担忧的是，大片区域坍缩了约 2 厘米，留下烧焦植物的根部傲立在残余的土壤之上。在其他的区域，雨水润湿土地之后，新萌发的幼苗就跃跃欲试起来。

起初，我们努力辨认正在发芽的幼苗种类。它们通常不属于此前生活在这里的物种，而是寿命较短的先锋植物，会为这之后的演替者奠定基础。其中有些种类呈现的密度令人难以置信，而在火灾之前我们只见过一两株这些植物。异木麻黄属（*Allocasuarina*）、鱼柳梅属和荣桦属植物都不见了，取而代之是茂密的沼相思（*Acacia retinodes*）和黄花柳条豆（*Viminaria juncea*）。

我们做好了动物数量减少的心理建设。2006 年的卢布拉山（Mt. Lubra）火灾过后有一次特别的灾后回顾，超过 80 000 公顷的土地，即相当于格兰屏国家公园 46% 的面积遭到了严重山火的焚毁。最早的分析发现，火灾影响区域的动物起初减少了 58%，捕获的研究动物总体上减少了 47%，有些目标种类完全没有捕捉到。当地的动物捕捉研究始于 2003 年，由此就有了很好的可供比较的参考数据。在火灾发生后的一段时间内，我们认为鸟类也会受到类似的影响。我们有机会看到了格兰屏附近进行的一项研究，当中指出任何程度的恢复都需要大约六年的时间。

有意思的是，墨尔本迪肯大学（Deakin University）的马修·维尼科姆（Matthew Vinicombe）编写过一篇出色的文献综述，其

中集合了澳大利亚境内外多个地点的火灾后环境响应研究。2009 年，他提交了自己的学位论文《一次严重山火后的鸟类群落恢复》(The Recovery of Bird Communities after a Severe, Landscapescale Wildfire)，指出一个可能显而易见但又容易被忽视的观点：不同的鸟类和不同的环境会以各自的方式作出响应。从本质上讲，有些鸟种喜欢开阔的生境，会避开植被茂密的区域，这样的种类往往首先在被焚毁的地方定居下来。

其他依赖于如林下层植被或茂密草地这样的更加封闭环境的鸟类，受到火灾的影响更严重。由于着火之后正常食物来源断了，它们就会变得稀少或消失。食虫鸟类的情况尤其不好，它们所依赖的植被遮蔽没有了之后，更容易遭到天敌的捕食。

留居的种类如果能在最初的大火中幸存下来，往往会表现出很高的地点忠诚性而留在原地，但是对这类行为的研究多数都是在受火灾影响较小的地方开展的。不过，跟地点忠诚行为相关的鸟类，例如细尾鹩莺和刺嘴莺，都是小型的，甚至是迷你的，或许它们擅长将任何能够找到的地下洞隙作为临时避难所。当然，我为帚尾鹩莺回归的速度感到既惊讶又开心，在火灾发生的 26 个月之后，就再次见到了它们。帚尾鹩莺曾有在小型螃蟹或螯虾的洞内避

左上：傍晚紧张兮兮的冠鸠前来喝水，木板油画，22 厘米 ×28 厘米。

右页：《沙丘边缘》（*Edge of the Dunes*），水粉画，43 厘米 ×59 厘米。从东吉普斯兰（East Gippsland）的里卡多角（Point Ricardo）看向九十英里海滩（Ninety Mile Beach）的景色，越过雪河（Snowy River）的河口，朝墨尔本方向眺望。仔细绘出了每种植物，可鉴定到具体物种。我运用平行弯曲的海岸线和沙丘，将视线引向空中飞舞的黑凤头鹦鹉，它们的队形呈弯曲的双螺旋结构，这代表了将所有物种联系到一起的脱氧核糖核酸（DNA）。我在 25 年之后重访此地，景观受山火的破坏已经辨认不出来了。

难的记录，生活在我们这里的这些柔弱的小家伙，可能也是采用同样的方式活了下来。

米拉纳瓦拉有着多种不同的环境，而马修·维尼科姆的研究更为关注那些生态系统中与没被烧毁区域相邻的部分，这些地方由于火灾前的预防性焚烧和较为独立的位置幸免于难。他发现长时间没被烧过的植被对于恢复有着重要作用，它们能为已失去的栖息地提供重新拓殖的种源。遗憾的是，我们附近几乎没有未被烧毁的环境，这似乎也确实减缓了我们恢复环境的速度。我们观察了 6 年，并且为环境的恢复感到高兴。但是，大火夺走了这里最初吸引我们的许多事物。过去常在草坪上喂养小袋鼠的赤颈袋鼠大多为黑尾袋鼠所取代，曾经常见的三种宽足袋鼩属（*Antechinus*）成员也很少看到了，袋鼩的数量似乎也减少了许多。我们的鸮也不见了，猛鹰鸮和南鹰鸮都消失了。也再没有见过澳洲裸鼻夜鹰或听到过它们的叫声。灌木丛的特征已经发生了变化，或许我们也有了改变。米拉纳瓦拉有望恢复此前的多样性，但在 2019 年 9 月我们卖掉了这处地产，对当地鸟类的兴趣也转移到贝拉林半岛（Bellarine Peninsula）的沿海地区。我们很快为东亚—澳大利西亚候鸟迁飞区当中的迁徙鸻鹬类，以及它们每年往返北半球的旅程所倾倒。

贝拉林半岛

2015 年 3 月，珍妮和我从康尼瓦兰的农事当中退休，搬到了吉朗（Geelong）以东的贝拉林半岛沃灵顿（Wallington）我们买下的房子中。新的住所俯瞰着巴旺河（Barwon River）的河口，靠近康尼瓦尔湖（Lake Connewarre），对观鸟者来说有一些很大的优势。身处其中任何一个地点都会给人以很大的安全感，因为你会熟悉这个地区、生活在这里的鸟类和它们出没的地方。人很容易变得习以为常且自鸣得意，因此我惊讶于新家附近丰富的观察机会。

在这里，我此前只是有限接触过的种类一下就大量地出现在周围，通常也更容易接近。在康尼瓦兰许多这样的物种也会规律地出现，但从来不会有很大的数量。这里铜翅鸠类比较常见，多是铜翅鸠，偶尔也有灌丛铜翅鸠，以及很多很多的冠鸠。

这些丰富的潜在猎物吸引来了猛禽，有些猛禽是来筑巢，有的是来捕猎，所以我不断听到刺耳的告警声，提醒着我空中有某些“邪恶”的存在。我不需要走太远就能看到筑巢的游隼、领雀鹰或褐鹰，或其他种类的猛禽。但我最开心的是在花园围栏之外就有一对筑巢的楔尾雕。我很幸运，在澳大利亚的每个家都能跟楔尾雕一起生活。

上：水粉习作，21 厘米 × 30 厘米。描绘这只引人注目的翘嘴鹬（*Xenus cinereus*）的降落，或许它刚从北半球的繁殖地迁来。

[76] 译者注：拉姆萨尔湿地，也叫国际重要湿地，1971 年在伊朗拉姆萨尔签署了《国际重要湿地公约》，缔约国可以按照一定的评估标准为本国的具体湿地提出申请，由国际重要湿地公约秘书处批准后即可被列入《国际重要湿地名录》。

鸻鹬类的迁徙

在澳大利亚，我们不像北半球大陆的居民那样可以直接地意识到鸟类的迁徙。我造访保加利亚的时候，奇怪地发现成群结队抵达的鸟类是从地中海以南的非洲飞来的，而且都在一条主要的迁徙路线上移动。成群的猛禽在天上盘旋令人感到陌生，我也不习惯看到从莺类到鹟类的中小型雀形目，风风火火地穿过整个国家迁飞。除了东亚—澳大利西亚候鸟迁飞区鸻鹬类非凡的迁徙之旅，澳大利亚的其他鸟类似乎以更微妙的方式迁移，通常可能为留鸟，很多种类本质上则是游荡生活。不过，我在自己的新家发现小型雀形目迁徙飞过巴斯海峡（Bass Strait）去越冬。灰胸绣眼鸟以在塔斯马尼亚和澳大利亚大陆之间迁徙而闻名，它也不是唯一这样做的种类。红尾绿鹦鹉和橙腹鹦鹉（*Neophema chrysogaster*）每年都会迁徙，它们在塔斯马尼亚繁殖，秋冬季则越过海峡迁到澳大利亚大陆。有些令人惊讶的小鸟，例如灰扇尾鹟（*Rhipidura albiscapa*），甚至娇小的纹翅食蜜鸟（*Pardalotus striatus*）每年都会进行危险的穿越海峡之旅。其他一些种类也会经历类似的旅程，在奥特韦角（Cape Otway）附近抵达大陆，再分散开来。许多个体从奥特韦山脉出现，穿过康尼瓦尔湖到巴旺河口，在那里可以看到不少个体通过一条沟谷进入欧申格罗夫自然保护区（Ocean Grove Nature Reserve）。那条沟谷就在我们花园的正下方，因此我们有幸能够观察到这场迁徙的一部分。鸟类数量的增加往往会引来猛禽，尤其是灰鹰（*Accipiter novaehollandiae*）会追随候鸟。在天气寒冷的 4 月下旬至 5 月更是如此，此时饥肠辘辘的灰鹰幼鸟被从奥特韦山脉亲鸟的领域里赶了出来，它们的父母要为新的繁殖季节做准备了。年轻的灰鹰可能会非常饥饿，有时它们会饿到昏昏欲睡，或是对干扰极为容忍，能够允许人接近。

我们新家的一大优势是毗邻数量惊人的拉姆萨尔湿地（Ramsar Sites）[76]。截至 2019 年，全球共有 2 341 个拉姆萨尔湿地，这些地方因具有国际重要意义而被选入。我发现自己住在驱车 10 分钟之内就可以到达 7 个国际重要湿地的地方，觉得这是个重要的鼓励，我要更多地了解之前知之甚少的一类鸟儿。

灰色的小鸟沿着海滩急促地行走，用自己的喙在沙地上匆忙地探查，其方式让我想起了电动缝纫机上的针：扎，扎，扎。它们身形小巧，在浪头拍上海滩形成的泡沫前方奔走，或是成群结队如同箭头般飞入天空，白色的翼下在左右转向时闪烁。它们在空中如一阵烟雾般飘动，在光线的照射下忽明忽暗，动作一致得像是一群游来游去的小鱼。它们可能会冲向大海，然后又飞回岸边，陡然降落在之前起飞的位置附近。

退潮时，海岸边可能会出现更大的深色轮廓，它们小心翼翼地在泥滩上走着，还会将其长得可笑的喙插入泥中。还有壮实且身形圆润的鸟儿，身上有着黑白相间和栗色的图案，迈着粗壮的橙色双腿在出露的岩石上走来走去。鸻鹬类有着各式各样的身形和不同的大小，每种都是为了以特定方式利用特定的食物资源而生。它们的体形、喙长或喙形决定了演化所适应的食物，因此，大量聚集的不同种鸻鹬类可

上：水粉画，21 厘米 × 30 厘米。在远处泥滩上觅食的大杓鹬（*Numenius madagascariensis*）的剪影，我在西澳大利亚州奥班尼画的素描。

左页：水彩画《奔向前》（*Running Ahead*）的细部，我花了几年时间才画出左边这只黑头鸻令人满意的草图，得以完成这幅画。

能并不会为相同的资源而发生竞争。

观察娇小的红颈滨鹬（*Calidris ruficollis*）显然是随机地赶着完成急迫的觅食使命，就像目睹鸟类运动冠军一般。这些小鸟，大小不过是我们所熟悉的蓝色系细尾鹩莺的三四倍，体重也比家麻雀(*Passer domesticus*)重不了多少，但它们会迁徙到北半球的北极地区繁殖，一生中飞行的距离相当于绕地球赤道 14 圈。在南半球停留期间，它们和其他的迁徙鸻鹬类必须补充好从北极飞来时消耗的身体状态，累积脂肪，以便为返程提供能量，并且为在北国成功地保卫领域、求偶和繁殖保留足够的储备。在启程之前，它们的体重几乎会增加一倍，并且会经历非同寻常的生理变化以提高飞行效率。因此，无论是对于个体生存，还是物种延续，它们在旅程南端所利用的湿地都至关重要。它们每一次受到惊扰跳起飞走，每一次某些欢乐的小狗沿着潮汐线蹦跳，每一次手臂相挽的恋人在海浪拍击形成的泡沫中漫步，或是每一次有青年人冲向海边捡回沙滩球都意味着这些非凡的鸟类丧失了关键的觅食时间，浪费了宝贵的能量。有些拍摄者的习惯更是恶劣，他们通过引爆鞭炮惊吓鸟儿来获得更好的飞版抓拍，这样的行为是明知故犯，他们的每一次干扰都会危及鸻鹬类未来的繁殖成功。

贝拉林半岛的湿地是东亚—澳大利西亚候鸟迁飞区南端重要的鸻鹬类觅食庇护所。我此前对于鸻鹬类，有时也被称作“滨鸟”[77]的鸟类经验有限 。澳大利亚约有 80 种鸻鹬类，占这个国家全部鸟类种数的近十分之一，其中近一半（36 种）在成年之后会经历每年往返北半球的漫长旅程。虽说其中某些物种也经常出现在澳大利亚内陆的淡水沼泽，但多数主要还是或只是生活在沿海地区，这也是我之前很少接触的栖息地类型。而其他的一些种类根本就不会迁徙，它们生活在牧场、沼泽和沙漠，或是在澳大利亚的内陆湖泊繁殖，我对许多这样的种类就比较熟悉了。

即便有一定程度的变化，这些鸟类往往还是遵循本能里根深蒂固的既定路线进行迁徙。全世界还有另外 9 个公认的鸻鹬类迁飞区，它们全都从北极的苔原延伸到南半球的潮间带，只有一个除外。

通常情况下，澳大利亚鸻鹬类 1 000 ~ 12 000 千米的“长征”会分为几个阶段，其中有一到多个停歇地点来休整、觅食和增加体重。它们主要的停歇区域是黄海，即中国和朝鲜半岛之间的浅海，或是在中国台湾地区或日本的海域停歇。不同种类出发的时间可能略有不同，迁飞的路线也略有差异，目的地也不一样，但所有的这些都必须经过精心的安排，以保证在恰当的时间抵达繁殖地。不管地形如何，它们都要不停地飞上 5 天左右。鸻鹬类不能滑行或翱翔，它们两翼的形制不适合这样的飞行，必须通过振翅来推动自己前进，向前的每一步都须奋力而为。只有最大最强壮的个体，才能不间断地完成这样的征程。

澳大利亚的鸻鹬类抵达北半球的北极圈内后，随着大地温度的升高开始繁殖，与小型无脊椎动物在温暖夏日进行繁衍的时间一致。进入 5 月之后，在黑夜逐渐且不可避免地回归之前，有一段全天 24 小时白昼的鸻鹬类活动的短暂黄金期。在天气变冷和霜冻重返大地之前，鸻鹬类挤在遥远北境的春夏季繁殖期很短，此

[77] 译者注：鸻鹬类的英文总称在欧洲多被称作 waders，在北美则被称为 shorebirds（滨鸟）。

后它们就不得不返回南半球丰饶的海滨觅食地了。它们会在那里替换飞羽并增加体重，然后重拾向北的长途跋涉，以便在第二年的北方夏日里再次繁殖。

每年约有800万只鸻鹬类从地球的一端飞向另一端，这是一场充满着巨大勇气、力量和韧性的传奇之旅，它们会完成全球最长的一些迁徙路线。它们为什么会这样做呢？这种迁徙行为一定是很久很久之前就在它们的本能里扎下了根。

有种假说认为这种行为起源于末次冰期，当时鸻鹬类繁殖地和越冬地之间的距离远比现在近得多。那时的苔原带在北半球短暂的夏季中为它们提供了丰饶的繁殖地，并且还比今天更为向南延伸。当冬季的霜冻再次出现，觅食变得困难的时候，它们前往更南边寻找丰富食物资源的旅途也就更短了。

随着冰层的消退，苔原也向北退缩，鸻鹬类繁殖期间所依赖的源源不断的食物供给也随之消失。而随着大陆南部区域逐渐升温，南方的觅食地也逐渐退缩，繁殖地和越冬地之间由此渐渐增大的距离，也成了鸻鹬类繁殖对策的一部分。伴随着距离的逐渐增加，鸻鹬类的本能策略便是演化到适应今日这般艰苦卓绝的马拉松旅程，只有那些幸存下来的个体才有机会繁衍后代。

尤其是对体形较小的鸻鹬类而言，随着迁徙距离的增加，休整和补充体能的庇护所，对于它们的迁徙策略变得愈发重要，这些中途停歇地对于它们当下的成功繁衍不可或缺。

鸻鹬类以各式各样的海生无脊椎动物为食，包括螃蟹、软体动物和蠕虫。但它们的早成雏鸟在孵出的时候只是毛茸茸的小球，其所有的腿、脚和喙都需要丰富的食物供给才能快

下：水彩素描，21厘米×30厘米。描绘巴望头第十三海滩边布卢岩（Blue Rocks）的黑头鸻。

右页：水粉画，21厘米×30厘米。描绘翻石鹬（*Arenaria interpres*）的非繁殖羽。

速地生长，而且这些食物还要比海生无脊椎动物更容易获取。在雄性亲鸟的陪伴下，雏鸟必须自己取食，稀少的食物是不可能养大它们的，只有北极地区大量的富含蛋白质的昆虫才行。迁徙的时间安排是为了让亲鸟在最佳时机抵达繁殖地，求偶、产卵及孵出雏鸟，得以充分利用极其丰富的食物供应。其时，同样在繁殖且大量激增的无脊椎动物、蠓、蚊子和大蚊，几乎是满足鸻鹬类需求的不二之选。这些食物的存在让鸻鹬类雏鸟得以茁壮成长。昆虫数量以数百万计，飞起来时竟能让人视线模糊，每个池塘、水坑或水池里都密集生长着昆虫的幼虫。然而，冬季的霜冻很快就会来临，苔原会被冻上坚冰，食物也变得匮乏。跟我们的直觉相反，鸻鹬类的成年雌性先行离开繁殖地，它们的能量储备承受了产卵的重任。雄鸟则跟孵出的雏鸟待在一起，但不喂养雏鸟，而是负责引导和保护它们抵御众多的威胁，并让它们迅速学会辨别危险。

接下来迁走的是雄鸟，幼鸟则必须依靠自己来生长和增重，直到在某种本能的驱使下，踏上前往更为丰饶和温暖的南方觅食地的旅程。它们完全经由本能的引导，借助了人类至今尚未完全理解的导航手段。这就是达尔文“适者生存”的原始含义，死亡推动了一种根深蒂固的本能知识的演化。出于本能选取的迁徙路线已经决定了无数代前辈的命运，影响着哪只鸟能活到繁殖，哪只鸟会在旅途中殒命。

在很远很远的南方有着漫长、安全和倾斜入海的岸线，这里视野开阔、食物丰富，可供鸻鹬类给未来的生活积蓄力量、肌肉和脂肪。这段南迁的旅程对于每个个体，以及作为整体的某个物种都是至关重要的，但同时也是它们生命周期里死亡率最高的阶段。对于多数存活下来的幼鸟而言，视其大小或种类不同，需要一年或者更长的时间来恢复元气。成年之后，它们余生的每一年都将重复这样的征途。

黄海以及亚洲东部滨海区域可能一直都是迁徙鸻鹬类的重要觅食地，当年和现在一样，有些个体没有继续迁徙而是留了下来，但不大可能有充足的资源，喂养一直待在那里的所有鸟类。这是一片可供鸻鹬类休整、成功觅食的区域，为它们完成余下的旅程养精蓄锐。这些休息和觅食的地方，如今已经成为东亚—澳大利西亚候鸟迁飞区鸻鹬类成功完成迁徙的基石。

数千年以来，黄海等区域形成了大片的潮间带泥滩。鸻鹬类总在不断换羽，以保持良好的飞行状态，但羽毛的生长需要消耗很多能量。这些区域可以为它们提供充足的资源，以便鸻鹬类在重新出发之前替换掉磨损的羽毛。

鸻鹬类是对地点忠诚度很高的鸟类，它们喜欢一次又一次地回到同一地点。一旦觅食地发生改变，对它们来说，寻找新的地点是一种额外的压力，会耗尽能量储备，并可能导致迁徙失败。近年来，迁徙鸻鹬类的数量开始迅速减少，大滨鹬（*Calidris tenuirostris*）首当其冲。此外，大杓鹬也已经被世界自然保护联盟（IUCN）列入了极度濒危物种的名单，本就极度濒危的勺嘴鹬（*C. pygmaea*），处境则更为艰难。

东亚—澳大利西亚候鸟迁飞区中的鸻鹬类因诸多原因正身陷迁徙危机，一些种类数量迅速减少而濒临灭绝。许多非常敬业的科学家、鸟类学家和志愿者做出了卓越的努力，以期更好地了解影响鸻鹬类生存的因素。

越来越有效的识别鸟类个体的方法，可以记录鸟类迁徙过程中地理位置的微型光敏定位仪，以及较大型种类可以佩戴的卫星追踪设备，都在逐步增进我们对于东亚—澳大利西亚候鸟迁飞区中迁徙鸟类的理解和认识。但是迁徙的基本原则：必须在精确的时间出发和抵达；为此需要经历生理上的变化，例如体重急剧增加、胸肌增大、砂囊和肠道萎缩、胃容量增加等；心脏和肝脏变大，以提升飞行的效率，这些依然是我们这个世界上伟大的鸟类奇迹。小鸟们在长途迁徙中展现出来的力量和决心，让我钦佩不已。

社会的发展激发了人们对于博物学日渐增长的兴趣。观鸟俱乐部和社团方兴未艾，年轻的热心观鸟者正在进行更多的鸟类学研究。或许，东亚—澳大利西亚候鸟迁飞区的保护和观察鸟类的简单行为，能够成为联结鸟类未来共同利益的黏合剂。共同目标的理念会将迁飞区内所有的国家无可阻挡地团结起来。

最近，我在家附近一条狭窄的土路上漫步，

左上： 水粉画，21 厘米 ×30 厘米 。弯嘴滨鹬（*Calidris ferruginea*）正在换为繁殖羽，它漫长的北迁旅途即将启程。

右页： 铅笔素描，21 厘米 × 30 厘米。描绘在巴望头第十三海滩边布卢岩觅食的红颈滨鹬。

路两侧是高高的草丛和低矮的灌木，还有曾经开采沙子留下的旧“沙坑”。几米之外，鸻鹬类正在紧张地觅食。有只弯嘴滨鹬斜眼看着我，然后走向右边，继续跟一群尖尾滨鹬（*Calidris acuminata*）觅食。这只生存如此受人类行为威胁的小鸟，怎么会对我产生这样的信任？

三位身着迷彩服、扛着大相机和镜头的绅士朝我走了过来，他们问起了一两种鸟类的情况，还谈到了家乡的鸟类俱乐部。三位绅士知识渊博、热情而友好，为了观赏特定的鸟种不远万里而来。这是对于未来的乐观提示吗？

每年秋天，在西澳大利亚西北海岸布鲁姆（Broome）附近的罗巴克湾（Roebuck Bay），可以看到成群的鸻鹬类。这里似乎是它们出发的集结点，来自塔斯马尼亚、维多利亚州、东海岸，以及南澳大利亚和西澳大利亚南部的鸟儿都聚集于此，拼命地进食，为北迁做最后的准备。许多种鸻鹬类混在一起：野性十足而又谨慎的杓鹬；不停活跃着的小型滨鹬，反复地来回走动；漂鹬和塍鹬；翘嘴鹬、弯嘴滨鹬和尖尾滨鹬，还有其他很多种类。并非所有种类都会一起出发，每种都会选择自己的启程时间，适应于自己的路线和规矩。

鸟群接近出发的时候，有种不安的情绪愈发地强烈，它们按各自的种类汇聚成群，等待着时机到来。它们很快就飞走了，有力地飞着，逐渐组成某种队形。后来者通过尾随前面的一只鸟，为自己提供最大程度的保护，免受风的冲击。这就像大群的运动员开始了一段漫长的、可控的旅程。

它们所面临的困难是巨大的，人们似乎也越来越意识到这些困难是什么。迁徙沿线的各国政府正在积极合作。人们对鸟类的兴趣，以及服务于这种兴趣的社交俱乐部都在增加。我乐观地认为人类对地球已造成的伤害、日益增长的人口和过度的消费都会得到解决，未来的几代人可能会有安逸而美丽的环境，懂得欣赏鸟类动人的魅力。

尾声

我非常幸运，从事了一份能让自己广泛游历的职业。现在，我能够越来越专注于作为一名艺术家的工作了，并且能在不少有着许多鸟类的有趣的栖息地附近过着更为闲适的生活。我可以反思自己的绘画生涯了。

每位艺术家都会发展出自己的风格，这最终也是他们性格的映射。我也可以换种方式作画，不一定非得按照自己既有的方式去画，但这是我所偏爱的方式，这就是我以绘画形式所做的表达，是我艺术基因的所在。

对科学和艺术同样浓厚的兴趣引发了我智力上的一些冲突。科学的准则和艺术的创造力是对奇怪的伙伴，缺乏准则，创造力会被浪费；而没有创造力，准则又会变得木讷和低效。它们应该是相辅相成的，但我发现它们也互相牵制。尽管，艺术家敏锐的视觉洞察力有利于观察和发现细节，但是我的创造力过剩而无法成为一名真正的科学家。我又有太多的准则，无法像自己想象的那样在艺术中肆意挥洒创造力。我发现自己很难摆脱束缚去探索想象力的极限。我几乎总是独自作画，从没跟经纪人打过交道，也很少依附于画廊。

我记得有位热切的客户问过戴维·里德-亨利要花多长时间来完成一幅看起来细节满满

上：一只拼命吃东西的红颈滨鹬沿着岸线奔跑，水粉画，21 厘米 ×30 厘米。

右页：一只火红鸲鹟（*Petroica phoenicea*）的水粉习作，21 厘米 ×17 厘米，被澳大利亚国民信托基金（National Trust）用来制作圣诞贺卡，这是我们澳大利亚的“红胸鸲”[78]。

[78] 译者注：欧亚鸲是英国人民熟悉且喜爱的鸟种，也是圣诞贺卡的常见主题。作者在此将火红鸲鹟比作了欧亚鸲，有关欧亚鸲的内容可阅读《欧亚鸲的四季》，新星出版社，2021 年。

的画作。戴维的回答很具启发性，他说：“哦，大约 3 天时间，但需要 40 年的经验。”我也是学了很长的时间啊。

有了这次经历，我的目标也发生了变化。我对描绘出潜在信息的愿望变得更加强烈，对塑造特征和把握光线的兴趣也更浓。我有着丰富的记忆，柜子里塞满了素描和草图。我对鸟类、它们的栖息地，以及作为生态系统的一部分，跟它们共享周遭环境的其他生物有了一些了解，或许还实现了最难以捉摸的要素：满足感。

索 引

A

B

C

D

E

F

G

H

I

L

M

N

P

R

S

T

U

Z

致 谢

本书绝非个人的成就。许多国家的许多人都对此有所贡献，他们与我为友，给予了我慷慨的鼓励与帮助。当中的有些人已经不在世，但我依然会如生者般提及他们，这些逝者值得被铭记，而我对他们的鼎力相助记忆深刻。

幼年时期，父母给了我鼓励和机会。作为家里最小的孩子，我还受益于哥哥姐姐的热情。来自威斯康星州的格雷德勒夫人（Mrs. Gredler）永远想不到她的礼物《我们神奇的鸟类》（*Our Amazing Birds*）激发了我多么大的兴趣，这本书的作者是罗伯特·莱蒙（Robert Lemmon），并由唐·艾克贝利（Don Eckleberry）配上了美丽的插图。格雷德勒夫人还送了两件出自因纽特人巧手的精美大海雀木雕。那年我才五岁。

克劳德·奥斯汀先生（Mr. Claude Austin）、桑福德·贝格斯先生、诺曼·韦滕霍尔博士和邻居罗伯特·胡德（Robert Hood）给予了我巨大的鼓励，我的小学美术老师彼得·爱德华兹先生也是如此。

在英国期间，我受到了自己的教父理查德·斯特拉顿（Richard Stratton）的盛情款待。勒科克家族也热情地接待了我，理查德·勒科克先生（Mr. Richard Luckock）、安德鲁、汤姆和泰萨尤其令人感到宾至如归。欧文·万斯伯勒-琼斯爵士（Sir Owen Wansbrough-Jones），休·梅勒和莎莉·梅勒夫妇（Hugh and Sally Mellor）也待我很好。哈利·霍斯韦尔和珍·霍斯韦尔夫妇，戴维·里德-亨利和罗伯特·吉尔摩培养了我对艺术的兴趣。

在非洲期间，克里斯蒂（Christie）一家热情将我带回了家，几乎视若己出。他们的朋友约翰·康迪竭尽所能地为我提供了帮助。鲍勃·科林斯（Bob Collins）给我找到一个住处，借我一台车，还帮了我很多很多。我尤为珍视跟彼得·约翰逊（Peter Johnson）和他的妻子克莱尔（Claire）的友谊，对克里斯·哈利韦尔（Chris Halliwell）、戴夫·拉什沃思（Dave Rushworth）和杰夫·萨奇伯里（Geoff Sutchbury）也同样如此。

我要感谢造访巴布亚新几内亚期间提供帮助的布赖恩·芬奇、罗伊·麦凯、罗伯特·坎贝尔、卡罗尔·基萨库、纳武·夸佩纳和朗格·伊里亚（Longe Iria）。

罗宾·德宁和贝齐·德宁夫妇（Robin and Betsy Dening），理查德·特雷休伊和伊丽莎白·特雷休伊夫妇（Richard and Elizabeth Trethewey），以及桑迪·福斯（Sandy Foss）让我的加拿大之行成为可能。以慷慨而著称的美国人也不遗余力地施以了援手。莱斯特·肖特博士（Dr. Lester

Short），唐·拉姆（Don Lamm），斯蒂芬·拉塞尔博士和他的妻子鲁思，琳达·谢罗德（Linda Sherrod）和史蒂夫·谢罗德博士夫妇，克莱顿·怀特博士（Dr. Clayton White），乔纳森·特威斯和玛丽·特威斯夫妇（Johnathon and Mary Twiss），小弗兰克·格雷厄姆（Frank Graham Jnr.），安妮·福斯特和杰克·福斯特夫妇（Anne and Jake Faust），彼得·马尼戈和帕蒂·马尼戈夫妇，罗伯特·门格尔，马迪·吉泽勒（Mardi Gieseler）和苏珊·索兰德（Susan Soland）都在关键时刻给了我热情款待或积极帮助。小乔治·艾伦（George Allen Jnr.）和林肯·艾伦慷慨地让我接触到了他们的藏品。

回到家乡澳大利亚之后，我得到了阿兰·麦克维、查尔斯·麦卡宾和帕特·麦卡宾（Pat McCubbin）及其家人、格雷厄姆·皮齐和休·皮齐（Sue Pizzey）夫妇及其家人，还有诺尔斯·克里博士的帮助、指引和友谊。阿尔弗雷德·布彻（Alfred D. Butcher）和菲利普·杜·盖克兰（Phillip Du Guesclin）支持了我的驯鹰实践，费格斯·比利（Fergus Beeley）花了数月时间做我的助理。理查德·肖德博士在我积累鸟类学知识的早期给予了巨大的帮助，戴维·霍兰德斯博士则是我多年以来在野外时常出现的旅伴。

近来，卡伦·斯普布巴罗格（Karen Spreadborough）和海夫画廊（The Hive Gallery）一直给了我很大支持。我感谢理查德·肖德博士、克雷格·莫利（Craig Morley）和彭尼·曼斯利（Penny Mansley）审校初稿，感谢莎莉·珀西瓦尔（Sally Percival）和格蕾特尔·斯尼思（Gretel Sneath）的帮助，感谢爆裂图像团队（Splitting Image）的支持，桑迪·格兰特（Sandy Grant）和他在哈迪·格兰特出版社（Hardie Grant）的团队帮助我完成了本书。特别要感谢纳恩·麦克纳布（Nan McNab），她耐心、温和且得体地编辑了我的手稿，并指导着本书最终瓜熟蒂落。

最后，也是最为重要的，我想向我的妻子珍妮表达感激之情，她对本书所涉及的和其中描述的生活的各个方面都给予了无穷无尽的支持。为了我，她甚至对自己强烈反对的项目也伸出了援手。我还要感谢我们的孩子哈米什（Hamish）和斯凯（Skye），尤其是为那些我本该出现但却没有的时刻他们所做的一切。尽管我们的生活为鸟类所主宰了，但我的家人一直对此保持着宽容和支持。

译后记

差不多快20年前，我平生第一次接触到的鸟类图鉴，就是中国观鸟者应该都不会陌生的《中国鸟类野外手册》。正如该书的合作者何芬奇先生所言："作为一位中国读者同时又是正在从事鸟类学研究的业内人士，我觉得我真的是没有这个勇气和胆量去评说费嘉伦女士（Karen Phillipps）用她的神来画笔泼洒给本书的那种难以用语言形容的光彩。"现如今，中文世界里可供选择的鸟类图鉴已然越来越多，身为今天的读者某种意义上是幸运的。然而，随着自己观察和研究鸟类的时间越长，就愈发地感到应该还需要图鉴以外的书籍来帮助我们更为深入地了解鸟类，进而更好地认识和理解所身处的赖以为生的这个自然世界。

那么，这会是怎样的一本书呢？在第一眼看到《飞鸟奇缘》的时候，我想就已经找到了答案。自己竟还能有缘获邀成为本书的译者，在倍感荣幸之余，更感到沉甸甸的责任。唯愿自己的翻译可千万别拖了这样一本图文俱佳杰作的后腿。

严格意义上讲，本书作者理查德·韦瑟利先生从事与自然相关的艺术创作并非所谓的科班出身。他在对儿时生活的记述中专门提到了书籍对于自己的影响，而在成长为艺术家的道路上更是受到了许多朋友的热心关怀和无私帮助。在理查德开始有意识学习绘画技法的时候，英国著名野生生物画家罗伯特·吉尔摩给予了他非常重要的指引，而罗伯特的外祖父西比早年间所创作的鸟类绘画也恰好是启发理查德爱上自然和绘画的灵感来源之一。或许爱自然的人终会相遇的吧。

理查德在英国学习绘画之后，前往野外历练的第一个国家是津巴布韦。说来也是凑巧，自己第一次出国的目的地正好也是津巴布韦。他在书中所描写的非洲自然风貌和野生动物，自己非但不觉陌生，还会勾起丛林生活的阵阵亲切回忆。而自津巴布韦开始，理查德便引领着读者跟随他的脚步，或徜徉于澳大利亚的广袤荒原，或流连于新几内亚岛瑰丽的雨林，或慨叹于北美洲蜂鸟华美的羽饰，或注视着信天翁在南极洲的惊涛骇浪之间自由翱翔。真可谓一卷在手，而坐地日行八万里。更为难能可贵的是，他不仅用画笔捕捉记录下了自然界那一个个迷人的瞬间，还能以浅显易懂的文字揭示出其背后所蕴含的诸多生态学原理。我想如今像理查德这般周游世界、遍赏壮美自然的人或许不在少数，但能够像他这般信手拈来、图文并茂表述自己所见所闻者恐怕真是凤毛麟角了。阅读至此的读者朋友，大概率也会同意《飞鸟奇缘》是一本散发着"难以用语言形容的光彩"的佳作吧。

理查德在放眼看世界的同时，并未忘记

埋头做实事。他没有止于用文字和绘画向读者传递自然之美，而是在妻子的大力支持下，以自家的农场为基础进行了栖息地恢复，并且通过与邻居们的合作来构建更大范围的栖息地网络。这些实践生动地表明在遵循生态学相关理论的前提之下，栖息地的恢复不仅有助于自然环境的复苏，也能让身处其间的农场经营者获得实实在在的收益。在面临着种种环境问题的当下，我们无疑需要更多像理查德这样“真心实意、身体力行”的人。

可能对于绝大多数的读者朋友而言，海洋鸟类都是一个过于遥远而陌生的话题。我自己也是在这两年机缘巧合之下，有幸参与了一些海鸟的研究，才对这个类群有了些许实际性的了解。理查德在描写南极之行的一章中对海鸟着墨不少，而在翻译过程之中我无意间读到了王自堃先生所著的《冰雪海：南极科考沿线所见海鸟与海兽》一书。通过阅读大量的文献，王先生对自己科考途中见到的很多海鸟的习性加以深入浅出的精要解读。如果说理查德是极好地描绘出了南极海鸟与所处环境的壮美画面，王先生就生动地道出了其背后所蕴含的自然玄机。为此，我个人十分推荐王先生的书，应会极大提升读者朋友们“知其然，更知其所以然”的阅读体验。

值得一提的是，理查德在书中还用了大量的篇幅描写驯鹰，通过驯鹰他得以细致入微地观察乃至理解猛禽，进而为自己的艺术创作积累了极为丰富的素材。同时，他又将自己从驯鹰中学到的知识和技能，运用到了猛禽的救助和保护上，可谓双赢。在此我想强调一下，中国境内已知分布的所有猛禽种类都已被列入国家重点保护野生动物名录，受到相关法律的严格保护，任何机构或个人都不得非法驯养猛禽。眼下，有些地方以驯养猎鹰来吸引眼球，招揽游客；某些不法分子假借各种幌子行偷猎、买卖猛禽之实。相信火眼金睛的读者朋友们，不难识破这些为一己私利而罔顾猛禽福祉的伎俩。

最后，我特别感谢好友何雨珈，作为本书事实上的第一位读者，她洋洋洒洒写就了一篇从观鸟者角度出发的情真意切的导读，为全书增色甚多。感谢本书的责任编辑向晴云女士，承蒙她的邀请我才有幸翻译本书。正是她对我拖延症的包容与耐心，以及细致和专业的编辑工作才让本书得以完成。同时，我要感谢湖浪设计工作室，是他们在幕后默默的努力让本书尽可能地接近了原版的风貌。我想借此机会向妻子和母亲表达最深的谢意，自己完成的每一本译作都离不开她们的理解和支持。

译者简介

朱 磊

男，生态学博士，现在广西科学院工作，毕业于中国科学院动物研究所。2005 年开始观鸟，之后从事鸟类生态学、分类学等研究工作。译有《东亚鸟类野外手册》、《剥开鸟蛋的秘密》、《欧亚鸲的四季》、《鸟鸣时节：英国鸟类年记》（荣获江苏省第十二届优秀科普作品科普图书类三等奖）、《大杜鹃：大自然里的骗子》（入选第十八届文津图书奖推荐图书）等。工作、翻译之余，还写作微信公众号“鸦雀有生”，愿与更多的朋友分享对于自然的兴趣和热爱。

作者简介

理查德·韦瑟利

艺术家、保育活动家和富于创意的农场主。理查德对鸟类和自然界的热爱植根于幼年时身处郊野的成长经历。他的父母和祖辈有着记录农场鸟类名录的习惯，但到了理查德的手里这份名录记录到的种类几乎翻了一番。他和妻子珍妮一起建立了超过 20 块湿地，并用 50 多万棵树和一系列特意挑选的灌丛植物为裸露的荒地重新披上了绿装。

在剑桥大学学习历史期间，理查德用一块破损的胡桃木枪托创作了两件木雕。这两件作品被伦敦的一家画廊发现，展出之后得以成功出售。这之后，理查德抓住机会向一些英国颇有名望的艺术家拜师学艺，并在伦敦举办了两次个人画展。事已至此，尽管会令父母感到焦虑，他毅然决定要成为一名艺术家。

在非洲生活的一年当中，他有时会以助理的身份参与野生动物研究，这锻炼了他的野外生存能力，提升了他的生物学知识和追踪动物痕迹的能力。同时，他实际接触到了驯鹰，并发展出了对于猛禽的终身爱好，为此他研究、绘画和训练猛禽，在这些猛禽身体条件允许的情况下再将它们放归野外。

理查德在世界各地都展出过画作，在有些地方他还以生物学家和博物学家的身份开展过研究。他在美国和墨西哥参与过鸟类调查，还作为南半球唯一一名艺术家受邀为权威著作《北美洲雁鸭类》（*Waterfowl of North America*）绘制图版。他在南极洲研究过阿德利企鹅，该研究是一项开创性生态系统监测项目的重要组成部分。他还参与过澳大利亚联邦科学与工业研究组织在该国境内开展的多项环境调查工作。这些经历，以及跟理查德·肖德博士一起在巴布亚新几内亚针对鹡鸰开展的野外工作，使他荣获了惠特利奖的嘉许。

理查德在自然保育、环境恢复和全球可持续发展方面的贡献，通过土地保育（Landcare）项目对边远社区所付出的努力，以及他在视觉艺术领域的杰出表现，也使他赢得了许多荣誉，包括澳大利亚勋位勋章（The Medal of the Order of Australia，OAM）。

不过理查德绝非呆板木讷之人。无论是在距离地面数米的高处面对一条致命的眼镜蛇，还是观察一只刺嘴莺在巢附近纠缠于一根和自己差不多大羽毛时，他总表现得风趣十足。理查德是一位极具天赋的讲述者，多姿多彩的生活则是他信手拈来的各种轶事及洞见的源泉。

理查德的画作很可能是他留予后人最为重要的遗产，世界各地都收藏有他的作品。而他分享自己对于自然世界及非凡生灵（包括但不限于鸟类）的热爱和深刻理解的能力，也将影响、滋养和启发着他的读者们。